사물인터넷으로 만드는 스마트한 세상을 꿈꾸며

우리는 더 이상 사물인터넷(IoT, Internet of Things)이라는 개념이 낯설지 않은 시대에 살고 있습니다. 그러나 IoT 시스템 구축에는 다양한 관련 지식이 요구되기 때문에, 아직까지는 접근이 어려운 분야로 여겨지고 있습니다. 이러한 어려움을 극복하기 위해 이 책에서는 비교적 쉬운 프로그래밍 언어인 마이크로파이썬을 채택하고, 프로그램 작성 단계에서는 인공지능(AI) 기술을 적극 활용했습니다. 마이크로파이썬은 파이썬 언어를 기반으로 하기 때문에, 이를 학습해두면 실제 파이썬에도 쉽게 적응할 수 있어 AI를 포함한 다양한 분야로 지식을 확장할 수 있습니다.

IoT 시스템 개발은 복잡하고 어려운 과정이지만, 대형 언어 모델(LLM)에 기반한 AI 기술을 활용해 입문자도 쉽게 이해하고 통제할 수 있도록 단순화했습니다. 예를 들어 조건문을 주고 AI가 소프트웨어 모듈을 결합해 코드를 생성하게 함으로써 일일이 코딩을 해야 하는 불편함을 해소했습니다. 또한 개발 키트의 표준화와 모듈화를 통해 프로토타입을 신속하게 제작하고, 이를 실제 환경에 바로 적용할 수 있는 방법을 제시했습니다. 이러한 접근 방식을 통해 독자들은 자신만의 IoT 프로젝트를 보다 쉽게 구현할 수 있습니다.

이 책에서는 IoT 시스템을 통제하는 대시보드 용도로 Node-RED를 사용하는데, Node-RED는 로우코드 방식으로 손쉽게 시스템을 통합할 수 있을 뿐만 아니라 확장 모듈을 활용해 AI 시스템과 연동할 수도 있습니다.

책 전반에 걸쳐 단순한 지식 전달보다는 문제를 정의하고 해결해 나가는 과정을 보여주려 노력했습니다. 이를 통해 독자들은 이론적인 이해를 넘어, 실제 프로젝트에서 직면할 수 있는 다양한 문제들을 스스로 해결할 수 있는 능력을 배양할 수 있을 것입니다. IoT 기술로 스마트한 세상을 만들고자 하는 사람들에게 이 책이 베이스 캠프 역할을 할 수 있기를 기대합니다.

마지막으로 당부의 한마디를 남깁니다. 이 책에서 활용한 AI 기술은 어디까지나 인간의 편리함을 위해 활용되었을 뿐, 큰 그림을 그리고 효율적으로 AI를 활용하는 것은 우리의 몫임을 잊지 않길 바랍니다.

감사의 글

집필 과정에서 세세한 피드백으로 저자의 부족함을 메꾸어 준 한빛아카데미(주) 심진성 책임께 특별한 감사의 말씀을 드립니다. 또한 집필에 전념하며 주변을 챙기지 못했는데, 묵묵히 기다려 준 가족들에게는 그저 미안하고 고마울 따름입니다.

지은이 **양재삼**

이 장의 실습 준비물

해장 장의 내용을 실습하는 데
필요한 부품을 제시합니다.

이 장의 실습 준비물

부품 이름	대체품	수량	용도
S3 mini / S2 mini	ESP32 계열의 보드	1	마이크로컨트롤러
USB-C 케이블		1	보드와 PC 연결

웹 페이지

프로그램 소스나 AI 프롬프트 등
관련 자료를 제공하는
웹 페이지를 안내합니다.

웹 페이지 예제 프로그램과 관련 파일 다운로드

이 책에서 사용하는 예제 프로그램과 관련 파일은 하단 주소 또는 우측 QR 코드를 통해 접속한 웹 페이지에서 다운로드할 수 있습니다.

https://iotmaker.kr/mpy-download

PREVIEW

해당 장의 내용을 왜 배우고,
무엇을 배우는지 설명합니다.

PREVIEW

이 장에서는 마이크로파이썬 프로그램을 개발하는 데 필요한 소프트웨어를 다운로드하고 설치합니다. 개발 환경이 구성되면 기본적인 마이크로파이썬 프로그램을 만들고 보드에 올려봅니다.

IoT 시스템을 만들기 위해서는 상당한 양의 프로그램 코드가 추가로 필요합니다. 그래서 이 책에서는 프로그램을 구성하거나 센서를 다루는 데 필요한 프로그램 묶음을 제공합니다. 이러한 프로그램은 〈웹 페이지〉의 QR 코드를 통해 접속한 사이트에서 다운로드 가능합니다.

02 변수 이름 짓기

식별자(identifier)는 변수, 함수, 클래스, 모듈 또는 오브젝트의 이름을 말합니다. 식별자는 알파벳 대·소문자, 숫자 그리고 특수문자인 언더스코어(_)를 조합해 만듭니다. 다만 숫자로 시작할 수는 없으며 if, for, while 등과 같은 예약어(reserved word)를 사용할 수 없습니다.

여기서 잠깐 변수 이름 잘 짓는 법

❶ **의미가 있는 이름을 사용합니다.**
예 temperature_celsius = 25 (설명 : 섭씨온도라는 의미가 있으므로 좋은 예)
abc = 25 (설명 : 의미가 없는 음절의 단순한 나열이므로 나쁜 예)

❷ **소문자만 사용하고 단어 사이는 언더스코어(_)로 연결합니다.**
예 enterance_door_open = False

❸ **상수는 대문자를 사용합니다.**
예 LED_PIN = 2

AI 프롬프트 활용 변수 이름 짓기

3-6 마이크로파이썬으로 코딩할 때 변수 이름을 잘 짓는 방법을 알려줘.
3-7 마이크로파이썬으로 코딩할 때 함수 이름과 클래스 이름을 잘 짓는 방법을 알려줘.
3-8 마이크로파이썬의 reserverd word를 알려줘.

여기서 잠깐

본문에 대한 보충 설명과
참고로 알아두면 좋은 내용을
설명합니다.

AI 프롬프트 활용

AI 프로그램을 활용하는 방법과
관련 지식을 익힐 수 있는
프롬프트 문장을 제시합니다.

AI 프롬프트 실습 7-1

마이크로파이썬 프로그램을 다음 조건에 따라 만들고, 코드를 설명해 줘.

```
from machine import …
import time

2개의 버튼을 사용함.
모듈 pinno에는 핀 번호 상수 값이 저장되어 있음.
import pinno
BUTTON_1_PIN = pinno.L3_IN
BUTTON_2_PIN = pinno.L4_IN
첫 번째 버튼은 PULL_UP해야 하고 두 번째 버튼은 PULL_DOWN해야 함.
```

| AI 프롬프트 실습 |

AI 프로그램을 활용해 원하는 코드를 구현할 수 있는 프롬프트 문장을 제시합니다.

프로그램 7-1 7_1_read_two_buttons.py

```
001 from machine import Pin
002 import time
003 import pinno as pinno
004
005 # 핀 번호 상수 설정
006 BUTTON_1_PIN = pinno.L3_IN  # 첫 번째 버튼(PULL_UP)
007 BUTTON_2_PIN = pinno.L4_IN  # 두 번째 버튼(PULL_DOWN)
```

| 프로그램 |

Thonny IDE에서 작성한 코드 혹은 AI 프롬프트 실습을 통해 출력한 코드를 제시합니다.

실행 결과

```
버튼_1과 버튼_2를 눌러보세요.
버튼_1의 값이 바뀜 0
버튼_1의 값이 바뀜 1
버튼_2의 값이 바뀜 1
버튼_2의 값이 바뀜 0
```

| 실행 결과 |

프로그램을 실행했을 때 나타나는 결과를 제시합니다.

| AI가 출력한 코드 살펴보기 |

AI가 출력한 코드의 주요 내용을 설명합니다.

AI가 출력한 코드 살펴보기

1. 핀 번호 설정

BUTTON_1_PIN과 BUTTON_2_PIN은 pinno.L3_IN과 pinno.L4_IN으로 설정되어 있습니다. 이 핀들은 각각 풀업(PULL_UP)과 풀다운(PULL_DOWN)으로 설정됩니다.

2. 버튼 설정

button_1은 풀업 방식(Pin.PULL_UP)으로 설정되어 버튼을 누르지 않으면 기본적으로 HIGH(1), 누르면 LOW(0)를 반환합니다.

| 프로그램 해설 |

프로그램의 주요 단계에 대한 과정과 내용을 설명합니다.

[프로그램 7-1] 해설

```
001 | from machine import Pin
```

모듈 machine에 속한 클래스 Pin을 불러옵니다. 만약 import machine으로 하면 machine.Pin 또는 machine.Pin.PULL_UP으로 해야 하므로 코드가 너무 길어집니다.

이 책에서는 모듈 machine에 속한 클래스는 각각 import하기로 합니다.

강의 보조 자료

한빛아카데미 홈페이지에서 '교수회원'으로 가입하신 분은 인증 후 교수용 강의 보조 자료를 제공받을 수 있습니다. 한빛아카데미 홈페이지 상단의 〈교수전용공간〉 메뉴를 클릭하세요.

http://www.hanbit.co.kr/academy

연습문제 해답

본 도서는 대학 강의용 교재로 개발되었으므로 연습문제 해답은 제공하지 않습니다.

웹 페이지 안내

책에서는 논리 전개상 꼭 필요한 내용만 담고 있으며, 추가 자료와 변경이 잦은 내용은 별도의 웹 페이지에서 제공합니다. 웹 페이지에서 제공하는 내용은 다음과 같습니다.

- 책에서 사용한 개발 보드와 부품에 관한 정보
- 프로그램의 소스 코드와 관련 자료
- [AI 프롬프트 활용], [AI 프롬프트 실습] 내용
- 심화 학습을 위한 추가 자료
- 소프트웨어가 업그레이드되거나 컴퓨팅 환경이 달라져서 발생한 수정 내용

웹 페이지 모음	
책과 관련한 모든 웹 페이지를 한눈에 확인할 수 있습니다. https://iotmaker.kr/mpy-info	종합 안내 웹 페이지
실습에 사용되는 부품과 구매 링크를 제공합니다. https://iotmaker.kr/mpy-components	
마이크로파이썬 라이브러리와 예제의 소스 코드, Node-RED 플로우 등을 다운로드할 수 있습니다. https://iotmaker.kr/mpy-download	
AI 프롬프트 활용 및 실습의 결과를 제시합니다. 각각의 프롬프트 내용을 복사하여 본인이 사용하는 AI 프롬프트에 붙여넣을 수 있습니다. https://iotmaker.kr/mpy-ai-prompt	

만약 웹 페이지 접속에 어려움이 있다면 다음 경로에서 관련 자료를 다운로드할 수 있습니다.

한빛아카데미 홈페이지 접속 → [도서명] 검색 → 도서 상세 페이지의 [부록/예제소스]

Contents

Contents

PART 04 IoT 프로젝트 만들기

CHAPTER

01

사물인터넷 이해하기

학습목표

- 사물인터넷의 개념과 구조를 이해합니다.
- 사물인터넷의 계층적 구조를 이해합니다.
- 마이크로컨트롤러와 주변 부품을 이해합니다.
- IoT 실습 준비물을 선택할 수 있는 지식을 습득합니다.

이 장의 실습 준비물

부품 이름	대체품	수량	용도
없음			

웹 페이지 **이 책에 대한 종합 정보**

이 책에 대한 여러 정보를 안내하는 웹 페이지입니다. 하단 주소 또는 우측 QR 코드를 통해 웹 페이지에 접속하면 프로그램 소스를 다운로드할 수 있고, AI 프롬프트를 복사할 수도 있습니다. 또한 책에서 언급된 추가 정보도 얻을 수 있습니다.

https://iotmaker.kr/mpy-info

PREVIEW

이 장에서는 4차 산업 혁명의 핵심 요소 중 하나인 사물인터넷(IoT)의 개념을 이해하고, IoT 시스템의 구조와 구성 요소를 파악합니다.

SECTION 1.1 사물인터넷이란?

01 사물인터넷의 개념

사물인터넷(IoT, Internet of Things)은 인터넷을 통해 서로 연결된 장치들이 데이터를 수집하고 교환하며, 이를 바탕으로 다양한 작업을 자동화하는 기술을 말합니다. 여기서 '사물'은 센서, 스마트 기기, 가전제품, 차량, 공장 기계 등 인터넷에 연결될 수 있는 다양한 물리적 장치를 의미합니다. 이러한 장치들은 상호작용을 통해 업무의 효율성을 높이게 됩니다. 또한 사물인터넷은 단순히 '사물'의 집합체에 머무르는 것이 아니라 '빅데이터'나 '인공지능' 기술과 네트워크상에서 연계되어 더욱 고도화된 시스템으로 발전하고 있습니다. 사물인터넷은 스마트 홈, 스마트 시티, 산업 자동화, 헬스케어, 교통 등 다양한 분야에서 사용됩니다.

02 사물인터넷의 구성 요소

'스마트 홈'과 같은 소규모 IoT 시스템은 비교적 구조가 간단하기 때문에 한 사람이 전체 시스템을 개발하고 관리할 수 있습니다. 이 책에서는 이러한 소규모 IoT 시스템을 대상으로 다룹니다. 소규모 IoT 시스템은 다음과 같이 작동합니다. 여기서 통신 기능을 가진 '사물'을 디바이스라고 하겠습니다.

센서가 취득한 정보는 디바이스가 메시지로 변환해, 인터넷에 접속되어 있는 메시지 브로커에 전달하고, 메시지 브로커는 수신한 정보를 다른 디바이스나 관련 시스템에 전송합니다. 메시지 브로커에는 고도화된 정보 처리를 위해 룰 엔진이나 대시보드와 같은 시스템이 접속됩니다.

소규모 조직에서 사용되는 IoT 시스템은 크게 3개의 기능으로 나눌 수 있는데 각각의 기능은 다음과 같습니다.

- **데이터 인식과 수집 : 디바이스**
  디바이스는 센서에서 정보를 읽어서 통신 네트워크를 통해 메시지 브로커에 전송합니다. 또는 수신된 정보에 따라 액추에이터[1]를 작동합니다.

1 액추에이터는 릴레이나 모터 드라이브와 같이 큰 힘을 통제하기 위한 장치를 말합니다.

- **메시지 전송과 교환 : 브로커**

  메시지 브로커는 디바이스에서 데이터를 수신하고, 연결된 다른 디바이스나 시스템에 메시지를 재전송합니다. 메시지 브로커와 디바이스는 대체로 인터넷으로 연결됩니다.

- **통제와 연계 : 대시보드**

  '통제'란 메시지 브로커에 연결된 디바이스의 상황을 모니터링해 적절하게 제어하는 것을 말합니다. 효과적인 통제를 위해 대시보드(dashboard)에 디바이스의 상태를 시각적으로 표시하고, 함께 표시되는 조작 버튼을 이용해 디바이스에 제어 명령을 전달하기도 합니다. 수집된 디바이스 정보는 분석을 위해 데이터베이스에 보관되기도 하고, AI 엔진은 축적된 정보를 활용해 지능화된 응답을 주기도 합니다.

[그림 1-1] 소형 IoT 시스템의 기능 구분

그럼 각각의 기능을 수행하는 IoT 시스템의 구성 요소에 대해서 알아보겠습니다.

디바이스

마이크로컨트롤러(Microcontroller)는 **하나의 칩에 중앙처리장치(CPU), 메모리(RAM/ROM), 입출력 장치(I/O 포트) 등을 포함한 초소형 컴퓨터**입니다. 마이크로컨트롤러는 주로 전자 제어 기능을 수행하기 위해 설계되었으며, 다양한 '사물'에 내장되어 사용됩니다.

마이크로컨트롤러에 센서나 액추에이터 또는 표시 장치를 연결하고 제어용 프로그램을 올리면 비로소 디바이스가 됩니다. 즉 디바이스는 사물인터넷을 구성하는 가장 기반이 되는 요소로서, 마이크로컨트롤러가 내장된 전자기기이며 통신 기능도 포함되어 있습니다. 디바이스는 수집한 센서 정보를 브로커에 전송하기도 하고, 브로커로부터 수신된 정보에 따라 제어 명령을 실행하기도 합니다.

이 책에서는 '마이크로파이썬(MicroPython)'이라는 프로그래밍 언어로 프로그램을 작성해 디바이스에 내장된 마이크로컨트롤러를 작동시키는 방법을 익힙니다.

파이썬(Python)은 빅 데이터와 AI 영역에서 많이 활용되고 있는 프로그래밍 언어인데, 이를 마이크로컨트롤러 제어용으로 간략화해 만든 프로그래밍 언어가 마이크로파이썬입니다. 마이크로파이썬은 기존의 C/C++[2]과 같은 프로그래밍 언어보다 익히기가 쉽고, AI와 같은 기능을 구현하는 데 적합하기도 합니다. 또한 파이썬으로도 지식을 확장할 수 있으므로 학습 가치가 높다고 할 수 있습니다.

브로커

IoT 시스템에는 여러 디바이스가 연결되는데, 디바이스 간의 연결고리가 많아지면 복잡성을 극복하기가 어렵습니다. 따라서 디바이스는 메시지 브로커에만 접속하고, 브로커에 접속된 디바이스 사이의 메시지 교환은 메시지 브로커가 맡아서 처리하는 방식이 효과적입니다.

이 책에서는 메시지 브로커의 프로토콜로서 **MQTT**(Message Queue Telemetry Transfer)를 사용합니다. MQTT는 IBM사가 만든 IoT 메시지 교환을 위한 업계 표준인데, 이를 소프트웨어로 구현한 대표적인 오픈소스 패키지 프로그램이 'Mosquitto'입니다. 이 책에서는 Mosquitto를 개인별로 PC에 설치해 사용하는 방법을 설명합니다.

대시보드

메시지 브로커에 접속된 여러 디바이스의 상태를 모니터링하고 작동을 통제하기 위해서는 대시보드가 필요합니다. IoT 시스템의 대시보드에 필요한 기능은 다음과 같습니다.

- 디바이스가 보내는 메시지에 대해 적절하게 후속 처리하기
- 디바이스의 상황을 시각적으로 표시하고 디바이스에 통제 명령 입력하기
- 외부의 IT 시스템과 연계하기
- 스트리밍 데이터를 축적해 빅 데이터 생성하기
- 외부의 AI 엔진과 연계해 지능화된 결과 추출하기

이러한 기능들을 수행하려면 소프트웨어가 필요한데 이 책에서는 **Node-RED**를 사용합니다. 이 소프트웨어는 IBM이 주관하는 오픈소스 프로젝트로 개발된 것입니다. Node-RED에서는 프로그램 조각인 **노드**(node)를 선으로 연결해 논리의 흐름을 그림으로 표시하는 방식을 사용합니다. 그래서 디바이스가 보내는 메시지를 노드를 거치면서 처리하고, 그 결과를 대시보드에 표시하는 것이 어렵지 않습니다.

또한 Node-RED에서는 여러 분야의 IT 전문가들이 만든 수많은 노드를 추가로 사용할 수가 있습니다. 그래서 대부분의 IT 기술이나 서비스를 Node-RED를 통해 쉽게 연결해 사용할 수 있습니다. 이 책에서는 개인 PC에 Node-RED를 설치해 사용하는 방법을 익히게 됩니다.

2 C/C++은 상용 제품 개발용 프로그래밍 언어로 많이 사용되며, 컴파일 방식 언어이므로 컴퓨팅 자원을 적게 사용하고도 빠른 성능을 보장합니다. 다만 학습 난이도가 높습니다.

SECTION 1.2

마이크로컨트롤러와 개발 보드

01 마이크로컨트롤러가 포함된 개발 보드

마이크로컨트롤러

마이크로컨트롤러는 하드웨어를 제어하기 위해서 사용하는 초소형 컴퓨터 칩입니다. 이 칩의 주요 기능은 내장된 핀을 통해 외부의 센서나 액추에이터와 교신하고, 통신 기능을 통해 브로커나 다른 서버에 정보를 송수신하는 것입니다.

개발 보드

마이크로컨트롤러에 외부의 센서와 연결할 때 사용하는 핀이나 커넥터를 붙이고, 전원 공급 장치와 개발 편의 기능을 추가하면 비로소 소비자가 사용할 수 있는 개발 보드가 됩니다. 대부분의 개발 보드에는 USB 단자가 준비되어 있는데, 이 단자를 통해서 PC에서 만든 프로그램을 개발 보드에 올려서 사용하게 됩니다.

여러 회사에서 다양한 모델의 마이크로컨트롤러를 출시하고 있으며, 이러한 마이크로컨트롤러를 사용해 만든 다양한 개발 보드가 있습니다. [그림 1-2], [그림 1-3]은 마이크로컨트롤러와 이를 채용해 만든 개발 보드를 보여줍니다.

[그림 1-2] 마이크로컨트롤러

[그림 1-3] 개발 보드

[그림 1-2]는 ESP32-S3라는 마이크로컨트롤러인데, 이 마이크로컨트롤러를 사용해 만든 개발 보드가 [그림 1-3]의 S3 mini입니다. 이처럼 특정 마이크로컨트롤러를 이용해 다양한 폼팩터의 개발 보드를 만들 수 있습니다. 실제로 시장에는 ESP32를 기반으로 한 수많은 개발 보드가 유통되고 있습니다.

디바이스

개발 보드에 센서, 액추에이터 또는 표시 장치를 장착하고, 프로그램을 올리면 비로소 동작하는 디바이스가 됩니다. 만들려고 하는 디바이스의 특성에 맞는 개발 보드를 사용하면 됩니다. 이 책에서는 뒤에서 설명하는 베이스에 실드를 장착해 테스트용의 디바이스를 만들게 됩니다.

02 ESP32 기반의 보드

ESP32는 Espressif사가 만든 마이크로컨트롤러인데 Wi-Fi를 기본으로 지원하고, 모델에 따라서는 BLE(Bluetooth Low Energy, 저전력 블루투스)까지 지원합니다. 현재는 후속 모델이 세분화되어 출시되었습니다. [그림 1-4]~[그림 1-7]의 개발 보드는 ESP32의 특정 모델을 기반으로 개발 보드 전문회사(Wemos사)가 만든 제품의 일부분입니다.

[그림 1-4] S3 mini

[그림 1-5] S2 mini

[그림 1-6] C3 mini

[그림 1-7] C3 Pico

이 책에서는 Wemos사에서 제작한 S3 mini와 S2 mini를 기본 개발 보드로 사용합니다. 두 개발 보드는 핀의 숫자가 많아서 동시에 여러 센서를 다루기가 편합니다. S2 mini는 BLE를 지원하지 않으므로, BLE 기능이 필요하면 S3 mini를 사용해야 합니다.

장착되는 실드 또는 부품이 많지 않을 때는 C3 mini 또는 C3 Pico를 사용할 수 있습니다.

S3 mini, S2 mini, C3 mini 그리고 C3 Pico 등은 핀 개수도 다르고 기능과 성능에 차이가 있지만 소스 코드는 호환됩니다. 다만 소스 프로그램의 핀 번호는 서로 맞춰주어야 합니다.

실제로 사용할 IoT 프로젝트에서는 업무 상황에 맞는 폼팩터의 개발 보드를 선택하면 됩니다.

■ ESP32 기반의 개발 보드의 장점

- 상용 제품 개발에 널리 사용되고 있습니다.
- ESP32를 기반으로 한 개발 보드가 다양하게 유통되고 있어서 실제 프로젝트에 적합한 개발 보드를 구하기가 쉽습니다.
- 합리적인 가격대에서 개발 보드를 구입할 수 있습니다(S2 mini의 경우 여러 회사에서 호환 제품을 출시).

SECTION 1.3

학습을 위한 준비물

이 책을 학습하기 위해 최소한으로 갖추어야 할 PC, 서버용 싱글 보드 컴퓨터, 도구, 부품은 다음과 같습니다.

01 PC

PC는 다음과 같은 용도로 사용됩니다.

- **마이크로파이썬 IDE(통합 개발 환경)**
  마이크로파이썬 프로그램을 작성해 디바이스에 올립니다.
- **MQTT 서버**
  메시지 브로커로 사용하는 MQTT 서버(Mosquitto)를 설치해 메시지 송수신 용도로 사용합니다.
- **Node-RED 서버**
  대시보드로 사용되는 소프트웨어인 Node-RED를 설치해 사용합니다.

이 책에서는 Windows 11의 64비트 버전이 설치된 PC를 사용합니다. 따라서 PC 화면이나 디렉토리 정보는 Windows 11의 64비트 기준으로 제공합니다. Mac OS가 설치된 PC를 사용할 수도 있지만, 책에서는 Windows 관련 정보만 제공합니다.

02 | 라즈베리 파이(선택)

라즈베리 파이(Raspberry Pi)는 영국의 라즈베리 재단에서 만든 싱글 보드 컴퓨터입니다. 손바닥 안에 들어 오는 크기이며, 전력 소모도 적어서 IoT용 서버로 많이 사용됩니다.

PC에 MQTT 서버와 Node-RED를 설치해 이 책을 학습할 수도 있지만, 라즈베리 파이에 MQTT 서버와 Node-RED를 설치해 학습하는 것이 더 편리합니다. MQTT 서버와 Node-RED가 설치된 IoT 서버는 독자적인 인터넷 주소를 갖고 항상 가동하는 것이 좋은데, 학습용 노트북 컴퓨터의 경우 이러한 환경을 보장하기가 어렵기 때문입니다.

라즈베리 파이는 다음과 같은 용도로 사용됩니다.

- **MQTT 서버**
  메시지 브로커로 사용하는 MQTT 서버(Mosquitto)를 설치해 메시지 송수신 용도로 사용합니다.
- **Node-RED 서버**
  대시보드로 사용되는 소프트웨어인 Node-RED를 설치해 사용합니다.

[그림 1-8] 여러 가지 라즈베리 파이(좌측부터 4 모델 B, 3 모델 B+, 제로 W)

03 개발 보드와 실드

[그림 1-9]에서와 같이 S3 mini는 개발 보드이며, 실드[3]의 폼팩터로 되어 있으므로 베이스에 장착될 수 있습니다. 여기서는 베이스에 장착하기 위해 핀헤드를 납땜한 상태입니다.

[그림 1-9] S3 mini

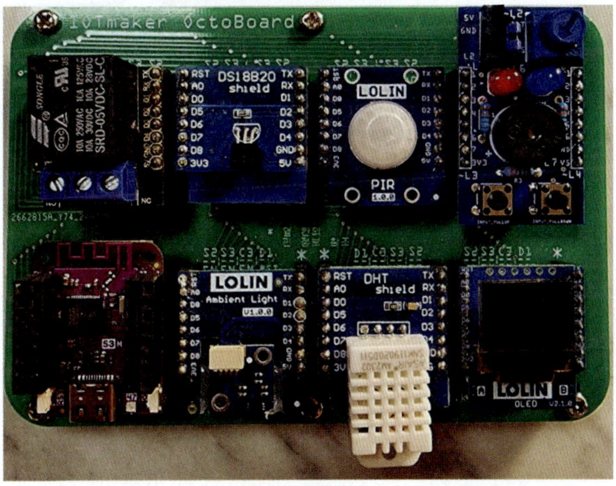

[그림 1-10] 베이스에 장착된 여러 가지 실드

[그림 1-10]에서는 베이스(OctoBoard)에 8개의 실드가 장착되어 있습니다. 이 실드들은 이 책에서 주요하게 다루게 됩니다. 베이스와 실드의 사용법에 대해서는 '6장. 개발 보드와 실드 다루기'에서 자세히 설명합니다.

이 책에 나오는 부품의 그림은 이해를 돕기 위한 예시이며, 실제 부품은 제시된 그림과 다를 수 있습니다. 이 책에서 사용할 부품에 관한 정보는 다음의 웹 페이지에서 확인할 수 있습니다.

웹 페이지 **개발 보드, 실드, 부품에 대한 안내**

이 책에서 소개되는 개발 보드, 실드 그리고 부품은 참고를 위한 예시입니다. 실제로 사용 가능한 품목에 대한 정보는 하단 주소 또는 우측 QR 코드를 통해 접속한 웹 페이지에서 안내합니다.

https://iotmaker.kr/mpy-components

3 개발 보드의 핀과 같은 규격으로 만든 모듈이며 베이스에 덧붙여서 사용합니다.

CHAPTER 01

연습문제

1.1 이 책에서는 IoT 시스템의 구성 요소를 디바이스, 브로커, 그리고 대시보드로 나누고 있습니다.

(a) 디바이스에는 센서와 액추에이터가 연결될 수 있습니다. 센서와 액추에이터의 역할을 비교해 설명하세요.

(b) 디바이스와 대시보드에서 동일한 프로그래밍 언어를 사용하지 않은 이유를 설명하세요.

(c) 브로커와 같이 정보 전달을 전담하는 서버가 있으면 어떤 이점이 있는지 설명하세요.

1.2 IoT 시스템의 운영 환경에서는 Mosquitto와 Node-RED를 개인의 노트북보다는 별도의 서버에 설치하기를 권장합니다.

(a) 이 경우 얻게 되는 이점을 설명하세요.

(b) 별도의 서버에 Mosquitto와 Node-RED를 설치할 때 필요한 컴퓨팅 환경에 대해 기술하세요.

1.3 ESP32 기반으로 개발된 개발 보드의 예를 3개 이상 찾아보고, 각 개발 보드의 특징과 장단점을 비교하세요.

1.4 스마트 홈 구축을 위한 아이디어를 정리해보세요. 단, 다음의 조건을 준수해야 합니다.

- 전원 제어, 보안, 환경 제어를 포함합니다.
- 사용할 센서를 나열합니다.
- 대시보드로 구성할 항목을 정리합니다.
- 시스템을 통제할 시나리오로 작성합니다.

CHAPTER

02

마이크로파이썬 개발 환경 만들기

학습목표

- 프로그램 작성에 필요한 IDE를 설치하고 사용법을 익힙니다.
- 개발 보드에 마이크로파이썬 펌웨어를 올리는 방법을 학습합니다.
- 프로그램을 만들어서 개발 보드와 PC에 보관하고 실행해봅니다.

이 장의 실습 준비물

부품 이름	대체품	수량	용도
S3 mini / S2 mini	ESP32 계열의 보드	1	마이크로컨트롤러
USB-C 케이블		1	보드와 PC 연결

웹 페이지 **예제 프로그램과 관련 파일 다운로드**

이 책에서 사용하는 예제 프로그램과 관련 파일은 하단 주소 또는 우측 QR 코드를 통해 접속한 웹 페이지에서 다운로드할 수 있습니다.

https://iotmaker.kr/mpy-download

PREVIEW

이 장에서는 마이크로파이썬 프로그램을 개발하는 데 필요한 소프트웨어를 다운로드하고 설치합니다. 개발 환경이 구성되면 기본적인 마이크로파이썬 프로그램을 만들고 보드에 올려봅니다.

IoT 시스템을 만들기 위해서는 상당한 양의 프로그램 코드가 추가로 필요합니다. 그래서 이 책에서는 프로그램을 구성하거나 센서를 다루는 데 필요한 프로그램 묶음을 제공합니다. 이러한 프로그램은 〈웹 페이지〉의 QR 코드를 통해 접속한 사이트에서 다운로드 가능합니다.

SECTION 2.1

마이크로파이썬 IDE 설치하기

01 IDE 소개

마이크로파이썬 프로그램을 만들어서 개발 보드에 올리기 위해서는 전용 프로그램이 필요합니다. IDE(Integrated Development Environment, 통합 개발 환경)는 소스 코드 편집, 개발 보드와 PC의 연결, 디버깅 등의 기능을 갖는 프로그램입니다. 마이크로파이썬을 위한 IDE는 여러 가지가 있지만 여기서는 입문하기가 비교적 쉬운 Thonny라는 프로그램을 사용합니다.

02 Thonny 설치 및 실행

Thonny 다운로드하기

❶ https://thonny.org/에 접속한 후 ❷ 'Windows'에 마우스 포인터를 두면 후보 프로그램 리스트가 나타납니다. ❸ 일반적으로 첫 번째 프로그램을 선택하면 됩니다.

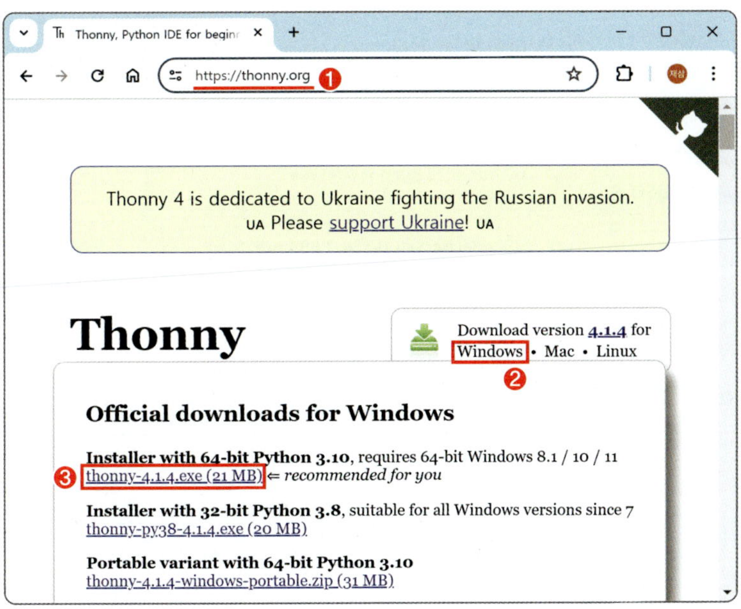

[그림 2-1] Thonny 다운로드 화면 1

폴더를 지정하고 파일 이름을 확인한 후 ❹ **[저장]** 버튼을 클릭합니다.

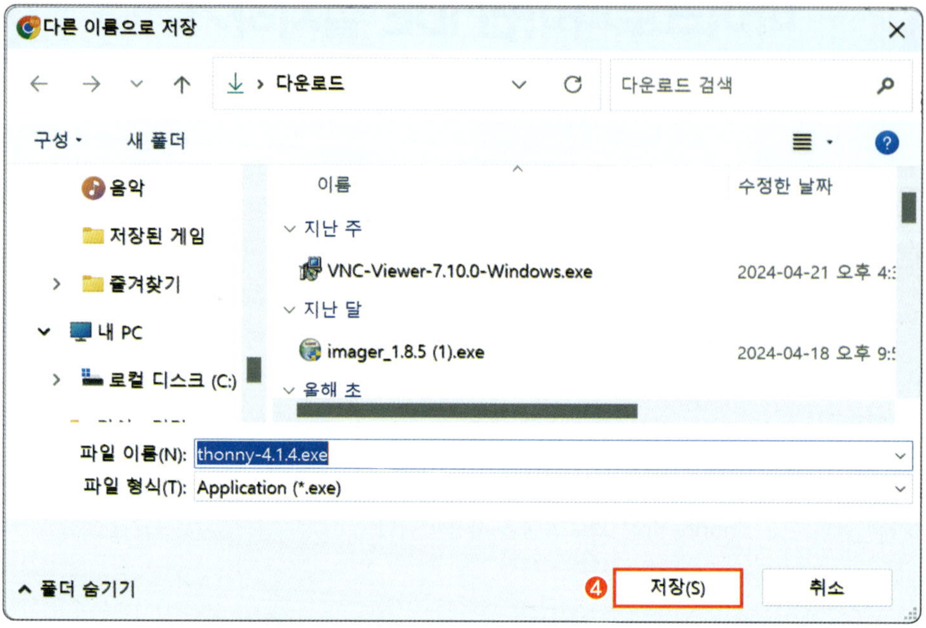

[그림 2-2] Thonny 다운로드 화면 2

다운로드가 완료되고 ❺ 브라우저의 다운로드 모양 버튼을 클릭하면 다운로드된 파일이 나타납니다. ❻ **[열기]** 버튼을 클릭해 파일을 열고 설치를 시작합니다.

[그림 2-3] 다운로드된 파일 열기

Thonny 설치하기

다운로드된 프로그램을 실행해 ❶ [NEXT] 버튼을 클릭하고 설치를 시작합니다.

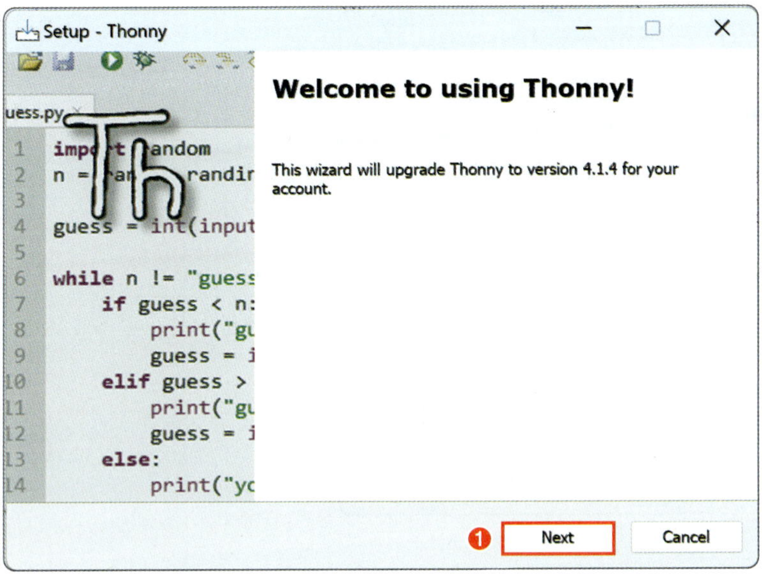

[그림 2-4] Thonny 설치 화면 1

❷ [라이선스 조건 동의]를 클릭하고 ❸ [NEXT] 버튼을 클릭해 설치를 계속합니다.

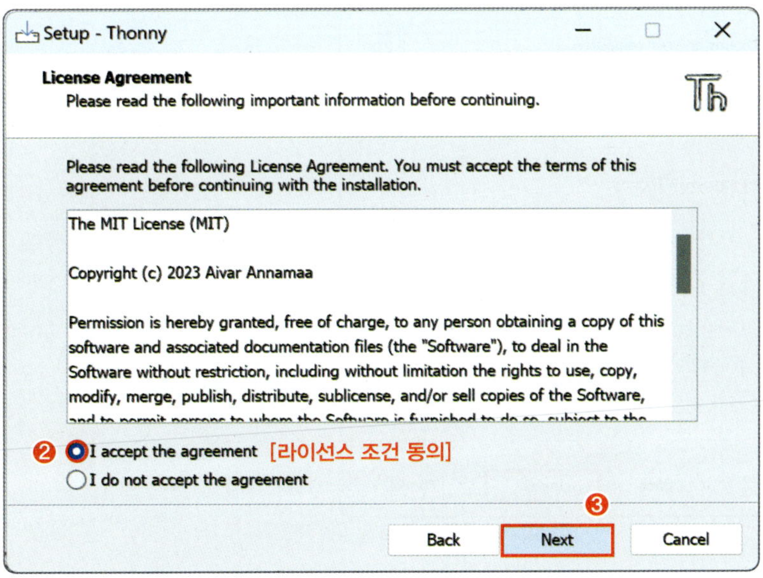

[그림 2-5] Thonny 설치 화면 2

❹ **[홈 화면에 아이콘 만들기]**를 지정 또는 해제하고 ❺ **[NEXT]** 버튼을 클릭해 설치를 계속합니다.

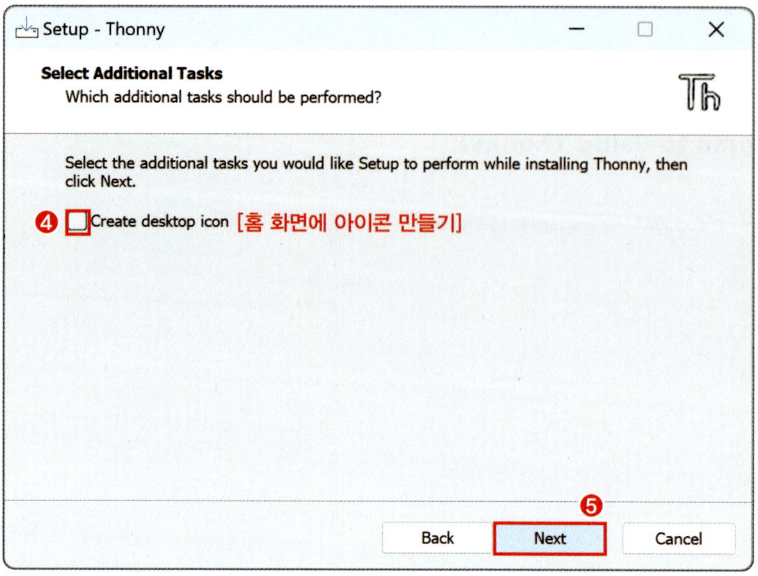

[그림 2-6] Thonny 설치 화면 3

이제 조건 지정이 모두 끝났으므로 ❻ **[Install]** 버튼을 클릭합니다.

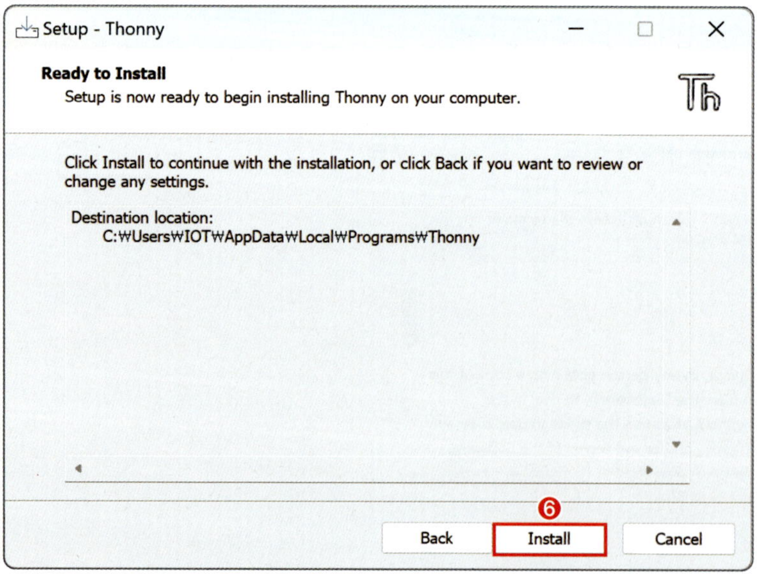

[그림 2-7] Thonny 설치 화면 4

❼ **[일부 프로그램을 자동으로 닫고, 업데이트 후 다시 가동하도록 하는 조건]**에 동의하고 ❽ **[Next]** 버튼을 클릭합니다.

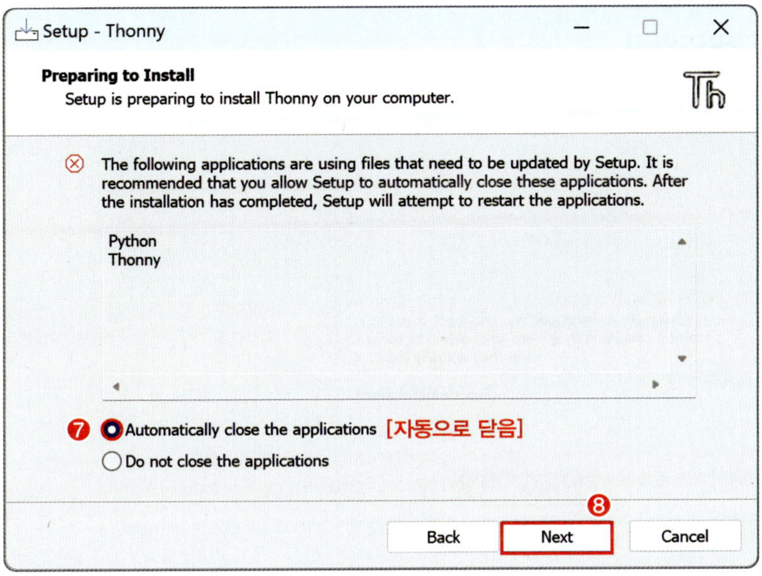

[그림 2-8] Thonny 설치 화면 5

설치 작업의 진도가 표시됩니다.

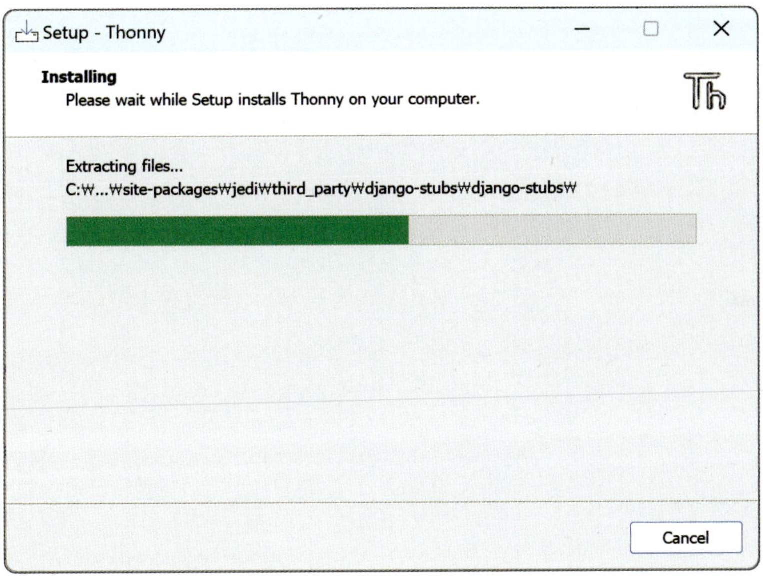

[그림 2-9] Thonny 설치 화면 6

설치 작업이 완료되면 ❾ [Finish] 버튼을 클릭해서 종료합니다.

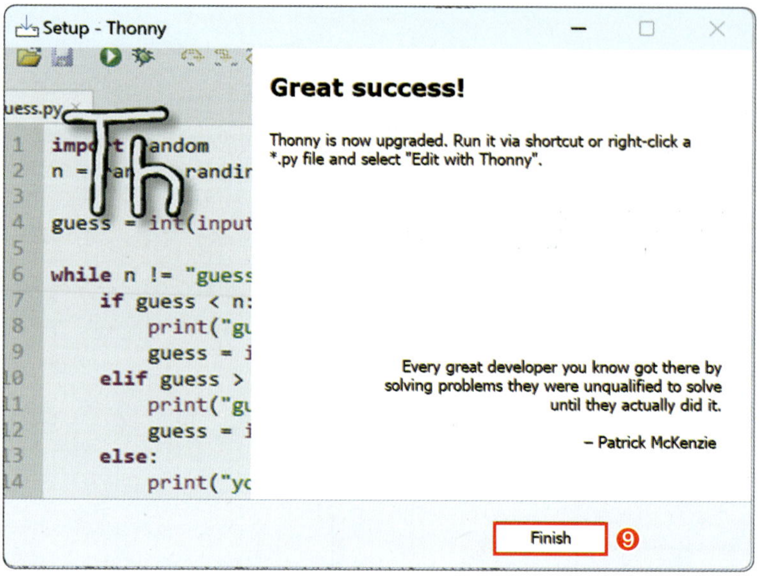

[그림 2-10] Thonny 설치 화면 7

Thonny 실행하기

윈도우의 모든 앱에서 [Thonny]를 선택해 실행합니다.

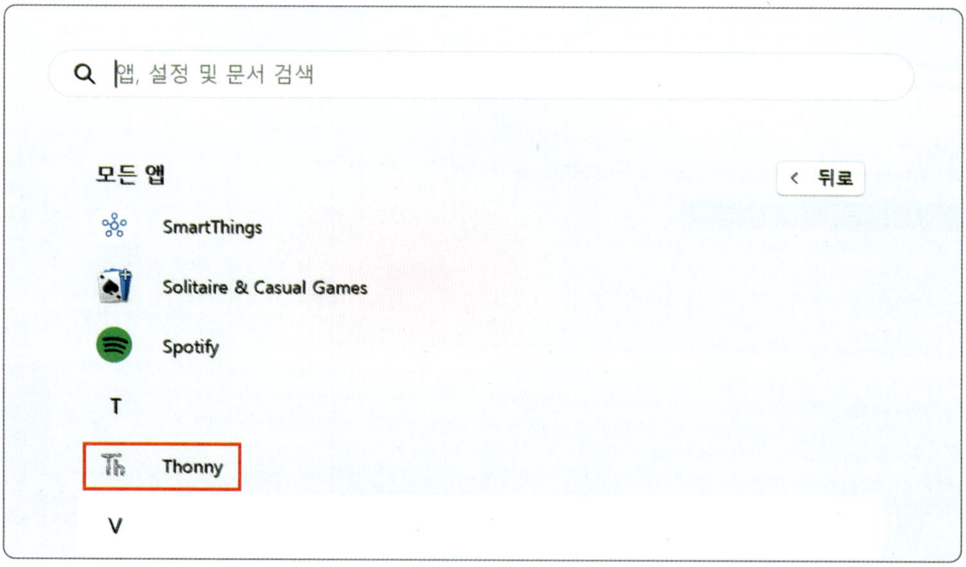

[그림 2-11] 앱에서 Thonny 실행하기

다음과 같은 화면이 나타나면 Thonny가 제대로 설치된 것입니다. Thonny는 파이썬 프로그램 개발에는 바로 사용할 수 있으므로, 쉘에는 파이썬이 실행되고 있음이 표시되었습니다.

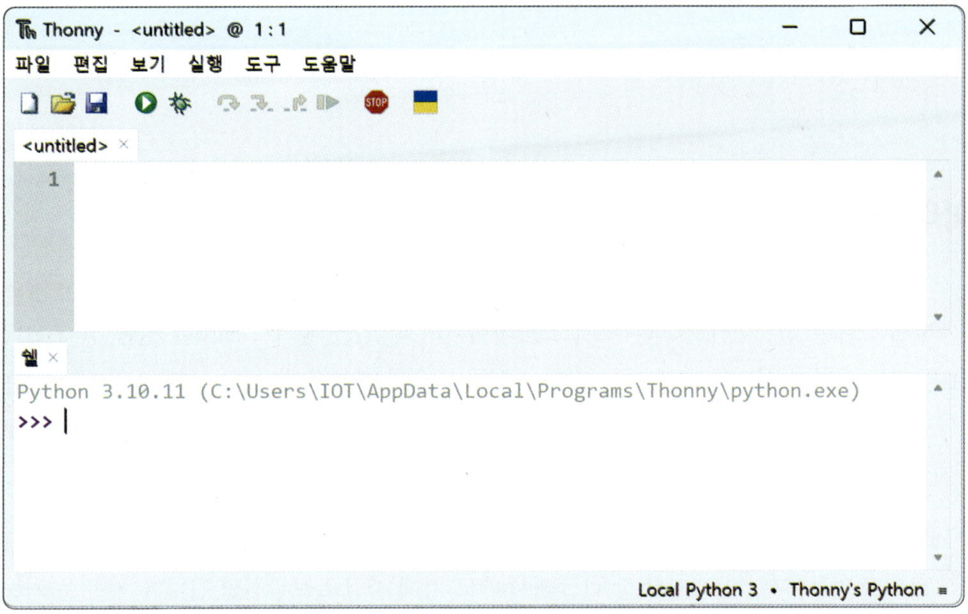

[그림 2-12] Thonny 실행 화면

마이크로파이썬 펌웨어가 올라간 보드를 PC에 연결하고, 설정에서 해당 포트를 지정하면 마이크로파이썬을 Thonny에서 사용할 수 있습니다. 이러한 절차에 대해서는 다음에 계속 다룹니다.

SECTION
2.2 마이크로파이썬 펌웨어 올리기

01 마이크로파이썬 펌웨어의 필요성

통상적으로 개발 보드에는 펌웨어라고 하는 프로그램(바이너리 파일)을 올려서 원하는 일을 하게 합니다. 만약 새로운 일을 시키고 싶으면 그에 맞는 펌웨어를 다시 올려야 합니다. 예를 들면 C++이라는 프로그래밍 언어로 코딩한 후 컴파일하면 펌웨어(바이너리 파일)가 만들어지는데, 이 파일을 매번 개발 보드에 올리는 작업을 반복해야 합니다.

마이크로파이썬 환경에서는 마이크로파이썬용 번역 펌웨어를 한 번만 올리고, 일을 하는 방법은 마이크로파이썬 소스 코드로 만들어서, 별도 저장 장치(플래시 메모리)에 파일로 보관하면 됩니다. 새로운 기능이 필요하면 소스 코드 파일을 마이크로파이썬 형식으로 다시 만들어서 저장 장치에 보관하기만 하면 됩니다. 즉 펌웨어를 교체할 필요는 없고, 소스 코드 파일만 교체하면 됩니다.

마이크로파이썬 환경에서 개발 보드에 전원을 공급하면, 먼저 마이크로파이썬 펌웨어가 실행되고 그 펌웨어의 통제에 따라서 소스 코드 파일이 실시간으로 명령어로 번역되어 작동하게 됩니다. 마이크로파이썬 펌웨어는 마이크로파이썬 홈페이지에서 구할 수도 있지만, 그 펌웨어에 본인이 구입한 개발 보드의 특성이 반영되어 있지 않다면 제대로 작동되지 않을 수 있습니다. 그래서 개발 보드를 만든 회사의 홈페이지를 방문해 적합한 펌웨어를 다운로드하는 것이 확실한 방법입니다.

[표 2-1]에 C++과 마이크로파이썬의 환경상 차이를 정리했습니다.

[표 2-1] C++과 마이크로파이썬의 차이점

구분	C++	마이크로파이썬
프로그램 실행 환경	특정 바이너리 파일 실행	범용 인터프리터 기반 실행
바이너리 파일 업로드	프로그램을 작성하거나 수정할 때마다 업로드	인터프리터용 바이너리 파일을 최초에 한 번 업로드
프로그램을 작성/수정할 때 절차	처음부터 다시 컴파일하고 바이너리 파일을 만들어서 업로드 (시간이 많이 소요됨)	작성/수정된 소스 코드 파일만 업로드 (시간 소요가 적음)
프로그램 실행 속도	빠름	C++에 비해 상대적으로 느림

02 마이크로파이썬 펌웨어를 개발 보드에 올리기

Wemos사의 S3 mini 개발 보드에는 마이크로파이썬 펌웨어가 기본적으로 설치되어 있으므로, Thonny에 이 개발 보드를 연결해 마이크로파이썬 프로그래밍을 시작할 수 있습니다.

그러나 개발 보드의 마이크로파이썬 펌웨어를 새 버전으로 업데이트하거나, 이전에 다른 펌웨어가 설치된 개발 보드를 재사용하는 경우에는, 개발 보드에 마이크로파이썬 펌웨어를 새롭게 올리는 과정이 필요합니다. 그 대략적인 방법은 다음과 같으며, 상세한 내용은 이 절의 '06. Thonny에서 마이크로파이썬 펌웨어 올리기'에서 설명합니다.

1 마이크로파이썬 홈페이지 또는 제조사 제공 웹페이지에서 펌웨어 파일을 다운로드합니다.

2 장치 관리자에서 포트를 펼쳐두고, 개발 보드를 '**펌웨어 업로드 모드**'로 연결합니다.

3 Thonny의 **[인터프리터 환경 설정]**에서 **[Install or update MicroPython(esptool)]**을 선택합니다.

4 개발 보드의 포트를 선택하고, 미리 다운로드해 둔 펌웨어 파일을 선택한 후 설치합니다.

03 마이크로파이썬 홈페이지에서 펌웨어 다운로드하기

❶ https://micropython.org/download/에 접속합니다. 여러 가지 기준으로 다운로드할 펌웨어를 필터링할 수 있습니다. 여기서는 제조사 기준으로 ❷ 'Wemos'를 선택합니다.

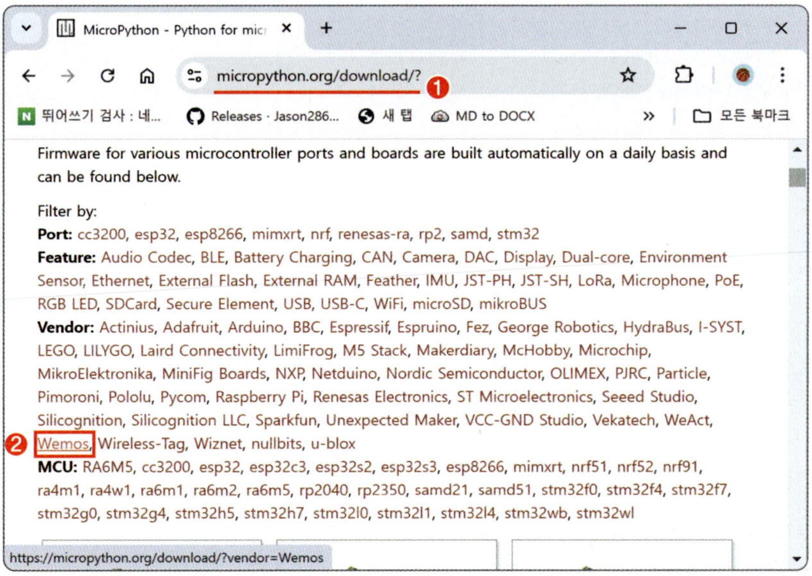

[그림 2-13] 마이크로파이썬 펌웨어 선택 화면 1

Wemos사의 제품 목록에는 우리가 원하는 것이 모두 나타나지는 않지만, 사례로 ❸ 'C3 mini'를 다운로드해보겠습니다(실제 환경에서는 다음 단계에서 안내하는 대로 **제조사가 제공하는 웹 페이지**에서 다운로드하기 바랍니다).

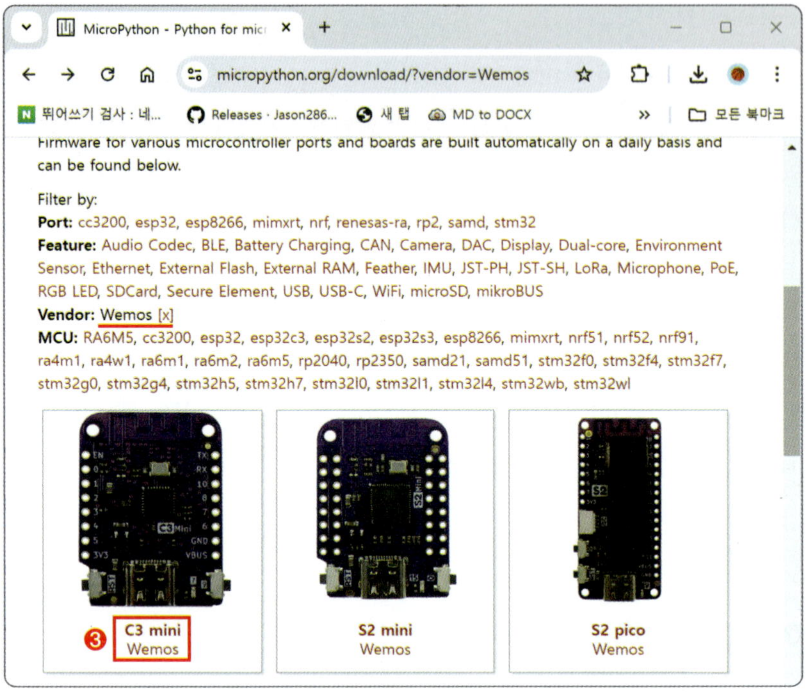

[그림 2-14] 마이크로파이썬 펌웨어 선택 화면 2

여기서는 ❹ 가장 최신 버전의 바이너리 파일을 선택했습니다.

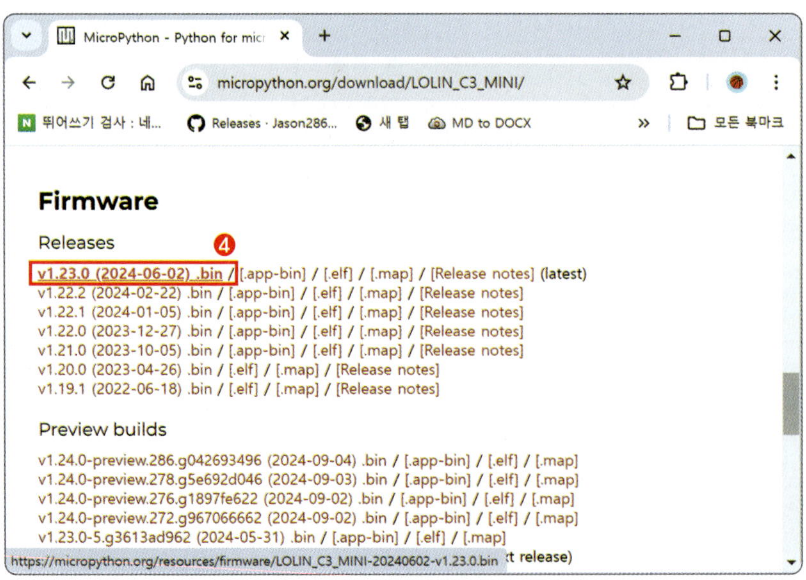

[그림 2-15] 마이크로파이썬 펌웨어 선택 화면 3

폴더를 지정하고 파일 이름을 확인한 후 ❺ **[저장]** 버튼을 클릭하면 다운로드가 시작됩니다. 다운로드한 파일은 나중에 업로드할 때 사용하면 됩니다.

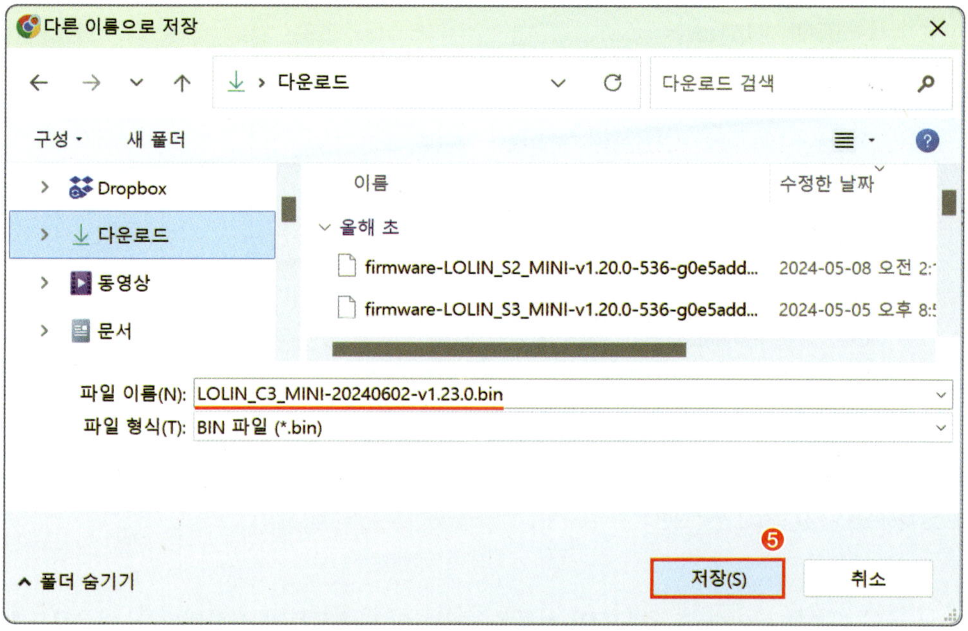

[그림 2-16] 마이크로파이썬 펌웨어 선택 화면 4

04 제조사 제공 웹 페이지에서 펌웨어 다운로드하기

앞의 예와 같이 마이크로파이썬 홈페이지에서 원하는 펌웨어를 찾을 수 없는 경우가 있습니다. 다행히 Wemos사에서는 자사의 모든 제품에 대해 펌웨어를 다운로드할 수 있도록 준비해 두었습니다. 여기서 필요로 하는 모든 펌웨어를 다운로드하도록 하겠습니다.

❶ https://github.com/wemos/micropython/releases/에 접속합니다. 최신 버전의 'Assets'에는 필요로 하는 모든 펌웨어가 나타납니다. 우선 ❷ 'S3 MINI'를 선택하여 다운로드하겠습니다. 나머지 펌웨어도 안내하는 대로 반복해 다운로드하면 됩니다.

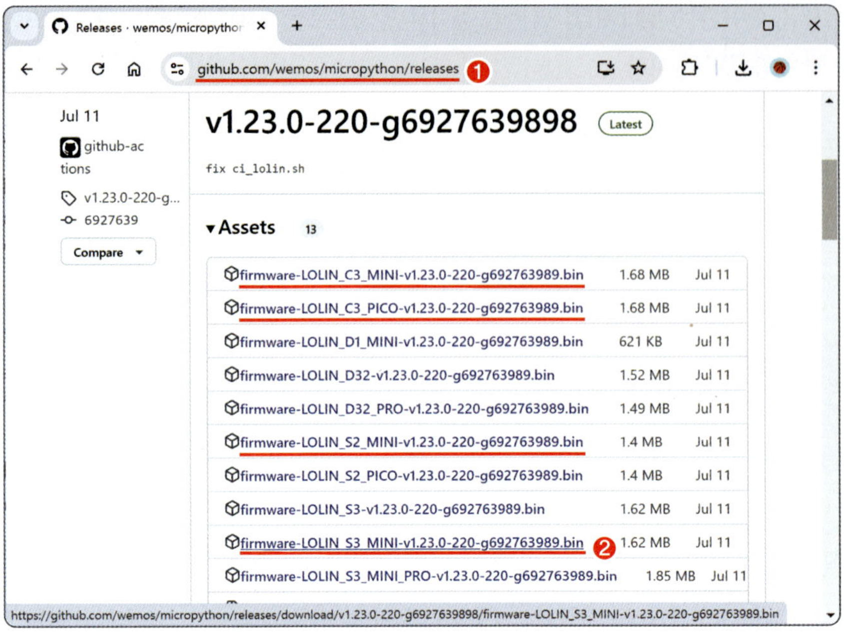

[그림 2-17] WEMOS 마이크로파이썬 펌웨어 선택 화면 1

폴더를 지정하고 파일 이름을 확인한 후 ❸ **[저장]** 버튼을 클릭하면 다운로드가 시작됩니다. 다운로드한 파일은 나중에 업로드할 때 사용하면 됩니다.

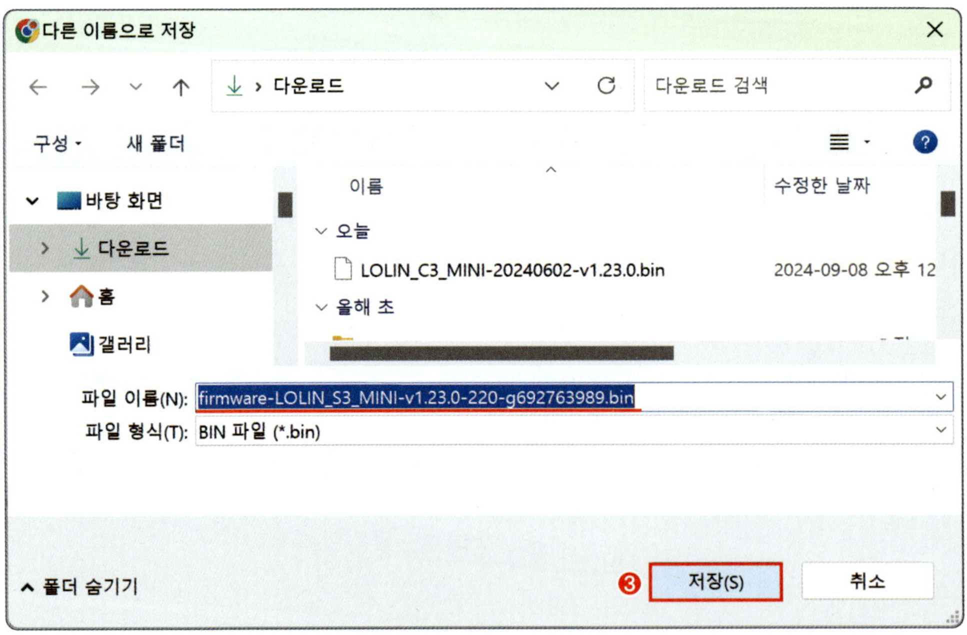

[그림 2-18] WEMOS 마이크로파이썬 펌웨어 선택 화면 2

05 | 개발 보드를 '펌웨어 업로드 모드'로 연결하기

개발 보드를 PC에 연결하기 전에 윈도우의 장치 관리자에서 **[포트(COM & LPT)]**를 확인해보겠습니다. ❶ **[윈도우 아이콘]**을 마우스 오른쪽 버튼으로 클릭하고, 메뉴가 나타나면 ❷ **[장치 관리자]**를 선택합니다.

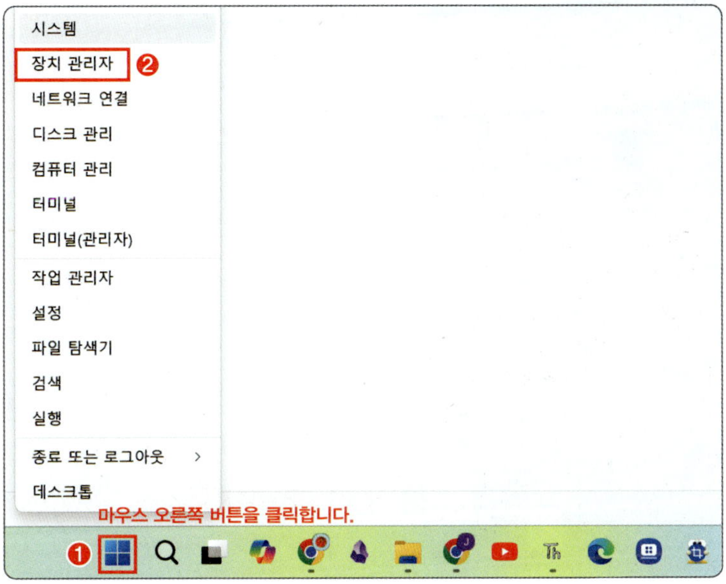

[그림 2-19] 장치 관리자 선택하기

〈장치 관리자〉 화면이 나오면 스크롤해 ❸ **[포트(COM & LPT)]**를 클릭해서 확장합니다. 포트에는 아직 USB 장치가 연결되어 있지 않습니다.

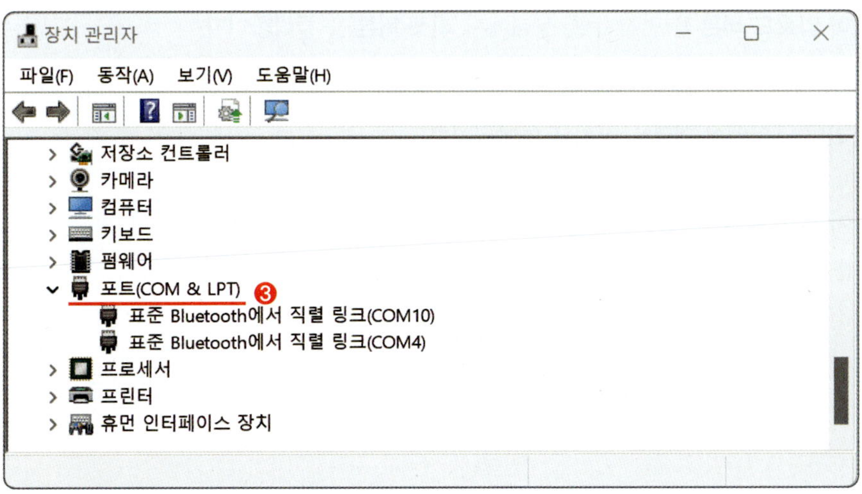

[그림 2-20] 장치 관리자에서 포트 선택하기

개발 보드에는 **'리셋(RST) 버튼'**과 **'펌웨어 업로드(0) 버튼'**이 있습니다. 펌웨어 업로드 버튼에 표시된 **0**은 **GPIO0**을 의미합니다. 이 버튼을 클릭하면 GPIO0과 GND가 연결됩니다.

[그림 2-21] 리셋 버튼과 펌웨어 업로드 버튼

다음과 같은 단계로 개발 보드를 **'펌웨어 업로드 모드'**로 연결합니다.

1. 개발 보드를 PC와 USB로 연결합니다.
2. 개발 보드의 **'펌웨어 업로드 버튼'**을 먼저 누른 상태에서 **'리셋 버튼'**을 클릭합니다.
3. **'리셋 버튼'**을 해제하고, 잠시(2~3초) 후 **'펌웨어 업로드 버튼'**을 해제합니다.
4. USB 연결음이 들리면서 펌웨어 업로드 모드로 연결됩니다.

이 모드에서는 설치되어 있는 펌웨어의 실행이 중지되고, 새로운 펌웨어를 올릴 수 있게 대기하는 상태가 됩니다.

여기서 이전에 열어 둔 장치 관리자를 스크롤해 연결된 포트를 확인합니다.

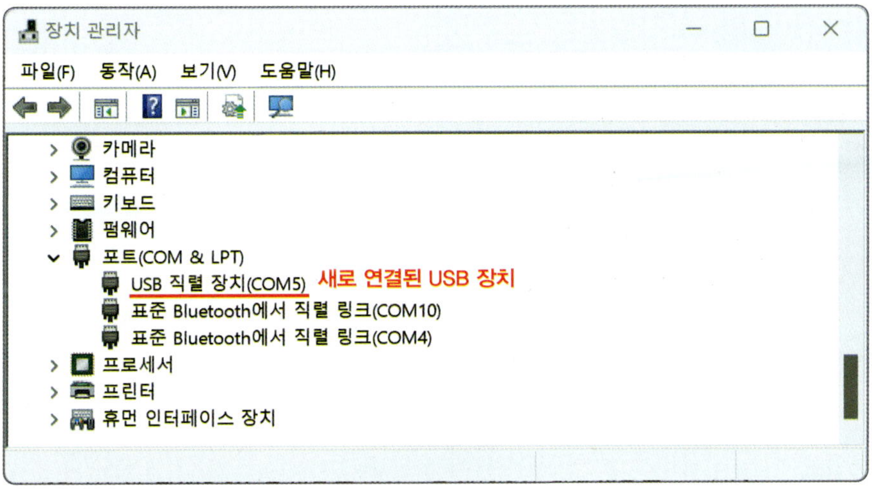

[그림 2-22] 장치 관리자에서 새로 연결된 USB 장치 확인하기

[COM5] 장치가 새로 연결되었습니다. 이 COM 장치의 번호는 나중에 Thonny에서 펌웨어를 업로드할 때 사용해야 하므로 기록해 둡니다. COM 장치의 번호는 PC의 환경에 따라 다르게 나타납니다.

06 Thonny에서 마이크로파이썬 펌웨어 올리기

Thonny를 실행합니다. ❶ **[실행]** 탭을 클릭한 후 ❷ **[인터프리터 환경설정]**을 클릭합니다.

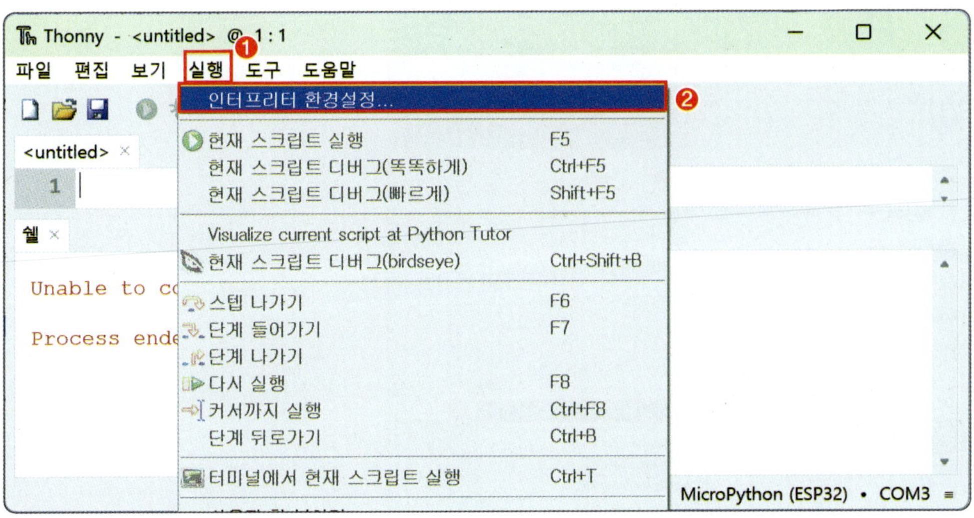

[그림 2-23] 인터프리터 환경설정 선택하기

〈Thonny 옵션〉 화면의 **[인터프리터]** 탭에서 ❸ **[MicroPython(ESP32)]**를 선택합니다. 다음으로 ❹ **[Install or update MicroPython(esptool)]**을 클릭합니다.

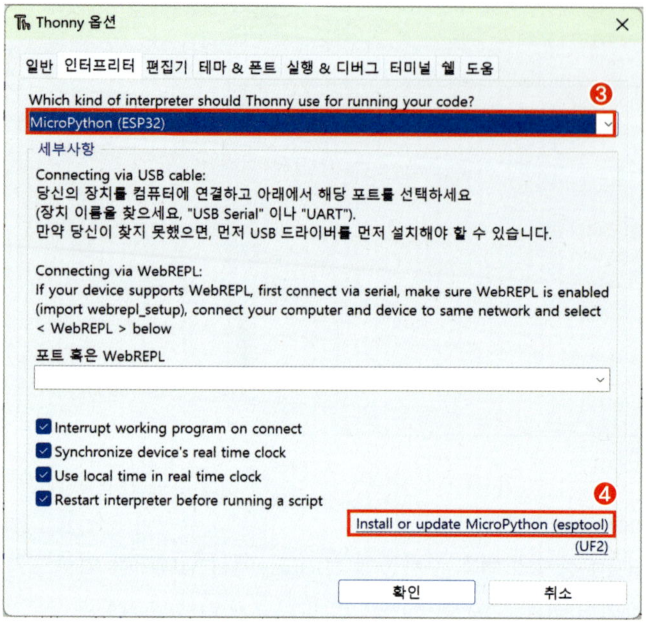

[그림 2-24] esptool로 펌웨어 설치하기

❺ **[Target port]**에 앞에서 기록해 둔 장치의 번호를 지정한 후 ❻ **[햄버거(≡)]** 버튼을 클릭해 ❼ **[Select local MicroPython image]**를 선택합니다. 여기서 'image'는 펌웨어를 말합니다.

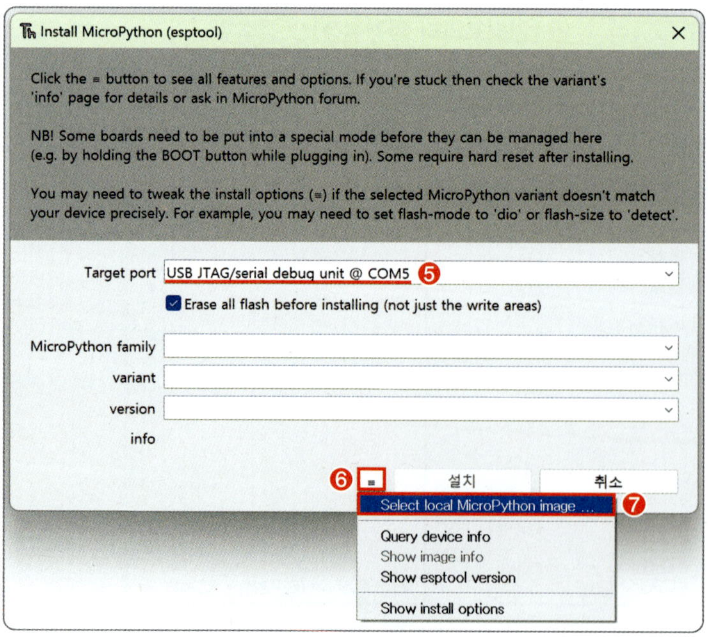

[그림 2-25] PC의 펌웨어(image) 파일 사용하기 선택

❽ 앞에서 다운로드한 마이크로파이썬 펌웨어 파일을 선택하고 ❾ **[열기]** 버튼을 클릭하면 **〈Install MicroPython(esptool)〉** 화면이 나옵니다. 화면에는 선택한 업로드 정보가 표시됩니다.

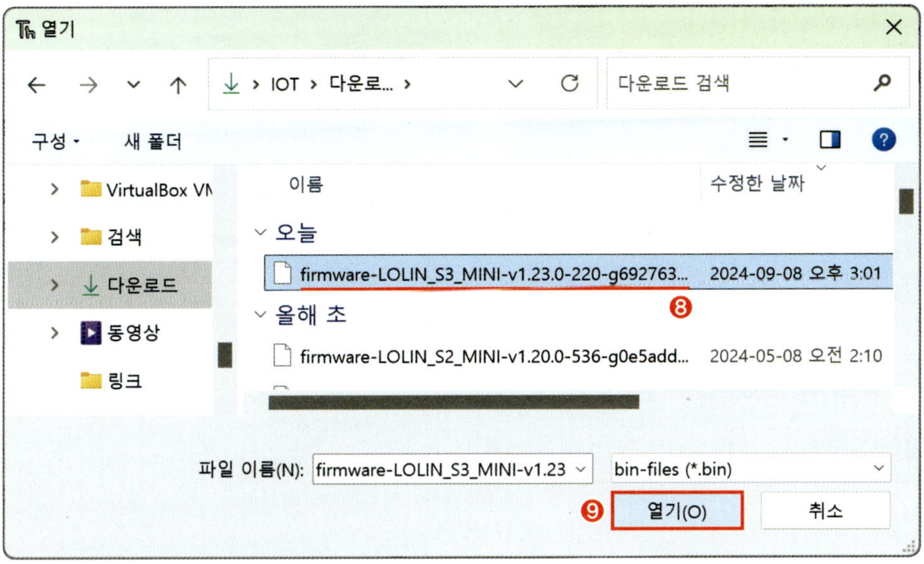

[그림 2-26] PC의 펌웨어 파일 선택하기

❿ **[설치]** 버튼을 클릭하면 설치가 진행됩니다.

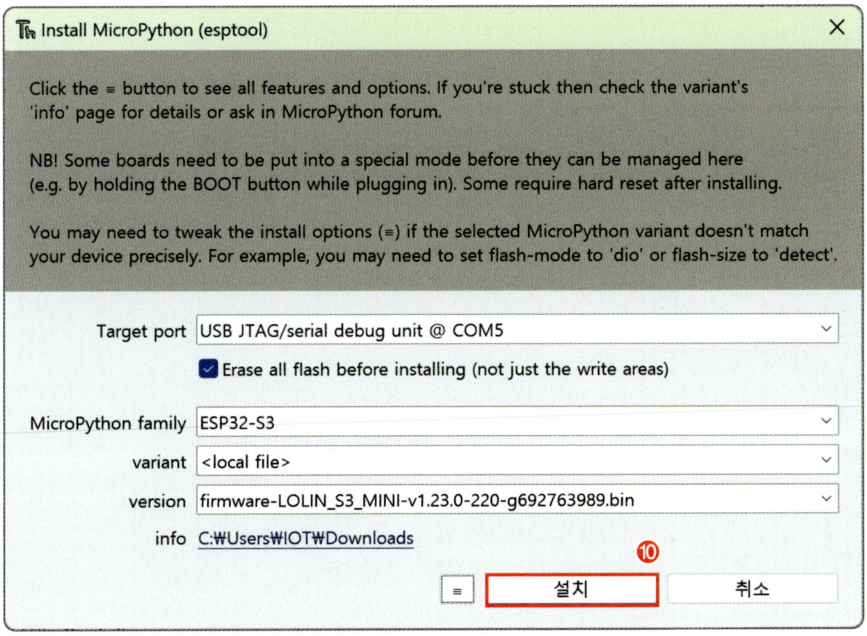

[그림 2-27] 마이크로파이썬 설치하기

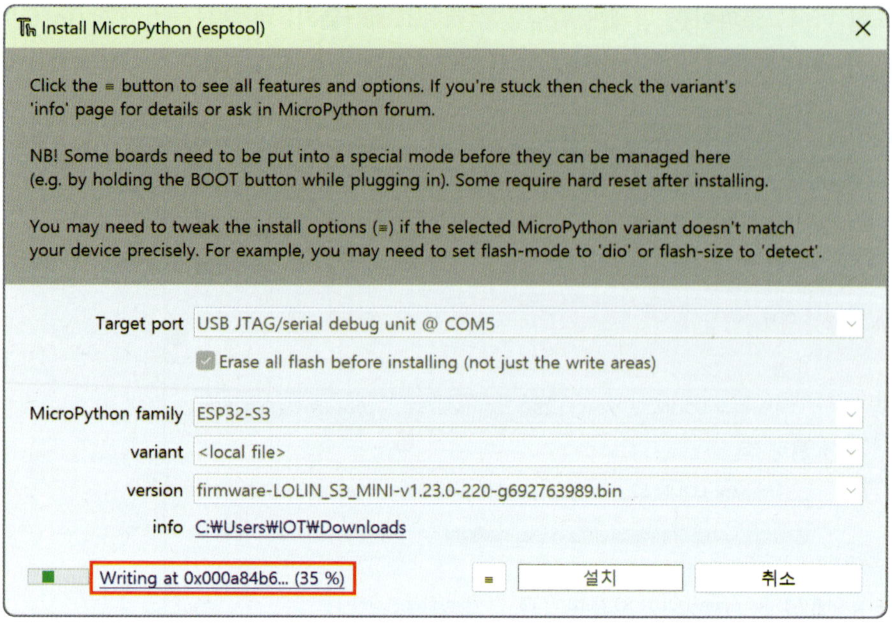

[그림 2-28] 설치 진행 단계

⑪ 'Done!'이라는 업로드 완료 메시지가 뜨면, ⑫ **[닫기]** 버튼을 클릭해서 업로드 작업을 완료합니다.

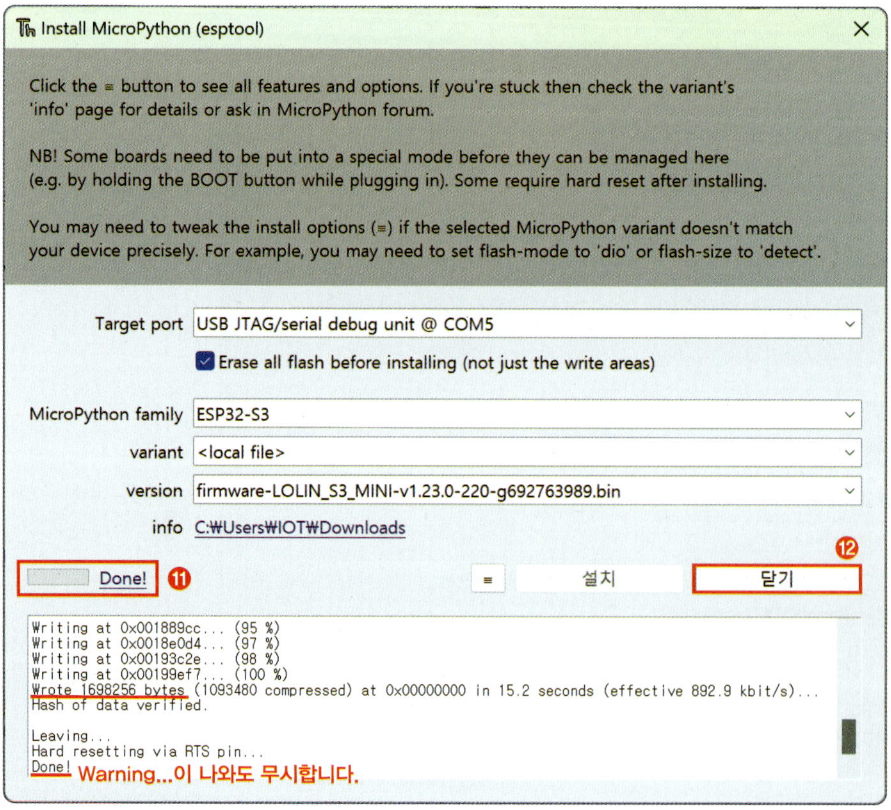

[그림 2-29] 설치 완료 단계

[닫기] 버튼을 클릭하기 전에 '**Done!**'을 클릭하면 아래에 로그 창이 열리고, 자세한 진행 정보가 표시됩니다. 마이크로컨트롤러의 종류에 따라서 '**Warning!...**'으로 시작하는 로그가 발견되는 경우가 있는데, 대체로 무시하면 됩니다. 특히 ESP32 S2 mini의 경우 '**Warning!..**' 로그가 자주 나옵니다.

07 | 전원 다시 투입하기

펌웨어 업로드가 끝나면, USB를 제거했다가 연결해 전원을 새로이 투입합니다. 이제 개발 보드는 Thonny에 연결될 준비가 되었습니다.

웹 페이지 **Thonny 메뉴에서 개발 보드 정보 지정해 펌웨어 업로드**

하단 주소 또는 우측 QR 코드를 통해 접속한 웹 페이지에서 사전에 펌웨어를 다운로드하지 않고 Thonny 메뉴에서 개발 보드 정보를 지정해 펌웨어를 업로드하는 방법을 안내합니다.

https://iotmaker.kr/mpy-firmware-by-menu

SECTION 2.3 Thonny REPL 사용법

01 개발 보드를 마이크로파이썬에 연결하기

Thonny를 설치한 후, 개발 보드에 연결한 적이 없으면 기본적으로 파이썬 실행 환경을 지원합니다.

[그림 2-30] 파이썬 실행 환경

마이크로파이썬 펌웨어가 설치되어 있는 개발 보드를 PC에 USB로 연결한 후, 장치 관리자의 포트에서 연결된 COM 포트를 확인하고 기록해 둡니다. 이 번호는 펌웨어를 올릴 때 사용한 COM 포트와 다를 수 있습니다.

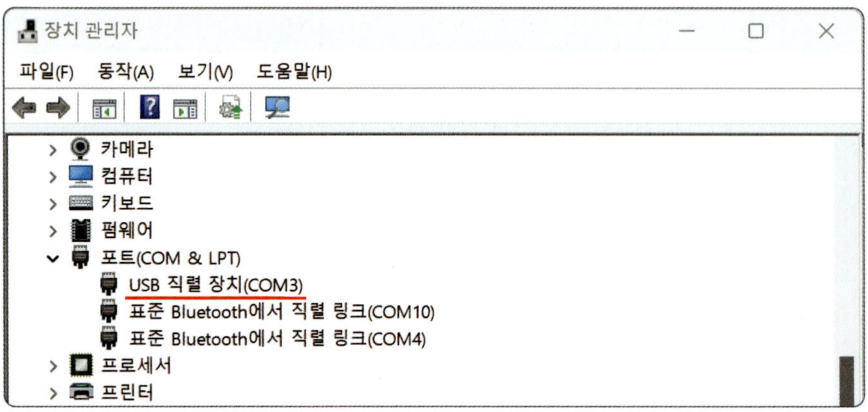

[그림 2-31] 개발 보드의 COM 포트 번호 확인하기

Thonny를 실행합니다. ❶ **[실행]** 탭을 클릭한 후 ❷ **[인터프리터 환경설정]**을 클릭합니다.

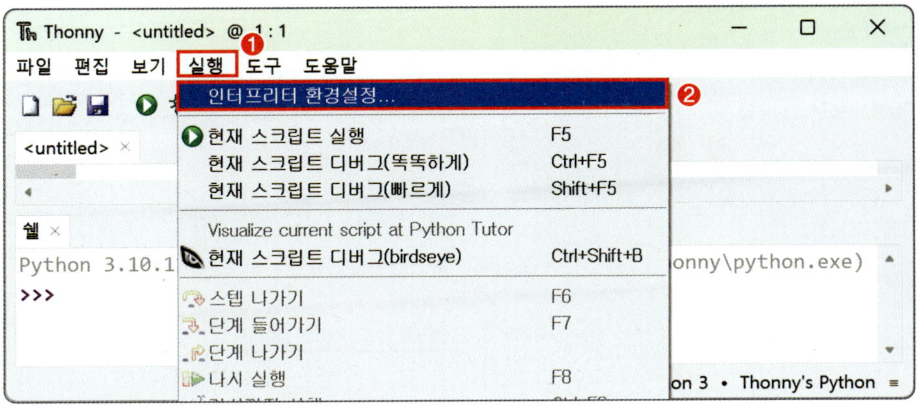

[그림 2-32] 인터프리터 환경설정 선택하기

〈Thonny 옵션〉 화면의 **[인터프리터]** 탭에서 ❸ **[MicroPython(ESP32)]**와 ❹ 앞에서 기록해 둔 **[COM 포트]**를 선택하고 ❺ **[확인]** 버튼을 클릭합니다.

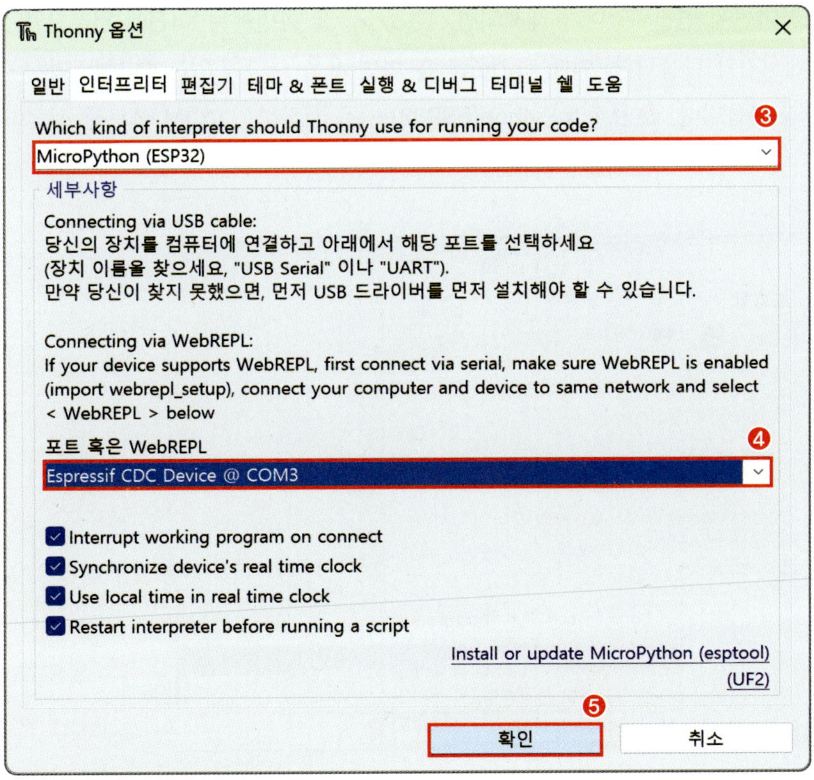

[그림 2-33] Thonny 옵션 선택하기

이제 마이크로파이썬에 개발 보드가 연결되고, 쉘 영역에 '>>>'로 된 프롬프트가 나타나는데, 이것이 뒤에서 설명할 REPL(Read-Eval-Print Loop[1], 대화형 환경)입니다.

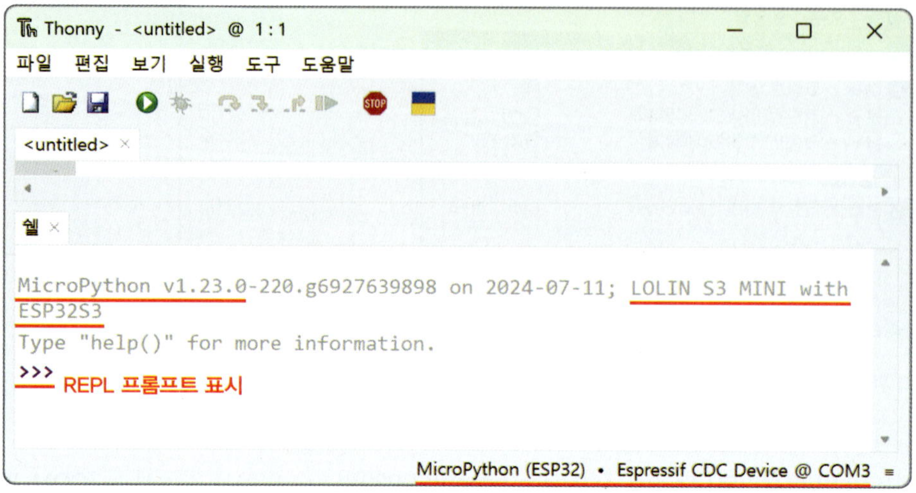

[그림 2-34] 마이크로파이썬에 연결된 개발 보드

만약 개발 보드가 마이크로파이썬에 연결되었다가 해제되면, Thonny 홈 화면에는 '**이전에 연결되었던 COM 포트가 없다**'는 오류 메시지가 나옵니다. 이때 Thonny 홈 화면 우측 하단에 있는 ❶ **[햄버거(≡)]** 버튼을 클릭하면 선택 메뉴가 나옵니다. ❷ **[MicroPython(ESP32)…]**로 시작하는 COM 포트를 선택하면 REPL에 연결됩니다.

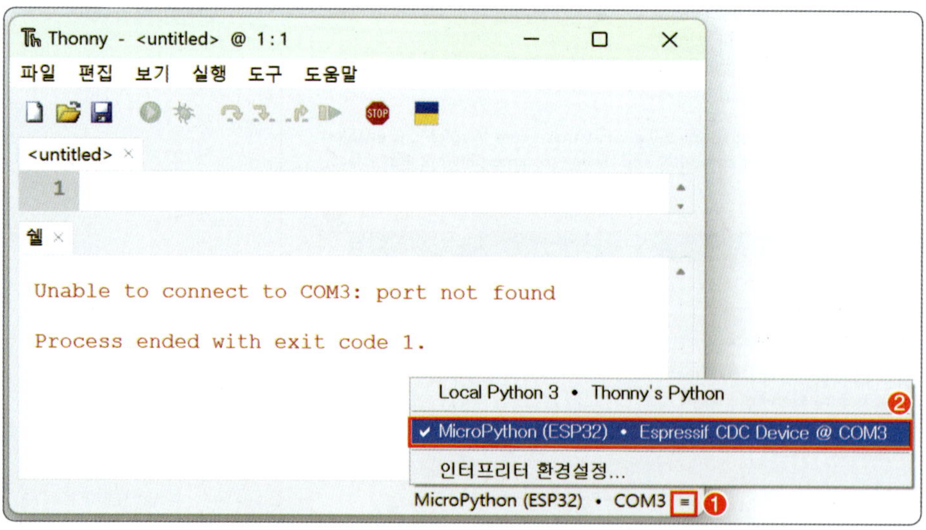

[그림 2-35] 개발 보드 연결하기 선택

1 리플이라고 읽습니다.

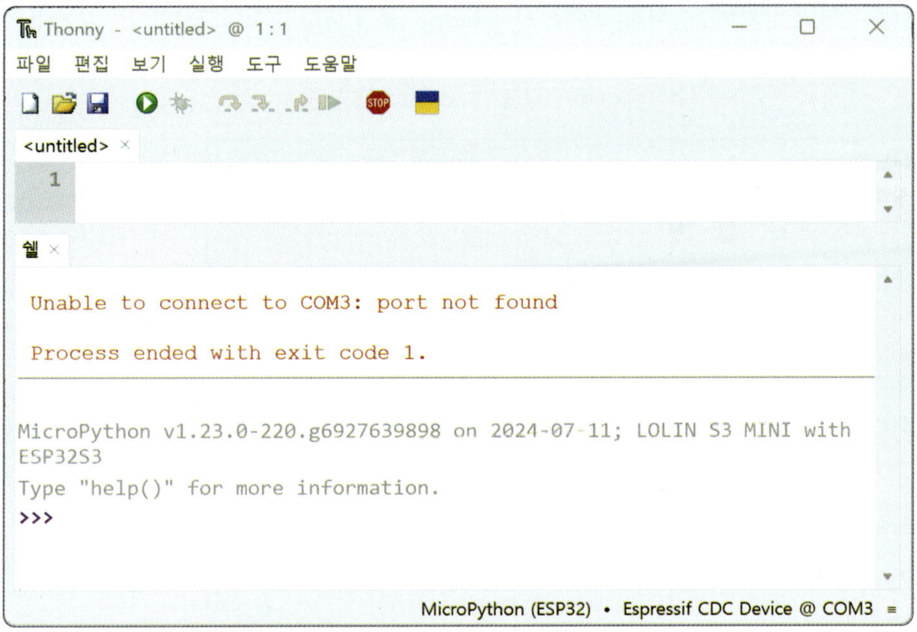

[그림 2-36] 개발 보드가 마이크로파이썬으로 연결된 화면

마이크로컨트롤러의 종류에 따라서, 펌웨어를 업로드할 때 나타나는 COM 포트와 업로드 후 마이크로파이썬에 연결할 때 나타나는 COM 포트가 다를 수 있습니다. 여기서는 COM5에서 COM3로 바뀐 경우입니다.

02 REPL 사용하기

Thonny를 실행한 후 마이크로파이썬 개발 보드를 연결하면 쉘 영역에 '>>>'로 된 프롬프트가 나타나고 REPL 상태가 됩니다. REPL은 마이크로파이썬의 기본 기능을 학습하고, 프로그램의 작은 조각을 테스트하기 좋은 환경입니다. REPL은 사용자가 명령어를 입력하면, 마이크로파이썬 인터프리터가 받아서 처리한 후 결과를 출력하고, 다시 명령어 입력 대기 상태가 됩니다.

이제 REPL의 기능을 간단히 살펴보겠습니다. 프롬프트에 help( )를 입력하면 마이크로파이썬의 사용법을 알려줍니다.

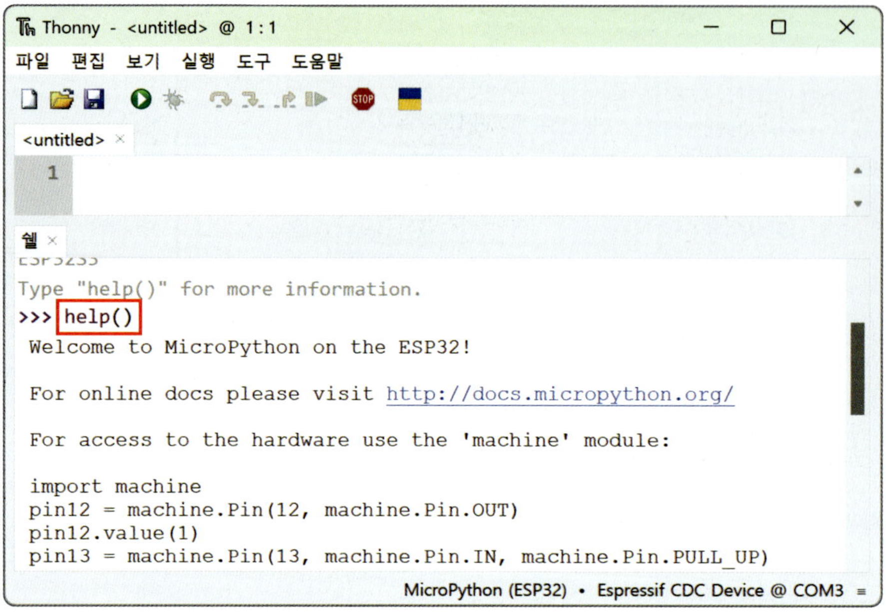

[그림 2-37] 프롬프트에 help( ) 입력하기

프롬프트에 help('modules')를 입력하면 마이크로파이썬에서 사용할 수 있는 기본 모듈의 리스트를 보여줍니다.

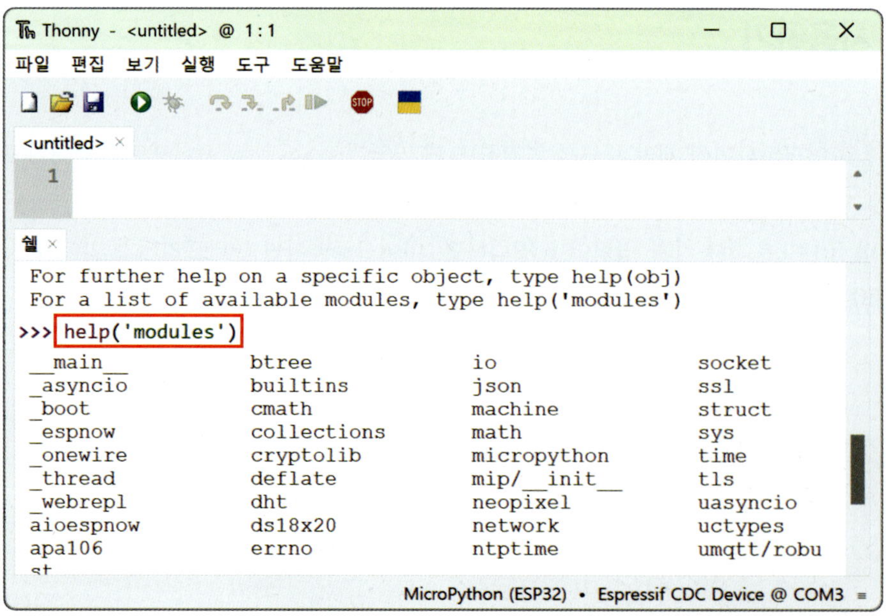

[그림 2-38] 프롬프트에 help('modules') 입력하기

프롬프트에는 명령어를 직접 입력하고 결과를 바로 확인할 수 있습니다. [그림 2-39]는 여러 가지 명령어를 직접 입력한 예입니다.

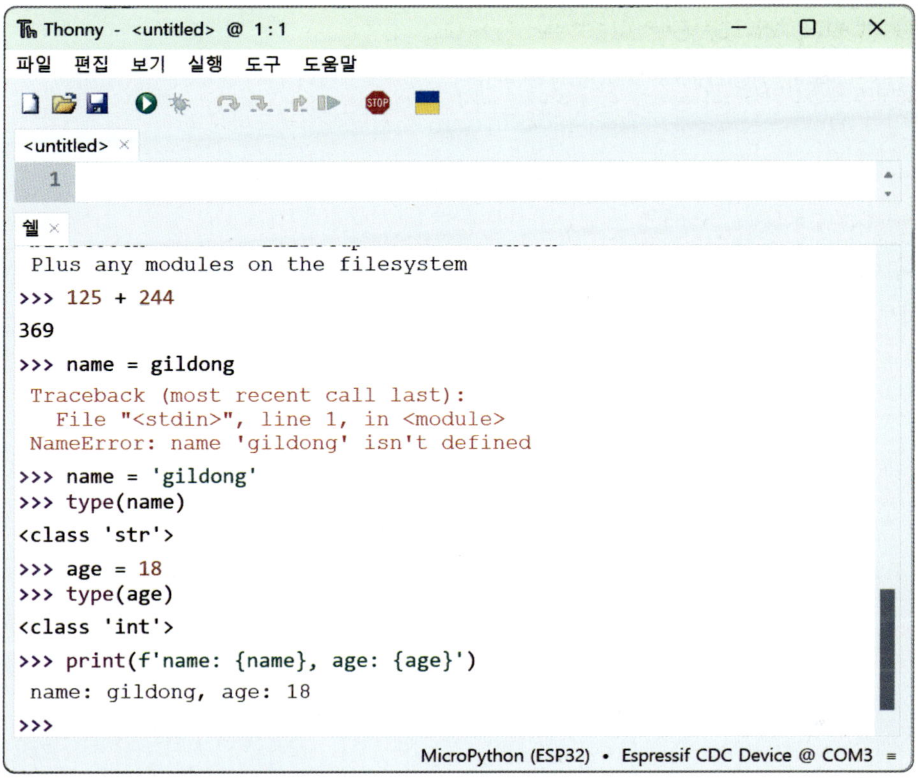

[그림 2-39] 프롬프트에 명령어 입력하기

CHAPTER
02 연습문제

2.1 이 책에서는 마이크로파이썬 IDE로서 Thonny를 사용하고 있지만, 여러 가지 IDE가 존재합니다. 마이크로파이썬 IDE를 추가로 2개 이상 조사하고, Thonny와 장단점을 비교하세요.

2.2 마이크로파이썬의 펌웨어를 올리기 위해서 부팅할 때 별도의 버튼을 클릭하게 합니다. 해당 절차의 필요성을 설명하세요.

2.3 REPL 모드에서, 마이크로파이썬에서 사용할 수 있는 모듈의 리스트와 그에 속한 함수나 클래스를 표시하는 명령어를 각각 나열하세요.

CHAPTER

03

생성형 AI와 자료형 익히기

학습목표

- 생성형 AI를 사용하는 방법을 익힙니다.
- 파이썬과 마이크로파이썬의 차이를 이해합니다.
- 마이크로파이썬의 변수의 다양한 자료형을 학습합니다.

이 장의 실습 준비물

부품 이름	대체품	수량	용도
S3 mini / S2 mini	ESP32 계열의 보드	1	마이크로컨트롤러
USB-C 케이블		1	보드와 PC 연결

웹 페이지 **AI 프롬프트 결과 확인**

이 책의 AI 프롬프트와 결과 예시는 하단 주소 또는 우측 QR 코드를 통해 접속한 웹 페이지에서 확인하고 복사할 수 있습니다.

https://iotmaker.kr/mpy-ai-prompt

PREVIEW

이 장에서는 생성형 AI를 활용해 마이크로파이썬을 학습하는 방법을 익힙니다. 파이썬과 마이크로파이썬의 차이를 이해하고, ESP32를 PC에 연결해 Thonny 환경에서 마이크로파이썬으로 코딩해 봅니다. 그 후 프로그래밍 언어에서 기초가 되는 변수의 여러 가지 자료형을 이해하고 응용 방법을 익힙니다.

SECTION 3.1

생성형 AI 이해하기

01 생성형 AI와 LLM의 개념

생성형 AI(Generative Artificial Intelligence)는 **LLM**(Large Language Model)을 기반으로 한 인공지능입니다. LLM은 주어진 텍스트에 대해 다음에 올 단어를 예측해 문장을 생성하는 모델로, 대규모의 텍스트 데이터를 학습해 주어진 질문에 대응한 적절한 텍스트를 생성합니다.

대표적인 LLM의 예로 OpenAI사의 **챗GPT**(Generative Pre-trained Transformer) 시리즈를 들 수 있습니다. GPT는 텍스트의 일부를 주면 나머지를 예측해 완성하거나, 주어진 문장 다음에 올 단어를 생성하는 등 다양한 작업을 수행할 수 있습니다.

생성형 AI는 코딩 영역에서 상당한 수준의 역할을 할 수 있습니다. 완벽하지는 않지만 오류가 거의 없는 코드를 생성하고, 그 내용도 설명해줄 수 있습니다.

여기서 잠깐 **생성형 AI 모델을 사용할 때 유의할 점**

생성형 AI의 결과로 '환각(hallucination)'이 나타날 수 있습니다. 이는 존재하지 않거나 잘못된 정보를 제시하는 현상입니다. 이러한 현상은 생성형 AI의 기술 진보에 따라 개선되고 있지만, 환각에 대한 사용자 책임은 여전히 남아 있습니다.

생성형 AI는 완벽한 결과를 만들어주는 주체가 아닙니다. 제시된 결과는 오류를 포함할 수 있으므로, 결과를 검증해 올바르게 사용해야 합니다. 따라서 생성형 AI를 문제 해결에 도움을 주는 보조자로 인식하는 것이 좋습니다. 프로그램 개발 전체를 AI에 맡기지 말고, 프로그램의 큰 구조는 본인이 정하고 개별 부분만 AI가 작성하게 하는 것이 효율적입니다.

02 챗GPT 활용하기

2022년 11월에 발표된 OpenAI사의 챗GPT(ChatGPT)는 생성형 AI의 대중화 시대를 열었습니다. 이 회사 외에도 여러 회사에서 경쟁적으로 새로운 모델을 출시하고 있습니다. 새로운 모델의 발전 속도는 너무나 빠르고, 특정 도메인에 특화된 응용 서비스도 다양하게 발표되고 있습니다.

코딩에 특화된 서비스도 여러 가지 발표되고 있지만, 이 책에서는 일반적인 생성형 AI 모델을 사용하기로 합니다. 설명의 편의를 위해 초기부터 널리 사용되고 있는 챗GPT를 사용합니다.[1] 이 책에서는 챗GPT의 여러 기능을 설명하기보다는 질문에 해당하는 '프롬프트'의 작성 기법을 설명하며, 주로 다음과 같은 영역에 챗GPT를 활용합니다.

- 마이크로파이썬에 대한 정보 습득
- 예제 프로그램 작성과 프로그램에 사용한 문법 설명
- 예제 프로그램에 사용된 문법 설명
- 프로그램 오류에 대한 해결법
- 마이크로컨트롤러 사용법
- 새로운 센서 사용법
- 다양한 프로그램 라이브러리 제작

웹 페이지 **챗GPT 사용 안내**

하단 주소 또는 우측 QR 코드를 통해 접속한 웹 페이지에서 챗GPT의 사용자 등록을 하고, 기본적인 사용법을 안내합니다.
추후 챗GPT보다 더 일반화된 모델이 나오면 그 사용법이 추가될 수도 있습니다.

https://iotmaker.kr/mpy-use-chatgpt/

1 독자의 상황에 따라 적합한 다른 모델을 사용해도 됩니다. 이 책에서 챗GPT라고 언급하면 대부분의 경우 본인이 사용하는 AI 모델이라고 생각해도 무방합니다.

SECTION

3.2 파이썬과 마이크로파이썬

01 파이썬이란?

파이썬(Python)은 네덜란드의 프로그래머 귀도 반 로섬(Guido van Rossum)이 1980년대부터 개발하기 시작한 프로그래밍 언어입니다. 파이썬은 일반인도 코딩을 할 수 있도록 쉬운 프로그래밍 언어를 표방하고 있습니다. 그래서 프로그램 코드 자체가 문서의 역할을 할 수 있을 정도로 쉬운 문법으로 이루어져 있습니다.

파이썬은 미리 컴파일된 바이너리 파일이 실행되는 방식이 아니라, 실행 시점에 소스 코드를 번역해 실행하는 인터프리터 방식이어서 실행 속도가 빠른 편은 아닙니다. 그러나 여러 가지 바이너리 파일을 연계해 사용하는 방식으로 실행 속도 문제를 해결하고 있습니다. 예를 들면 파이썬으로 이미지 파일을 읽고 그 이미지 파일에서 특정 대상을 찾는 작업은 실행 속도가 빠른 별도의 바이너리 프로그램에 전달해 처리하게 하는 방식입니다. 파이썬은 그 결과만 넘겨 받아서 후속 처리를 담당하게 됩니다.

빅데이터 분석 등에도 파이썬이 널리 사용되어 왔는데, 특히 2020년 이후 AI 붐이 일어나면서 가장 중요한 프로그래밍 언어로 급부상했습니다. 파이썬은 명실상부하게 모든 사람이 익혀야 할 기본 프로그래밍 언어라고 할 수 있습니다. TIOBE 인덱스[2]에서는 프로그래밍 언어의 전 세계 인기 순위를 확인할 수 있는데, [그림 3-1]을 보면 파이썬의 높은 인기를 확인할 수 있습니다.

Oct 2024	Oct 2023	Programming Language	Ratings	Change
1	1	Python	21.90%	+7.08%
2	3	C++	11.60%	+0.93%
3	4	Java	10.51%	+1.59%
4	2	C	8.38%	-3.70%
5	5	C#	5.62%	-2.09%
6	6	JavaScript	3.54%	+0.64%

[그림 3-1] 2023~2024년 프로그래밍 언어 인기 순위

2 https://www.tiobe.com/tiobe-index/

AI 프롬프트 활용 파이썬 이해하기

3-1 파이썬의 역사에 대해 설명해 줘.

3-2 파이썬의 설계 철학이 무엇인지, 일반적인 컴파일 방식의 프로그래밍 언어와 비교해 설명해 줘.

3-3 파이썬이 AI 업계에서 많이 사용되는 이유가 무엇인지 설명해 줘.

02 마이크로파이썬이란?

마이크로파이썬(MicroPython)은 2013년 호주의 프로그래머인 데미안 P. 조지(Damien P. George)가 파이썬 3.x 버전을 마이크로컨트롤러에서 실행할 수 있도록 간략화해 만든 것입니다. 마이크로파이썬은 파이썬의 문법 체계를 따르고 인터프리터 방식으로 마이크로컨트롤러의 기능을 사용할 수 있도록 합니다. 또한 각각의 마이크로컨트롤러 관련 모듈이 추가된 것이 특징입니다.

마이크로파이썬용 펌웨어는 개발 보드별로 각기 다른 바이너리 파일로 제공되므로, 최신 펌웨어를 다운로드해 설치 후 사용하면 됩니다. 최근의 개발 보드에는 마이크로파이썬 펌웨어가 미리 설치되어 있는 경우도 있습니다. 이 경우에도 최신의 펌웨어로 업데이트하는 것이 좋습니다.

AI 프롬프트 활용 마이크로파이썬 이해하기

3-4 마이크로파이썬으로 개발하는 것과 C++로 이루어진 Arduino 환경에서 개발하는 것에는 어떤 차이점이 있는지 설명해 줘.

3-5 상용 IoT 기기를 개발할 때 프로그래밍 언어로 C++ 대신 마이크로파이썬을 사용해도 될까?

SECTION 3.3

마이크로파이썬의 변수

01 마이크로파이썬 변수의 특징

프로그래밍 언어에서 변수를 다루는 방식에는 그 언어의 설계 철학이 극명하게 나타납니다. 변수는 값을 담아 두고 연산이나 조작을 가하는 보관소 역할을 합니다. 마이크로파이썬에서는 변수를 오브젝트 방식으로 처리하고 있는데, 이는 하드웨어를 효율적으로 사용하기보다는 사용자 편의를 극대화하기 위함입니다. 따라서 사용자는 복잡한 데이터 형식이나 메모리 관리에 신경 쓰지 않고 문제 해결에 집중할 수 있습니다.

C/C++과 같은 컴파일러 언어에서 변수는 메모리에 직접 할당됩니다. 이 경우 메모리 번지를 활용해서 변수의 내용을 직접 다룰 수 있으므로 데이터 처리는 효율적일 수 있지만, 그 사용법은 까다롭고 오류가 생길 가능성이 높아집니다. 반면 마이크로파이썬에서는 변수가 필요할 때 값을 할당하면 오브젝트가 생성되고 그 오브젝트에 속한 메소드(method)를 이용해 값을 쉽게 조작할 수 있습니다. 따라서 마이크로파이썬의 변수는 사용자가 쉽게 다룰 수 있도록 추상화되어 있다고 할 수 있습니다.

[표 3-1] 프로그래밍 언어 형식별 특징

언어 형식	변수 할당 위치	친화성	유연성
컴파일 언어(C/C++)	메모리	컴퓨터 친화적	자료형 유연성 낮음
스크립트 언어 (마이크로파이썬)	오브젝트 생성	사용자 친화적	자료형 유연성 높음

02 변수 이름 짓기

식별자(identifier)는 변수, 함수, 클래스, 모듈 또는 오브젝트의 이름을 말합니다. 식별자는 알파벳 대·소문자, 숫자 그리고 특수문자인 언더스코어(_)를 조합해 만듭니다. 다만 숫자로 시작할 수는 없으며 if, for, while 등과 같은 예약어(reserved word)를 사용할 수 없습니다.

여기서 잠깐 변수 이름 잘 짓는 법

❶ **의미가 있는 이름을 사용합니다.**

예 temperature_celsius = 25 (설명 : 섭씨온도라는 의미가 있으므로 좋은 예)
abc = 25 (설명 : 의미가 없는 음절의 단순한 나열이므로 나쁜 예)

❷ **소문자만 사용하고 단어 사이는 언더스코어(_)로 연결합니다.**

예 enterance_door_open = False

❸ **상수는 대문자를 사용합니다.**

예 LED_PIN = 2

AI 프롬프트 활용 변수 이름 짓기

3-6 마이크로파이썬으로 코딩할 때 변수 이름을 잘 짓는 방법을 알려줘.

3-7 마이크로파이썬으로 코딩할 때 함수 이름과 클래스 이름을 잘 짓는 방법을 알려줘.

3-8 마이크로파이썬의 reserverd word를 알려줘.

SECTION 3.4

기본 자료형

마이크로파이썬에는 다음 4가지의 기본 자료형(Primitive Types)이 있습니다.

- **정수**(int)
- **실수**(float)
- **문자열**(str)
- **불리언**(bool)

이 4가지 자료형을 [프로그램 3-1]을 통해 알아봅시다. 먼저 Thonny의 편집 창에 프로그램 코드를 입력합니다(웹 페이지에서 제공하는 파일을 열어서 복사 후 붙여 넣어도 됩니다). 이 프로그램에서는 4개의 변수에 값을 차례대로 지정하고 그 자료형을 출력합니다.

프로그램 3-1 3_1_variable.py

```
a = 10          # 정수형 (int)
b = 3.14        # 실수형 (float)
c = "hello"     # 문자열 (str)
d = True        # 불리언 (bool)

print(type(a))
print(type(b))
print(type(c))
print(type(d))
```

프로그램에 사용된 기능은 다음과 같습니다.

- **= 기호 :** 변수에 값을 지정합니다.
- print( ) **명령어 :** ( ) 안의 내용을 출력합니다.
- type( ) **함수 :** 변수의 자료형을 나타내는 함수입니다.
  이처럼 **함수는 ( )에 전달되는 매개변수(parameter, 파라미터)**를 입력 받아서 정해진 결과를 돌려줍니다.
- **# 기호 :** 이후는 주석이며 프로그램으로 취급되지 않습니다.

[그림 3-2]는 편집창에 프로그램을 입력(❶)하고, **[실행]** 버튼(▶)을 클릭해서 쉘에 실행 결과를 출력(❷)한 예입니다. 이후 예제에서는 '실행하기' 과정(Thonny 화면)은 생략하고 '실행 결과'만 살펴보기로 합니다.

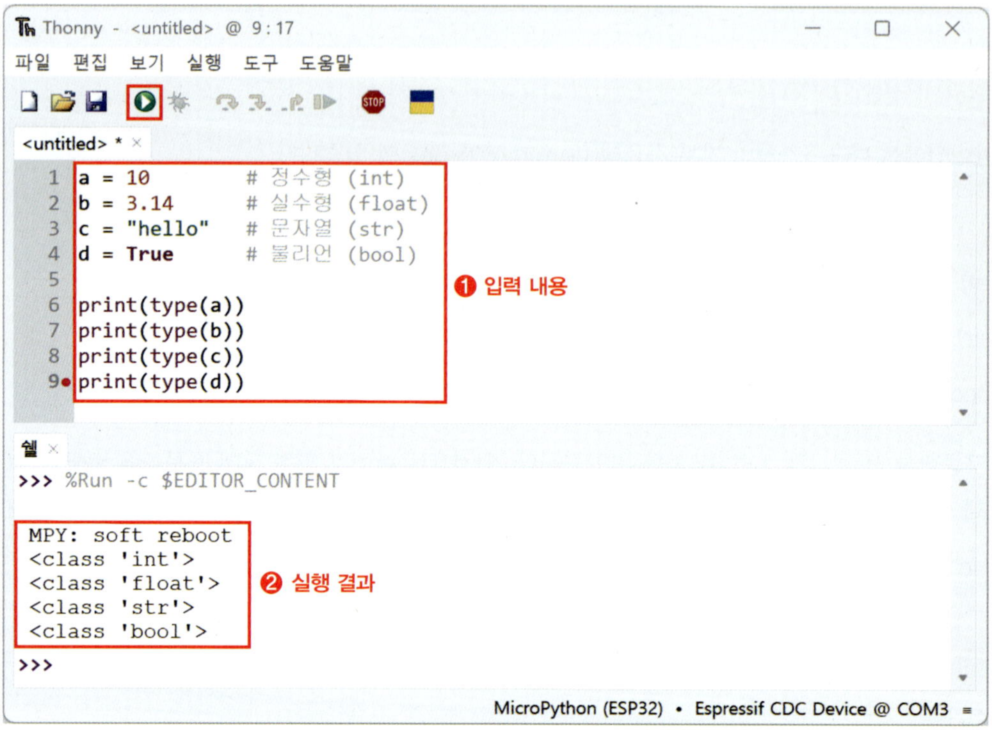

[그림 3-2] [프로그램 3-1]의 입력과 출력

실행 결과

```
<class 'int'>
<class 'float'>
<class 'str'>
<class 'bool'>
```

출력된 내용은 변수 a, b, c, d의 자료형을 나타냅니다. 즉 자료형이 클래스(class)인데, 그 이름이 각각 정수(int), 실수(float), 문자열(str), 불리언(bool)입니다.

변수에 값을 지정하면 자료형의 클래스에 해당하는 오브젝트가 만들어집니다. 여기서 변수 a는 이름이 int인 클래스의 오브젝트를 가리킵니다.

01 정수(int)

int 자료형은 소수점이 없는 숫자를 나타냅니다. 마이크로파이썬의 정수는 임의 정밀도(arbitrary-precision)를 가지고 있으므로 메모리가 허용하는 한 크기 제한이 없습니다. 그래서 통상적으로 사용되는 음수, 0, 양수를 크기 제한 없이 사용할 수 있습니다. 반면에 C/C++에서 정수(int)는 할당되는 메모리 구획(예를 들면 32비트)에 따라 그 값의 범위가 정해집니다.

AI 프롬프트 활용 int 자료형 이해하기

3-9 마이크로파이썬에서 다른 자료형을 int 자료형으로 변환하는 프로그램을 만들고, 코드를 단계별로 설명해 줘.

3-10 마이크로파이썬의 int 자료형 크기와 C++의 int 자료형 크기를 비교해 줘.

02 실수(float)

float 자료형은 소수점이 있는 숫자를 나타냅니다. 이 형식은 정해진 크기의 메모리에 부호, 지수, 유효 숫자를 표현하기 때문에 크기와 정밀도에 제한이 있습니다. ESP32의 float 자료형은 **32비트 부동소수점**(IEEE 754 표준)으로 구현되어 있습니다.

따라서 최댓값(3.4e+38)보다 큰 숫자는 **오버 플로우**가 되어 'inf'로 표시되고, 최솟값(1.4e−45)보다 작은 숫자는 **언더 플로우**가 되어 0으로 표시됩니다. 32비트 부동소수점의 특성상 6~9자리의 유효 숫자만 정확하게 표현할 수 있음에 유의해야 합니다.

AI 프롬프트 활용 float 자료형 이해하기

3-11 마이크로파이썬에서 다른 자료형을 float 자료형으로 변환하는 프로그램을 만들고, 코드를 단계별로 설명해 줘.

3-12 마이크로파이썬에서 float 자료형의 유효숫자 크기가 제한적인 이유를 설명해 줘.

03 | 문자열(str)

str자료형은 1개의 문자 또는 그 이상의 문자로 된 문자열을 표현합니다. C/C++에서는 문자(char)와 문자열(char* 또는 string)을 엄격하게 구분하지만 마이크로파이썬에서는 str 자료형으로 통칭합니다. str 자료형에서는 내부적으로 모든 문자를 유니코드(Unicode)로 표현합니다. 유니코드에서는 영문과 한글 한 글자가 각각 2바이트로 표현됩니다. 예를 들면 영문자 'a'나 한글 '한'은 모두 2바이트를 차지하지만, 길이는 1로 나타납니다. [프로그램 3-2]에서는 len( ) 함수를 사용해 문자열의 길이를 구하고 있습니다.

str 자료형은 문자열의 앞뒤를 작은 따옴표(') 또는 큰 따옴표(")로 묶어서 표현합니다. '로 묶을 경우 "은 일반적인 문자로 취급되고, "로 묶을 경우 '도 일반적인 문자로 사용됩니다.

str 자료형의 변수(오브젝트)에는 여러 가지 메소드가 있어서 자료 처리를 쉽게 할 수 있습니다. 메소드는 오브젝트에 붙여서 사용할 수 있는 함수입니다.

프로그램 3-2 3_2_str1.py

```
# 문자열 묶는 방법
f = "hong"  # ""로 묶기
n = '길동'  # ''로 묶기

# 문자열 연결하기
fn = f + n   # hong길동

# 글자수 확인
ln = len(fn) # 6

# '와 " 출력하기
qt1 = "It's beautiful day"      # It' beautiful day
qt2 = 'He said,"Hello World!"'  # He said,"Hello World!"

print(1,fn)
print(2,ln)
print(3,qt1)
print(4,qt2)
```

실행 결과

```
1 hong길동
2 6
3 It's beautiful day
4 He said,"Hello World!"
```

AI 프롬프트 활용 str 자료형 이해하기

3-13 마이크로파이썬에서 다른 자료형을 str 자료형으로 변환하는 프로그램을 만들고, 코드를 단계별로 설명해 줘.

3-14 마이크로파이썬에서 str 자료형을 다루는 메소드의 사용법을 설명해 줘.

3-15 마이크로파이썬에서 이스케이프 문자를 이용해 출력하는 여러 경우의 프로그램을 만들고, 코드를 단계별로 설명해 줘.

3-16 마이크로파이썬에서 str 자료형의 변수를 출력할 때 사용하는 f-string, format( ), %formatting에 대한 프로그램을 만들고, 코드를 단계별로 설명해 줘.

04 불리언(bool)

bool 자료형은 참(True)과 거짓(False)을 나타냅니다. bool( ) 함수를 이용해 숫자나 문자를 True/False로 변환할 수도 있고, 논리 연산의 결과를 True/False로 나타낼 수도 있습니다. **숫자인 경우 0만 False이고, 그외의 모든 수(음수, 양수)는 True로 취급**됩니다.

프로그램 3-3 3_3_bool.py

```
# 참 값
a = True

# 거짓 값
b = False

# 숫자에서 bool로 변환
c = bool(0)  # False (0만이 False)
d = bool(1)  # True (0 외의 모든 숫자)
e = bool(-1) # True (0 외의 모든 숫자)
f = bool(10) # True (0 외의 모든 숫자)

print(a, b, c, d, e, f)  # 출력: True False False True True True
```

실행 결과

```
True False False True True True
```

AI 프롬프트 활용 bool 자료형 이해하기

3-17 마이크로파이썬에서 다른 자료형을 bool 자료형으로 변환하는 프로그램을 만들고, 코드를 단계별로 설명해 줘.

3-18 마이크로파이썬에서 논리 연산 결과를 bool 자료형으로 변환하는 프로그램을 만들고, 코드를 단계별로 설명해 줘.

SECTION

3.5 컬렉션 자료형

컬렉션 자료형(Collection Types)은 기본 자료형을 확장해, 여러 개의 값을 하나의 단위로 다루는 자료형을 의미합니다. 주요 컬렉션 자료형은 다음과 같습니다.

- 리스트(list)
- 튜플(tuple)
- 딕셔너리(dictionary)
- 집합(set)

01 리스트(list)

list 자료형은 여러 값을 순서대로 저장할 수 있는 가변적(mutable)인 데이터 구조입니다. 리스트는 다양한 유형의 데이터를 포함할 수 있으며, 요소를 추가·제거·수정하는 다양한 메소드를 제공합니다.

■ list 자료형의 주요 특징

- 인덱스를 통해 접근 가능합니다. 이때 첫 인덱스 번호는 0입니다.
- 다양한 자료형을 함께 저장할 수 있습니다.
- 변경 가능한 자료형입니다.
- 자료형이 만들어진 후에도 인덱스를 지정해 수정할 수 있습니다.
- 가변 길이이므로 요소를 추가하거나 삭제할 수 있습니다.
- 다양한 메소드를 사용해 데이터 처리를 할 수 있습니다.

프로그램 3-4 3_4_list.py

```
# 리스트 생성
my_list = [10, 20, 30, 40]

# 리스트 요소에 접근 (인덱스는 0부터 시작)
```

```
print(my_list[0])  # 출력: 10
print(my_list[2])  # 출력: 30

# 리스트에 요소 추가
my_list.append(50)
print(my_list)  # 출력: [10, 20, 30, 40, 50]

# 특정 위치에 요소 삽입
my_list.insert(1, 15)
print(my_list)  # 출력: [10, 15, 20, 30, 40, 50]

# 리스트에서 요소 삭제
my_list.remove(30)
print(my_list)  # 출력: [10, 15, 20, 40, 50]

# 인덱스로 요소 삭제
del my_list[2]
print(my_list)  # 출력: [10, 15, 40, 50]

# 리스트 길이 구하기
print(len(my_list))  # 출력: 4

# 리스트의 모든 요소 반복
for item in my_list:
    print(item)

# 리스트 슬라이싱
sub_list = my_list[1:3]  # [부터:앞 까지]
print(sub_list)  # 출력: [15, 40]
```

실행 결과

```
10
30
[10, 20, 30, 40, 50]
[10, 15, 20, 30, 40, 50]
[10, 15, 20, 40, 50]
[10, 15, 40, 50]
4
10
15
40
50
[15, 40]
```

AI 프롬프트 활용 list 자료형 이해하기

3-19 마이크로파이썬에서 list 자료형의 메소드를 나열하고, 그 사용법을 설명해 줘.

3-20 마이크로파이썬에서 list 자료형으로 임의의 요소를 5개 만들고, 모두 출력하는 코드를 작성해 줘.

02 튜플(tuple)

tuple 자료형은 여러 개의 요소를 순차적으로 저장할 수 있는 불변(immutable) 데이터 구조입니다.

■ tuple 자료형의 주요 특징

- 인덱스를 통해 접근 가능합니다.
- 변경 불가능한 자료형입니다.
- 리스트와 유사하지만, 한 번 생성하면 수정할 수 없습니다.

프로그램 3-5 3_5_tuple.py

```
# RGB 색상을 표현하는 튜플 예제
red = (255, 0, 0)
green = (0, 255, 0)
blue = (0, 0, 255)
white = (255, 255, 255)
black = (0, 0, 0)

# RGB 색상 튜플 출력
print("Red:", red)
print("Green:", green)
print("Blue:", blue)
print("White:", white)
print("Black:", black)
```

실행 결과

```
Red: (255, 0, 0)
Green: (0, 255, 0)
Blue: (0, 0, 255)
White: (255, 255, 255)
Black: (0, 0, 0)
```

AI 프롬프트 활용 tuple 자료형을 이해하고 프로그램 만들기

3-21 마이크로파이썬에서 tuple 자료형의 메소드를 설명해 줘.

3-22 마이크로파이썬 코드를 다음 조건에 맞게 만들어 줘.

- ESP32의 47번 핀에 neopixel이 1개 연결되어 있음[3]
- tuple 자료형에 빨강(0, 255, 0), 초록(255, 0, 0), 파랑(0, 0, 255)을 차례대로 지정함
- 다음을 반복함
  - 3가지 색깔을 1초 간격으로 차례대로 표시함
  - 2초 동안 off

03 딕셔너리(dictionary)

dictionary 자료형은 키-값(key-value) 쌍을 저장하는 자료형으로, 자료의 이름(key)과 값(value)을 함께 표현할 수 있으므로 복잡한 데이터를 표현하는 데 적합합니다. 키-값 쌍이 여러 개 올 때는 쉼표(,)로 구분합니다. 키에 대응하는 값으로 기본 자료형이나 컬렉션 자료형이 올 수도 있으며, 이후에 나오는 JSON 형식의 문자열과 호환됩니다.

■ dictionary 자료형의 주요 특징

- 키를 통해 값에 접근할 수 있습니다.
- 키는 유일하며, 값은 중복될 수 있습니다.
- 변경 가능한 자료형입니다.

프로그램 3-6 3_6_dictionary.py

```python
# 딕셔너리 생성
my_dict = {
    "name": "John",
    "age": 30,
    "city": "New York",
    "is_student": False
}

# 딕셔너리 출력
print(my_dict)
```

3 47번은 S3 mini 기준이며, C3 mini/pico의 경우는 7번입니다.

```
# 딕셔너리의 특정 값에 접근해 출력
print("Name:", my_dict["name"])
print("Age:", my_dict["age"])
```

실행 결과

```
{'city': 'New York', 'is_student': False, 'name': 'John', 'age': 30}
Name: John
Age: 30
```

04 집합(set)

set 자료형은 중복되지 않는 다양한 자료형의 요소들을 저장하는 자료형입니다.

■ set 자료형의 주요 특징

- 요소는 순서 없이 나열됩니다.
- 요소는 고유해야 하며, 중복된 값이 있을 경우 하나만 저장됩니다.
- 변경 가능한 자료형입니다.
- 집합 연산이 가능합니다.

프로그램 3-7 3_7_set.py

```
# 두 집합 정의
set1 = {1, 2, 3,'a'}
set2 = {3, 4, 5,'b'}

# 합집합
union_set = set1 | set2

# 교집합
intersection_set = set1 & set2

# 차집합
difference_set = set1 - set2

```

```
# 대칭 차집합
symmetric_difference_set = set1 ^ set2 # union_set - intersection_set

print('union',union_set)
print('intersection',intersection_set)
print('difference',difference_set)
print('symmetric_difference',symmetric_difference_set)
```

실행 결과

```
union {1, 2, 3, 'a', 5, 4, 'b'}
intersection {3}
difference {'a', 1, 2}
symmetric_difference {1, 2, 'a', 5, 4, 'b'}
```

AI 프롬프트 활용 set 자료형 이해하기

3-23 마이크로파이썬에서 set 자료형 변수에 값을 생성·추가·삭제하는 프로그램을 만들고, 코드를 단계별로 설명해 줘.

3-24 마이크로파이썬에서 set 자료형의 메소드를 나열하고 사용법을 설명해 줘.

CHAPTER 03 연습문제

3.1 챗GPT에서 사용할 수 있는 파이썬용 플러그인을 조사하고, 그 기능을 간단히 설명하세요.

3.2 파이썬은 2020년 이후 가장 중요한 프로그래밍 언어로 급부상했습니다. 그 이유를 설명하세요.

3.3 마이크로파이썬을 이용해 IoT 디바이스용 프로그램을 작성할 때 얻을 수 있는 이점을 정리하세요.

3.4 유니코드에서 한글을 표현하는 방법에 대해 설명하세요.

3.5 마이크로파이썬에서는 유니코드 방식으로 문자열을 다루지만, 인터넷 브라우저에서는 UTF-8 형식으로 문자열을 표시합니다. 두 방식을 비교하고 장단점을 설명하세요.

3.6 다음 정보를 참조해 dictionary 자료형의 변수를 표현하세요.

- 2개의 센서가 있습니다.
- 첫 번째 센서의 이름은 'dht11'이고 'temperature'와 'humidity' 값으로 23과 47을 나타냅니다.
- 첫 번째 센서의 온도 표현 방식('unit')은 섭씨('celsius')입니다.
- 두 번째 센서의 이름은 'bh1750'인데 조도 값으로 450을 나타냅니다.
- 두 번째 센서의 측정 단위는 룩스('lux')입니다.
- 다음과 같은 형식으로 표현합니다.
  sensors = {'dht11': { 중략 } , 중략 }

CHAPTER

04

조건문과 반복문 다루기

학습목표

- 다양한 연산자의 사용법을 익히고 우선순위를 이해합니다.
- 조건문과 반복문의 유형을 이해합니다.
- 프로그램의 논리를 구성하는 방법을 익힙니다.

이 장의 실습 준비물

부품 이름	대체품	수량	용도
S3 mini / S2 mini	ESP32 계열의 보드	1	마이크로컨트롤러
USB-C 케이블		1	보드와 PC 연결

PREVIEW

다양한 연산자와 그 우선순위를 익히고, 프로그램의 구조를 결정하는 조건문과 반복문을 이해합니다. 이 장을 학습하고 나면 실제로 논리 구성을 할 수 있는 기본 지식을 습득하게 되고, 대부분의 프로그램 구조를 이해할 수 있게 됩니다.

SECTION 4.1 연산자

연산자는 프로그래밍에서 수식 계산과 논리 판단을 담당하는 주요한 요소입니다. 여기서는 산술 연산자, 비교 연산자, 그리고 논리 연산자에 대해 알아 봅니다.

01 산술 연산자

산술 연산자(Arithmetic Operators)는 숫자 연산에 사용됩니다. [표 4-1]에 산술 연산자의 종류를 정리했으며, 이를 바탕으로 [프로그램 4-1]을 풀어봅시다.

[표 4-1] 산술 연산자의 종류

연산자	이름	기능
+	덧셈	두 숫자를 더함
-	뺄셈	첫 번째 숫자에서 두 번째 숫자를 뺌
*	곱셈	두 숫자를 곱함
/	나눗셈	첫 번째 숫자를 두 번째 숫자로 나누고, 결과는 **부동소수점(float)**으로 반환함
%	나머지	첫 번째 숫자를 두 번째 숫자로 나누고 나머지를 반환함
**	거듭제곱	첫 번째 숫자를 두 번째 숫자만큼 거듭제곱함
//	정수 나눗셈	두 숫자를 나눈 몫을 정수로 반환함

프로그램 4-1 4_1_arithmetic_operators.py

```
# 덧셈
a = 10
b = 5
sum_result = a + b
print("덧셈:", sum_result)  # 출력: 덧셈: 15

# 뺄셈
sub_result = a - b
```

```
print("뺄셈:", sub_result)  # 출력: 뺄셈: 5

# 곱셈
mul_result = a * b
print("곱셈:", mul_result)  # 출력: 곱셈: 50

# 나눗셈
div_result = a / b
print("나눗셈:", div_result)  # 출력: 나눗셈: 2.0

# 나머지 (모듈로 연산)
mod_result = a % b
print("나머지:", mod_result)  # 출력: 나머지: 0

# 거듭제곱
exp_result = a ** 2
print("거듭제곱:", exp_result)  # 출력: 거듭제곱: 100

# 정수 나눗셈 (몫만 반환)
int_div_result = a // b
print("정수 나눗셈:", int_div_result)  # 출력: 정수 나눗셈: 2
```

실행 결과

```
덧셈: 15
뺄셈: 5
곱셈: 50
나눗셈: 2.0
나머지: 0
거듭제곱: 100
정수 나눗셈: 2
```

02 산술 연산자의 우선순위

산술 연산자에는 우선순위가 있으며, 이를 통해 복잡한 수식의 실행 순서를 결정할 수 있습니다. [표 4-2]에 산술 연산자의 우선순위를 정리했습니다.

[표 4-2] 산술 연산자 우선순위

순위	연산자	기능 및 사용 예
1	거듭제곱 (**)	지수를 계산할 때 사용함 예 2 ** 3 = 8
2	단항 연산자 (+, −)	양수 및 음수 부호를 나타냄 예 −3 + 5 = 2
3	곱셈 및 나눗셈 (*, /, //, %)	곱셈, 나눗셈, 정수 나눗셈, 나머지 연산에 사용함 예 10 * 3 // 2 = 15
4	덧셈 및 뺄셈 (+, −)	덧셈과 뺄셈에 사용함 예 10 + 5 − 3 = 12

괄호 ( )의 사용

괄호를 사용하면 우선순위를 명시적으로 제어할 수 있습니다. 괄호 안에 있는 식이 가장 먼저 평가됩니다.

예 2 * (3 + 4) = 2 * 7 = 14

결합 순서

산술 연산자에는 **결합 순서**(associativity)도 고려해야 하는데, [표 4-3]에 결합 방법별 계산 순서를 정리했습니다.

[표 4-3] 결합 방법별 계산 순서

결합 방법	대상 연산자	기능 및 사용 예
좌결합 (Left to Right)	대부분의 산술 연산자 (*, /, //, %, +, −)	동일한 우선순위의 연산자가 여러 개 있을 때 왼쪽에서 오른쪽으로 순서대로 계산됨 예 10 − 2 + 3 = ((10 − 2) + 3) = 11
우결합 (Right to Left)	거듭제곱 연산자 (**)	거듭제곱 연산자(**)는 오른쪽으로 결합해 계산됨 예 2 ** 3 ** 2 = 2 ** (3 ** 2) = 2 ** 9 = 512

지금까지 알아본 산술 연산자의 우선순위를 고려해 [프로그램 4-2]의 결과를 유추해봅시다.

프로그램 4-2 4_2_arithmetic_priority.py

```python
result = 3*-4**2/2
print(result)
```

실행 결과

```
-24.0
```

[프로그램 4-2]는 다음과 같은 순서로 계산됩니다.

1 4 ** 2 (거듭제곱) = 16

2 −(16) (단항연산자) → −16

3 3*(−16) (곱셈) → −48

4 (−48)/2 (나눗셈) → −24.0

03 비교 연산자

마이크로파이썬에서 **비교 연산자**(Comparative Operators)는 두 값을 비교해 불리언 값(True 또는 False)을 반환합니다. [표 4-4]에 비교 연산자의 종류를 정리했으며, 이를 바탕으로 [프로그램 4-3]을 풀어봅시다.

[표 4-4] 비교 연산자의 종류

연산자	이름	기능 및 사용 예
==	같음 (Equal)	두 값이 같으면 True, 다르면 False를 반환함(=이 아님에 주의) 예 a == b
!=	같지 않음 (Not Equal)	두 값이 다르면 True, 같으면 False를 반환함 예 a != b
<	작음 (Less Than)	왼쪽 값이 오른쪽 값보다 작으면 True, 크거나 같으면 False를 반환함 예 a < b
>	큼 (Greater Than)	왼쪽 값이 오른쪽 값보다 크면 True, 작거나 같으면 False를 반환함 예 a > b
<=	작거나 같음 (Less Than or Equal To)	왼쪽 값이 오른쪽 값보다 작거나 같으면 True, 크면 False를 반환함 예 a <= b
>=	크거나 같음 (Greater Than or Equal To)	왼쪽 값이 오른쪽 값보다 크거나 같으면 True, 작으면 False를 반환함 예 a >= b

프로그램 4-3 4_3_comparative_operators.py

```
a = 10
b = 20

# 비교 연산자의 예시
print(a == b)  # False
print(a != b)  # True
```

```
print(a < b)   # True
print(a > b)   # False
print(a <= b)  # True
print(a >= b)  # False
```

실행 결과

```
False
True
True
False
True
False
```

04 논리 연산자

마이크로파이썬에서 **논리 연산자**(Logical Operators)는 논리적 판단을 수행할 때 사용됩니다. 논리 연산자는 주어진 조건이나 표현식이 참(True)인지 거짓(False)인지를 식별하는 데 사용됩니다. [표 4-5]에 논리 연산자의 종류를 정리했으며, 이를 바탕으로 [프로그램 4-4]를 풀어봅시다.

[표 4-5] 논리 연산자의 종류

연산자	이름	기능 및 사용 예
AND	논리곱	두 조건이 모두 참일 때 전체 표현식이 참이 됨 예 True and False는 False입니다. 예 'a > 0 and b < 5'는 a가 0보다 크고 b가 5보다 작을 때 참이 됩니다.
OR	논리합	두 조건 중 하나라도 참이면 전체 표현식이 참이 됨 예 True or False는 True입니다. 예 'a > 0 or b < 5'는 a가 0보다 크거나 b가 5보다 작을 때 참이 됩니다.
NOT	논리부정	조건의 참/거짓을 반대로 만듦 예 not True는 False입니다. 예 'not (a > 0)'는 a가 0보다 크지 않을 때 참이 됩니다.

프로그램 4-4 4_4_logical_operators.py

```
a = 3
b = 5

# AND 연산자
if a > 0 and b < 10:
```

```
    # 이 조건은 참이므로 출력됩니다.
    print("a는 0보다 크고, b는 10보다 작습니다.")

# OR 연산자
if a < 0 or b > 3:
    # b > 3이므로 이 조건은 참입니다.
    print("a는 0보다 작거나, b는 3보다 큽니다.")

# NOT 연산자
if not (a == b):
    # a와 b는 같지 않으므로 출력됩니다.
    print("a와 b는 같지 않습니다.")
```

실행 결과

```
a는 0보다 크고, b는 10보다 작습니다.
a는 0보다 작거나, b는 3보다 큽니다.
a와 b는 같지 않습니다.
```

05 논리 연산자의 우선순위

논리 연산자는 프로그램에서 여러 조건을 결합할 때 사용되며, 각 연산자는 특정한 우선순위를 가지고 있습니다. 이는 복잡한 논리 표현식을 평가할 때 어떤 연산자가 먼저 수행되는지를 결정합니다. [표 4-6]에 논리 연산자 우선순위를 정리했으며, 이를 바탕으로 [프로그램 4-5]를 풀어봅시다.

[표 4-6] 논리 연산자 우선순위

순위	연산자
1	NOT
2	AND
3	OR

프로그램 4-5 4_5_logical_priority.py

```
result1 = not True or False and True
result2 = (not True) or (False and True)
print(result1)
print(result2)
```

실행 결과

```
False
False
```

[프로그램 4-5]를 실행하면 우선순위에 따라 다음과 같은 순서로 평가됩니다.

1. **not True**가 먼저 평가됩니다. not True는 False가 됩니다.
2. 그런 다음 **False and True**가 평가됩니다. False and True는 False가 됩니다.
3. 마지막으로 **False or False**가 평가됩니다. False or False는 False가 됩니다.

따라서 result는 False가 됩니다. 복잡한 논리 연산의 경우 괄호를 사용해 우선순위를 쉽게 파악할 수 있도록 하는 것이 좋습니다.

06 비트 연산자

비트 연산자(Bit Operators)는 정수의 2진수 비트를 직접 다루는 연산자입니다. 비트 연산자는 주로 하드웨어 제어, 암호화, 네트워크 프로그래밍 등의 데이터 처리에서 많이 활용됩니다. 비트 연산을 이해하기 위해서는 정수의 2진수와 16진수 표현에 익숙해져야 합니다.

[표 4-7]에 비트 연산자의 종류를 정리했습니다.

[표 4-7] 비트 연산자의 종류

연산자	이름	기능
&	비트 AND	두 비트가 모두 1일 때 1을 반환함
|	비트 OR	두 비트 중 하나라도 1이면 1을 반환함
^	비트 XOR	두 비트가 서로 다를 때 1을 반환함
~	비트 NOT	비트 반전(0→1, 1→0), 또는 2의 보수
<<	좌측 시프트	비트를 왼쪽으로 지정된 수만큼 이동
>>	우측 시프트	비트를 오른쪽으로 지정된 수만큼 이동

[프로그램 4-6]은 논리 연산자에 대한 예제로, 실행 결과를 보면 비트 연산자의 작동 방식을 이해할 수 있습니다.

출력 형식을 보면 fmf0.format('a')는 '{:<10}'.format('a')가 되어 'a'라는 문자를 왼쪽에서 10칸을 채워서 출력한다는 내용입니다.

fmt1.format(a,a,a)는 '0b{:08b} 0x{:02x} {:3}'.format(132,132,132)가 되는데, 2진수로 0을 채워 8자리, 16진수로 0을 채워 2자리, 정수로 3자리를 맞춰 출력한다는 뜻입니다.

프로그램 4-6 4_6_bit_operators.py

```
a = 132
b = 45

fmt0 = '{:<10}'
fmt1 = '0b{:08b} 0x{:02x} {:3}'
n = 30

print(fmt0.format('a'),        fmt1.format(a,a,a))
print(fmt0.format('b'),        fmt1.format(b,b,b))
print('-'*n)
print(fmt0.format('a & b'),    fmt1.format(a&b,a&b,a&b))
print('비트 AND: 둘 다 1일 때 1 반환\n')

print(fmt0.format('a'),        fmt1.format(a,a,a))
print(fmt0.format('b'),        fmt1.format(b,b,b))
print('-'*n)
print(fmt0.format('a | b'),    fmt1.format(a|b,a|b,a|b))
print('비트 OR: 둘 중 하나가 1일 때 1 반환\n')

print(fmt0.format('a'),        fmt1.format(a,a,a))
print(fmt0.format('b'),        fmt1.format(b,b,b))
print('-'*n)
print(fmt0.format('a ^ b '),   fmt1.format(a^b,a^b,a^b))
print('비트 XOR: 서로 다르면 1 반환\n')

print(fmt0.format('a'),        fmt1.format(a,a,a))
print('-'*n)
print(fmt0.format('~a'),       fmt1.format(~a&0xFF,~a&0xFF,~a&0xFF))
print('비트 NOT: 비트 반전(8bit로 제한:~a&0xFF)\n')

print(fmt0.format('a'),        fmt1.format(a,a,a))
print('-'*n)
print(fmt0.format('a<<2'),     fmt1.format(a<<2&0xFF,a<<2&0xFF,a<<2&0xff))
```

```python
print('왼쪽 시프트: 2bit 이동(8bit로 제한:a<<2&0xFF)\n')

print(fmt0.format('a'),        fmt1.format(a,a,a))
print('-'*n)
print(fmt0.format('a>>2'),     fmt1.format(a>>2,a>>2,a>>2))
print('오른쪽 시프트: 2bit 이동\n')

print('{}의 보수는 {}이고, {}의 보수는 {}입니다.'.format(a,~a,~a,~~a))
print('보수: 양수의 보수: -(x+1), 음수의 보수: -x-1\n')
```

실행 결과

```
a           0b10000100 0x84 132
b           0b00101101 0x2d  45
------------------------------
a & b       0b00000100 0x04   4
비트 AND: 둘 다 1일 때 1 반환

a           0b10000100 0x84 132
b           0b00101101 0x2d  45
------------------------------
a | b       0b10101101 0xad 173
비트 OR: 둘 중 하나가 1일 때 1 반환

a           0b10000100 0x84 132
b           0b00101101 0x2d  45
------------------------------
a ^ b       0b10101001 0xa9 169
비트 XOR: 서로 다르면 1 반환

a           0b10000100 0x84 132
------------------------------
~a          0b01111011 0x7b 123
비트 NOT: 비트 반전(8bit로 제한:~a&0xFF)

a           0b10000100 0x84 132
------------------------------
a<<2        0b00010000 0x10  16
왼쪽 시프트: 2bit 이동(8bit로 제한:a<<2&0xFF)

a           0b10000100 0x84 132
------------------------------
a>>2        0b00100001 0x21  33
오른쪽 시프트: 2bit 이동
```

```
132의 보수는 -133이고, -133의 보수는 132입니다.
양수(x)의 보수: -(x+1), 음수(x)의 보수: -x-1
```

8비트 마스킹

비트 연산의 경우 1바이트(8비트) 단위로 다루는 경우가 대부분이므로 연산 결과가 8비트를 넘어 서면 넘치는 부분은 무시하고 8비트만 사용합니다.

만약 a라는 변수에 10비트까지 값이 있더라도 a&0xFF를 하면 8비트만 얻게 됩니다. 이러한 조작을 마스킹(masking)이라고 합니다.

2의 보수

양수(x)의 2의 보수는 −(x+1)이고, 음수(x)의 2의 보수는 −x−1입니다. 마이크로파이썬에서는 특별히 조작을 하지 않으면 ~a는 a의 보수를 의미하므로 주의해야 합니다.

~(비트 NOT) 연산자의 경우 2의 보수를 돌려 주므로, 반전된 값을 얻으려면 원하는 비트를 모두 1로 해 마스킹해야 합니다. ~a&0xFF로서는 a의 반전된 값을 얻을 수 있습니다.

AI 프롬프트 활용 진법과 2의 보수 이해하기

4-1 2진법과 10진법에 대해 다음 내용을 공부할거야.

- 2진법의 각 자릿수를 10진법으로 계산하는 방법을 설명해 줘.
- 16진법의 각 자릿수를 10진법으로 계산하는 방법을 설명해 줘.
- 16진수 0부터 F까지의 숫자를 2진수, 10진수와 대비해서 보여줘.
- 파이썬 프로그램에서 메모리의 내용을 16진수로 표현하는 이유를 설명해 줘.

4-2 정수를 16진수 문자열로 바꾸어 출력하고, 16진수 문자열을 정수로 바꾸어 출력하는 프로그램을 만들어 줘. 예제는 함수로 구성하지 말고 코드로 표현해 줘.

4-3 1의 보수와 2의 보수를 만드는 방법을 설명하고, 2의 보수의 장점을 설명해 줘.

SECTION 4.2

조건문

01 if 문

프로그램 실행 조건을 다루는 가장 기초적인 명령어로 조선식이 참일 때만 코드 블록을 실행합니다.

```
if 조건식:
    # 참일 때 수행할 명령어가 옵니다.
    # 들여쓰기로 코드 블록을 구성합니다.
```

조건식의 결과는 True 혹은 False로 나뉘는데 True일 경우에만 코드 블록이 실행됩니다. bool 자료형은 True와 False가 명확하지만, int 자료형일 때는 **0이면 False, 그 외의 모든 수는 True입니다.**

프로그램 4-7 4_7_if.py

```python
temperature = 28  # 현재 온도

if temperature > 25:
    print("It's a warm day!")
```

실행 결과

```
It's a warm day!
```

[프로그램 4-7]에서 변수 temperature가 25보다 큰 경우 "It's a warm day!"라는 메시지가 출력됩니다.

02 if else 문

조건식을 테스트해 참과 거짓을 나누어서 코드 블록을 실행합니다.

```
if 조건식:
    # 참일 때 수행할 명령어가 옵니다.
    # 들여쓰기로 코드 블록을 구성합니다.
else:
    # 거짓일 때 수행할 명령어가 옵니다.
    # 들여쓰기로 코드 블록을 구성합니다.
```

프로그램 4-8 4_8_if_else.py

```python
temperature = 18  # 현재 온도

if temperature > 20:
    print("It's warm outside.")
else:
    print("It's cold outside.")
```

실행 결과

```
It's cold outside.
```

[프로그램 4–8]에서 temperature가 20보다 크면 "It's warm outside."라는 메시지가 출력되고, 그렇지 않으면 "It's cold outside."라는 메시지가 출력됩니다.

03 if … elif 문

if 문과 하나 이상의 elif 문을 연결해, 먼저 참이 되는 조건식의 코드 블록을 실행합니다.

```
if 조건식1:
    # 참일 때 수행할 명령어가 옵니다.
    # 들여쓰기로 코드 블록을 구성합니다.
elif 조건식n: # elif는 여러 개 올 수 있습니다.
    # 참일 때 수행할 명령어가 옵니다.
    # 들여쓰기로 코드 블록을 구성합니다.
```

04 if … elif … else 문

if 문과 하나 이상의 elif 문을 연결하고, 마지막에 else 문을 둡니다. 맨 처음 참이 되는 조건식의 블록을 실행하고, 참이 되는 조건식이 없으면 else 문에 속한 코드 블록을 실행합니다. 복잡한 논리 구성에 가장 많이 사용되는 구문입니다.

```
if 조건식1:
    # 참일 때 수행할 명령어가 옵니다.
    # 들여쓰기로 코드 블록을 구성합니다.
elif 조건식n: # elif는 여러 개 올 수 있습니다.
    # 참일 때 수행할 명령어가 옵니다.
    # 들여쓰기로 코드 블록을 구성합니다.
else:
    # 거짓일 때 수행할 명령어가 옵니다.
    # 들여쓰기로 코드 블록을 구성합니다.
```

프로그램 4-9 4_9_if_elif_else.py

```python
hour = 14  # 현재 시간 (24시간 형식)

if hour < 12:
    print("Good morning!")
elif hour < 18:
    print("Good afternoon!")
elif hour < 21:
    print("Good evening!")
else:
    print("Good night!")
```

실행 결과

```
Good afternoon!
```

[프로그램 4-9]에서는 hour에 따라 다음과 같은 인사가 출력됩니다.

- hour가 12 미만이면 "Good morning!"
- hour가 12 이상 18 미만이면 "Good afternoon!"
- hour가 18 이상 21 미만이면 "Good evening!"
- hour가 21 이상이면 "Good night!"

05 중첩 조건문

중첩 조건문은 if, elif, else 문 내에 또 다른 조건문이 들어가는 구조를 의미합니다. 중첩 조건문을 통해 복잡한 조건을 처리할 수 있습니다. 다만, 조건문의 중첩도가 높아지면 코드를 이해하기 힘들고 논리적인 허점을 노출하기 쉬우므로, 가능한 한 중첩도를 높이지 않도록 프로그램 로직을 구현하는 것이 좋습니다. 레벨 3보다 중첩도가 높으면 복잡도가 급격히 높아지므로 주의해야 합니다.

다음 프로그램은 레벨 3의 중첩도를 가졌습니다. 로직을 바로 이해하기 어려우므로 이런 프로그램은 if … elif … else 방식으로 바꾸는 것이 더 좋습니다.

프로그램 4-10 4_10_nested_if.py

```
"""
:input('입력 안내 문구'): 입력을 받아서 돌려줍니다.
:int(): 문자열을 숫자로 바꿉니다.
"""
temp = int(input('온도를 입력하세요... '))

if temp < 0:
    if temp < -10:
        msg = "온도가 매우 낮습니다."
    else:
        msg = "온도가 낮습니다."
else:
    if temp <= 30:
        if temp <= 20:
            msg = "온도가 적당합니다."
        else:
            msg = "온도가 높습니다."
    else:
        msg = "온도가 매우 높습니다."

print(f'{temp}도 이면 {msg}')
```

실행 결과

```
온도를 입력하세요... 23
23도이면 온도가 높습니다.
```

실행 결과는 화면에 23을 입력한 결과입니다. 입력된 내용에 따라 다른 문구가 출력됩니다.

AI 프롬프트 활용 중첩 조건문 이해하기

4-4 다음 프로그램을 if … elif … else 문으로 바꾸어 줘.
(여기에 [4_10_nested_if.py]를 붙여 넣을 것)

4-5 중첩 조건문을 사용하지 않고 로직을 구현할 수 있는 마이크로파이썬 프로그래밍 기법을 알려줘. 예제 코드는 함수를 사용하지 말고 작성해 줘.

06 삼항 연산자

조건식의 결과에 따라 다른 값을 선택할 수 있는 간단한 방법이 있는데, 이를 삼항 연산자(Ternary Operator)라고 합니다.

```
<값 1> if <조건식> else <값 2>
```

삼항 연산자를 이용하면 다음 내용을 한 줄에 표시할 수 있습니다.

- 〈조건식〉: 평가되는 조건식입니다.
- 〈값 1〉: 조건이 참일 때 반환되는 값입니다.
- 〈값 2〉: 조건이 거짓일 때 반환되는 값입니다.

프로그램 4-11 4_11_ternary_operator.py

```python
temperature = 18

message = "Warm day" if temperature > 20 else "Cold day"
print(message)  # Cold day
```

실행 결과

```
Cold day
```

[프로그램 4-11]은 message = "Warm day" if temperature 〉 20 else "Cold day"에서 if temperature 〉 20은 거짓이 되므로 else에 속하는 "Cold day"가 message에 할당됩니다. 그래서 실행 결과는 Cold day입니다.

SECTION
4.3 반복문

마이크로파이썬 프로그램에서 반복을 나타내는 명령어는 for 루프와 while 루프입니다. 이 명령어는 코드 블록을 여러 번 반복해서 실행할 때 사용됩니다.

01 for 루프

for 루프는 주어진 시퀀스(예 리스트, 튜플, 문자열, 범위 등) 내의 각 요소에 대해 코드 블록을 반복 실행합니다.

리스트 요소 반복

```
for <항목> in <반복 항목>:
    # 실행할 코드 블록
```

<반복 항목>을 하나씩 <항목>으로 돌려주면서 반복합니다.

프로그램 4-12 4_12_for_list.py

```
fruits = ["apple", "banana", "cherry"]

for fruit in fruits:
    print(fruit)
```

실행 결과

```
apple
banana
cherry
```

[프로그램 4-12]는 리스트 fruits에 있는 각 과일 이름을 출력합니다.

range를 사용한 숫자 반복

```
for <변수> in range([from,]to):
        # 실행할 코드 블록
```

from이 생략되면 0부터 시작합니다. from부터 'to-1'까지의 정수를 〈변수〉에 돌려주면서 반복합니다.

프로그램 4-13 4_13_for_range.py

```python
print('range(5)')
for i in range(5):
    print(i)

print('\nrange(2,5)')
for i in range(2,5):
    print(i)
```

실행 결과

```
range(5)
0
1
2
3
4

range(2,5)
2
3
4
```

[프로그램 4-13]에서 range(5)는 0부터 4까지의 시퀀스를 나타내고, range(2,5)는 2, 3, 4의 시퀀스를 생성합니다.

02 | 리스트 컴프리헨션

컴프리헨션은 리스트, 집합, 딕셔너리의 반복 요소를 간결하고 효율적으로 생성할 수 있는 구문입니다. 리스트 컴프리헨션(List Comprehension)을 사용하면 기존의 for 문을 이용한 리스트 생성 방법을 간결하게 표시할 수 있습니다.

일반적인 리스트 컴프리헨션

```
<리스트> = [<항목을 이용한 구문> for <항목> in <반복 항목>]
```

〈반복 항목〉을 하나씩 〈항목〉으로 돌려주면서 반복합니다.

프로그램 4-14 4_14_list_comprehension.py

```python
# for 문을 이용해 리스트 만들기
numbers_1 = []
for i in range(10):
    numbers_1.append(i**2)

# 리스트 컴프리헨션을 이용해 리스트 만들기
numbers_2 = [i**2 for i in range(10)]

print(1,numbers_1)
print(2,numbers_2)
```

실행 결과

```
1 [0, 1, 4, 9, 16, 25, 36, 49, 64, 81]
2 [0, 1, 4, 9, 16, 25, 36, 49, 64, 81]
```

실행 결과를 보면 리스트를 만드는 2가지 방법의 결과가 같습니다.

조건식이 있는 리스트 컴프리헨션

```
<리스트> = [<항목을 이용한 구문> for <항목> in <반복 항목> <항목을 이용한 if 문>]
```

〈항목을 이용한 if 문〉이 추가되어 복잡한 로직도 처리가 가능합니다.

프로그램 4-15 4_15_list_comprehension_if.py

```python
# for 문을 이용해 리스트 만들기(짝수일 때)
numbers_1 = []
for i in range(10):
    if i % 2 == 0:
        numbers_1.append(i**2)

# 리스트 컴프리헨션을 이용해 리스트 만들기(짝수일 때)
numbers_2 = [i**2 for i in range(10) if i % 2 == 0]

print(1,numbers_1)
print(2,numbers_2)
```

실행 결과

```
1 [0, 4, 16, 36, 64]
2 [0, 4, 16, 36, 64]
```

[프로그램 4-15]에서 range(5)는 0부터 4까지의 시퀀스를 나타내고, range(2,5)는 2, 3, 4의 시퀀스를 생성합니다.

03 while 루프

while 루프는 주어진 조건이 참일 동안 코드 블록을 반복 실행합니다. 조건이 거짓이 되면 반복이 종료됩니다.

조건이 참일 동안 반복

```
while <조건식>:
    # 실행할 코드 블록
```

[프로그램 4-16]에서는 루프가 시작될 때마다 count < 5를 테스트해 참이면 루프를 계속 실행하고 거짓이 되면 루프를 종료합니다.

프로그램 4-16 4_16_while_loop.py

```
count = 0

while count < 5:
    print(count)
    count += 1
```

실행 결과

```
0
1
2
3
4
```

[프로그램 4-16]에서 count가 5보다 작을 동안 숫자를 출력하며, 각 반복마다 count를 1씩 증가시킵니다.

영원히 반복

실제 마이크로파이썬 프로그램에는 다음 문장이 항상 존재합니다. 예를 들면 지속적으로 센서의 값을 읽어서 전송하고, 수신된 명령에 따라 액추에이터를 작동시켜야 하기 때문입니다.

```
While True:
    # 무한히 반복할 문장이 옵니다.
    # 들여쓰기로 코드 블록을 구성합니다.
```

프로그램 4-17 4_17_while_true_loop.py

```
import time

start_ms = time.ticks_ms()
current_ms = 0
interval_ms = 5000

while True:
    current_ms = time.ticks_ms()
    if (current_ms - start_ms) > 5000:
        start_ms = current_ms
        print(int(current_ms / 1000))
```

실행 결과

```
12
17
22
27
32
```

실행할 때마다 값은 다릅니다. 5초 단위로 계속 값을 출력합니다. time.ticks_ms( )는 마이크로컨트롤러의 작동 시간을 마이크로 초 단위로 알려줍니다.

04 중첩 루프

for 루프 또는 while 루프를 중첩해 사용할 수 있습니다.

프로그램 4-18 4_18_nested_loop.py

```python
for i in range(3):
    for j in range(2):
        print(f"i: {i}, j: {j}")
```

실행 결과

```
i: 0, j: 0
i: 0, j: 1
i: 1, j: 0
i: 1, j: 1
i: 2, j: 0
i: 2, j: 1
```

[프로그램 4-18]을 보면 3번의 외부 루프 동안 2번의 내부 루프가 반복되며, 각 조합의 값을 출력합니다.

05 break와 continue

루프 안에서 논리 연산의 결과에 따라, 남은 코드를 건너 뛰어 루프를 다시 시작하거나, 루프를 완전히 종료할 수 있어야 합니다. 이때 사용하는 명령어가 break와 continue이고, for 루프 또는 while 루프 안에서 사용됩니다.

- **break** : 반복을 중단하고 루프를 종료합니다.
- **continue** : 현재 반복을 중단하고, 다음 반복으로 건너뜁니다. 주어진 조건이 참일 동안 코드 블록을 반복 실행합니다. 조건이 거짓이 되면 반복이 종료됩니다.

특정 조건에서 반복 중단

프로그램 4-19 4_19_break_loop.py

```
for i in range(10):
    if i == 5:
        break
    print(i)
```

실행 결과

```
0
1
2
3
4
```

[프로그램 4-19]에서 i가 5에 도달하면 반복을 중단합니다.

특정 조건에서 다음 반복으로 건너뛰기

프로그램 4-20 4_20_continue_loop.py

```python
for i in range(5):
    if i == 2:
        continue
    print(i)
```

실행 결과

```
0
1
3
4
```

[프로그램 4-20]에서 i가 2일 때 출력하지 않고, 다음 반복으로 건너뜁니다.

AI 프롬프트 활용 while 문으로 바꾸기

4-6 다음 마이크로파이썬 코드를 while 문을 사용해 다시 만들고, 코드를 단계별로 설명해 줘.

```python
for i in range(5):
    if i == 2:
        continue
    print(i)
```

CHAPTER

04 연습문제

4.1 마이크로파이썬에서 콜론(:)의 사용법에 대해 설명하세요.

4.2 다음의 내용을 하나의 조건식으로 만드세요.

- 홀수 달의 15일이나 짝수 달의 16이면 '그날'이라고 출력합니다.
- 8월 15일이면 '광복절'이라고 출력합니다.
- 그 외는 '평일'이라고 출력합니다.
- 변수는 month와 day를 사용합니다.

4.3 다음 조건을 만족하는 프로그램을 만드세요.

- for 문을 사용합니다.
- 1에서 50까지의 짝수의 합계를 구합니다.
- 3으로 나누어떨어지는 숫자이면 제외합니다.
- 합계(sum)를 출력합니다.

4.4 연습문제 4.3을 while 문을 사용한 프로그램으로 만드세요.

CHAPTER

05

함수와 클래스 만들기

학습목표

- 함수를 생성하고 사용하는 방법을 익힙니다.
- 클래스의 개념을 이해하고 재사용 가능한 모듈을 만드는 방법을 학습합니다.
- 모듈과 관련된 디렉토리 구조를 이해하고 모듈을 장치에 설치하는 방법을 익힙니다.

이 장의 실습 준비물

부품 이름	대체품	수량	용도
S3 mini / S2 mini	ESP32 계열의 보드	1	마이크로컨트롤러
USB-C 케이블		1	보드와 PC 연결

PREVIEW

이 장에서는 함수와 클래스의 기본 개념을 이해하고 재사용 가능한 모듈을 만드는 방법을 학습합니다. 특히 클래스의 상속을 통해 새로운 기능을 추가하는 고급 기법을 학습합니다. 이 장의 내용을 학습하면 효율적인 코드를 작성할 수 있는 기반을 확보할 수 있습니다.

SECTION 5.1 함수

01 함수 정의하기

함수(function)는 특정 기능을 수행하는 코드의 묶음입니다. 한 번 작성된 함수는 프로그램의 여러 곳에서 호출될 수 있으므로 코드의 재사용성을 높일 수 있습니다. 또한 함수는 다음 섹션에 나오는 클래스를 구성하는 기본 요소이기도 합니다.

함수는 def 키워드를 사용해 정의합니다. 함수 이름을 지정하고, 괄호 안에 매개변수를 추가할 수 있습니다. def 명령어 마지막에 **콜론(:)**이 있으므로 이후에 코드 블록이 옵니다. 함수 본문(코드 블록)은 들여쓰기를 통해 작성합니다.

```
def 함수 이름(매개변수1, 매개변수2, ...):
    # 함수 본문
    실행할 코드
    return 반환값  # 반환할 값이 있을 경우 사용
```

매개변수는 없을 수 있으며, 이 경우에도 ( )는 필요합니다. 또한 매개변수는 기본값을 가질 수 있습니다. 반환할 값이 없으면 return 명령어는 생략할 수 있습니다. 여러 개의 값을 return할 수도 있는데, 이때는 반환되는 변수를 콤마(,)로 구분합니다.

매개변수가 없는 함수를 정의하기

```
def say_hello():
    print("Hello, MicroPython!")

# 함수 호출
say_hello()  # Hello, MicroPython! 출력
```

위 예제에서 say_hello 함수는 매개변수가 없으며, 호출되면 "Hello, MicroPython!"을 출력합니다.

매개변수가 있는 함수를 정의하기

```
def greet(name):
    print(f"Hello, {name}!")

# 함수 호출
greet("Gildong")  # Hello, Gildong! 출력
```

문자열 앞에 f를 붙여 두면 문자열에 포함된 {변수}를 그 값으로 대체합니다. 이러한 처리 방식을 f-string이라 합니다. 위 예제에서 greet 함수는 name이라는 매개변수를 받아, 그 값을 사용해 인사말을 출력합니다.

AI 프롬프트 활용 f-string 이해하기

5-1 마이크로파이썬에서 f-string의 사용법을 알려줘.

반환값이 있는 함수를 정의하기

```
def add(a, b):
    return a + b

# 함수 호출
result = add(3, 5)
print(result)  # 8 출력
```

add 함수는 2개의 매개변수 a와 b를 받아 그 합을 반환합니다. result 변수에는 함수에서 반환된 값이 저장되며, 이를 출력합니다.

AI 프롬프트 활용 return 이해하기

5-2 마이크로파이썬에서 여러 값을 return하는 함수를 만들고, 코드를 단계별로 설명해 줘.

매개변수가 기본값을 가진 함수를 정의하기

함수를 정의할 때 매개변수에 기본값을 지정할 수 있습니다. 기본값이 지정된 매개변수는 함수 호출 시 인자가 생략되면 기본값이 사용됩니다.

```
def greet(name="MicroPython"):
    print(f"Hello, {name}!")

# 함수 호출
greet()           # Hello, MicroPython! 출력
greet("Bob")      # Hello, Bob! 출력
```

첫 번째 호출에서는 name 인자가 없으므로 기본값 "MicroPython"이 사용됩니다. 두 번째 호출에서는 "Bob"이 name 인자로 전달됩니다.

AI 프롬프트 활용 매개변수와 인자 구분하기

5-3 마이크로파이썬에서 함수의 매개변수와 인자를 구분해 설명해 줘.

02 위치 인자와 키워드 인자

함수를 만들 때 매개변수(parameter)를 정의하고, 함수를 호출할 때는 함수 이름과 함께 매개변수에 대응하는 값을 전달하게 되는데 이 값을 인자(argument)라고 합니다.

위치 인자(Positional Arguments)와 **키워드 인자**(Keyword Arguments)는 값을 함수에 전달하는 두 가지 주요 방법입니다. 이 둘은 함수 호출 시 인자를 전달하는 방식에서 차이가 있는데, [표 5-1]에 위치 인자와 키워드 인자의 차이점을 정리했습니다.

[표 5-1] 위치 인자와 키워드 인자의 차이점

구분	위치 인자	키워드 인자
순서	인자의 순서가 중요함	인자의 순서는 중요하지 않음
매핑	인자 전달 시 함수 정의에 명시된 매개변수의 순서에 맞춰야 함	각 인자는 명시된 매개변수 이름에 직접 전달됨
용도	일반적으로 함수 호출 시 가장 많이 사용되는 방식	가독성을 높이고, 특히 매개변수가 많은 경우 유용한 방식

위치 인자

위치 인자 방식을 사용하면, 함수를 호출할 때 지정한 인자의 값이 차례대로 함수의 매개변수에 전달됩니다.

```
def print_info(name, age, city):
    print(f"Name: {name}, Age: {age}, City: {city}")

print_info("Alice", 30, "New York")
```

위 예제의 결과를 정리하면 다음과 같습니다.

- "Alice", 30, "New York"은 위치 인자입니다.
- 첫 번째 인자 "Alice"는 name 매개변수에, 두 번째 인자 30은 age 매개변수에, 세 번째 인자 "New York"은 city 매개변수에 전달됩니다.
- 출력 결과는 Name: Alice, Age: 30, City: New York입니다.

키워드 인자

키워드 인자는 함수 호출 시 매개변수 이름을 명시해 값을 전달하는 인자입니다.

```
def print_info(name, age, city):
    print(f"Name: {name}, Age: {age}, City: {city}")

print_info(age=30, city="New York", name="Alice")
```

위 예제의 결과를 정리하면 다음과 같습니다.

- age=30, city="New York", name="Alice"가 키워드 인자입니다.
- 인자의 순서는 중요하지 않으며, 각 인자는 매개변수 이름에 따라 전달됩니다.
- 출력 결과는 Name: Alice, Age: 30, City: New York입니다.

위치 인자와 키워드 인자의 혼합 사용

위치 인자와 키워드 인자는 함께 사용할 수 있습니다. 단, 위치 인자가 키워드 인자보다 앞에 와야 하며, 그러지 않으면 오류가 발생합니다.

함수의 매개변수로서 *를 지정할 수 있는데, 이 경우 * 다음에 지정되는 매개변수에는 키워드 인자로만 값을 전달할 수 있습니다.

```
def print_info(name, age, city):
    print(f"Name: {name}, Age: {age}, City: {city}")

print_info("Alice", city="New York", age=30)
```

위 예제의 결과를 정리하면 다음과 같습니다.

- "Alice"는 위치 인자이고 city="New York", age=30이 키워드 인자입니다.
- 위치 인자가 먼저 오고 다음에 키워드 인자가 와야 합니다.
- 출력 결과는 Name: Alice, Age: 30, City: New York입니다.

03 전역변수와 지역변수

전역변수와 지역변수는 변수의 유효 범위(scope)에 따라 다르게 동작합니다. **전역변수**(Global Variable)는 모든 함수에서 접근 가능하지만, **지역변수**(Local Variable)는 해당 함수 안에서만 접근 가능합니다.

전역변수

함수 밖에서 정의된 변수이며, 코드의 모든 부분에서 접근할 수 있습니다. 즉 함수 내부와 외부에서 모두 사용 가능합니다.

함수 내부에서 전역변수의 값을 읽을 때는 별다른 선언 없이 사용할 수 있습니다. 그러나 함수 내부에서 전역변수의 값을 변경하고 싶다면 global 키워드를 사용해야 합니다.

```
x = 10  # 전역변수

def foo():
    global x  # 전역변수를 수정하기 위해 global 선언
    x = 20    # 전역변수 x의 값을 변경
    print(x)

foo()       # 출력 20 (전역변수)
print(x)    # 출력 20 (전역변수)
```

지역변수

함수 내부에서 정의된 변수이며 함수가 종료되면 해당 변수는 소멸됩니다. 그래서 지역변수는 함수 내부에서만 유효하고, 함수 외부에서는 접근할 수 없습니다.

함수 내부에서 변수에 값을 할당하면 지역변수로 정의됩니다. 동일한 이름의 전역변수와 지역변수가 있을 경우, 지역변수가 우선적으로 사용됩니다.

```
y = 10
def foo():
    y = 5     # 지역변수
    print(y)  # 지역변수

foo()      # 출력 5  (지역변수)
print(y)  # 출력 10 (전역변수)
```

지역함수는 바깥에서 접근할 수 없습니다.

```
def foo():
    y = 5     # 지역변수
    print(y)

foo()      # 출력 5  (지역변수)
print(y)  # 오류: 지역변수는 바깥에서 접근 불가
```

SECTION
5.2 클래스

클래스는 객체 지향 프로그래밍(OOP)에서 핵심적인 개념으로, 객체(인스턴스)를 생성하기 위한 청사진(템플릿) 역할을 합니다. 마이크로파이썬에서도 클래스를 사용해 기능을 구조화하고 관련된 기능을 함께 묶을 수 있습니다.

01 클래스의 기본 개념

- **클래스(class)** : 객체를 정의하기 위한 설계도나 템플릿입니다. 클래스는 속성(attribute)과 메소드(method)를 가질 수 있습니다.
- **인스턴스(instance)** : 클래스의 구현된 형태이며, 클래스에서 정의된 속성과 메소드를 실제로 사용 가능한 형태로 만든 것입니다.
- **속성(attribute)** : 클래스에 정의된 변수로, 인스턴스의 상태나 데이터를 저장합니다.
- **메소드(method)** : 클래스에 정의된 함수로, 인스턴스의 동작을 정의합니다.

02 클래스의 정의 및 사용

[프로그램 5-1]은 클래스를 정의하고 객체를 생성하는 예제입니다.

프로그램 5-1 5_1_class_dog.py

```
class Dog:
    # 클래스 생성자 (객체 초기화)
    def __init__(self, name, breed):
        self.name = name    # 속성 정의
        self.breed = breed  # 속성 정의

```

```
007     # 메소드 정의
008     def bark(self):
009         print(f"{self.name} says woof!")
010 
011 # 객체 생성
012 my_dog = Dog("Buddy", "Golden Retriever")
013 
014 # 객체의 속성에 접근
015 print(my_dog.name)    # "Buddy"
016 print(my_dog.breed)   # "Golden Retriever"
017 
018 # 객체의 메소드 호출
019 my_dog.bark()         # "Buddy says woof!"
```

실행 결과

```
Buddy
Golden Retriever
Buddy says woof!
```

[프로그램 5-1] 해설

```
001 | class Dog:
```

클래스는 'class 〈클래스 이름〉' 형식으로 정의합니다. 클래스 이름은 관행적으로 대문자로 시작하고, 여러 단어를 연결할 때는 중간에 언더스코어(_) 없이 대문자로 시작합니다.

```
003 | def __init__(self, name, breed):
```

__init__는 특별한 메소드입니다. 인스턴스가 생성될 때 자동으로 호출되는 생성자로, 인스턴스의 초기 상태를 설정하는 데 사용됩니다. 보통 인스턴스 변수(attribute)를 초기화하는 데 사용됩니다. 첫 번째 매개변수는 항상 self 키워드인데, 이는 생성되는 인스턴스를 나타냅니다.

```
004 | self.name = name  # 속성 정의
```

self.name은 속성입니다. self 키워드를 사용해 클래스 내에서 정의되는 변수로, 각 인스턴스마다 고유한 데이터를 저장합니다.

```
def bark(self):
```

bark는 메소드입니다. 클래스 안의 모든 메소드에서는 self가 첫 번째 매개변수로 지정됩니다. 이 메소드는 해당 클래스의 인스턴스가 수행할 동작을 정의합니다.

```
_my_dog = Dog("Buddy", "Golden Retriever")
```

my_dog는 인스턴스입니다. 클래스는 인스턴스를 생성하는 데 사용되는 설계도이고, 인스턴스는 클래스를 기반으로 생성된 개별적인 실체입니다. 여기서 Dog 클래스는 개(dog)를 표현하는 템플릿이며, my_dog는 그 템플릿을 기반으로 만든 인스턴스(실제 개)를 의미합니다.

AI 프롬프트 활용 **Pascal Case로 클래스 이름 짓기**

5-4 마이크로파이썬에서 클래스의 이름(identifier, 식별자)을 만들 때 사용하는 Pascal Case를 설명해 줘.

03 상속

클래스는 상속(Inheritance)을 통해 다른 클래스의 속성과 메소드를 물려받을 수 있습니다. 상속을 사용하면 기존 클래스를 확장해 새로운 클래스를 만들 수 있습니다.

프로그램 5-2 5_2_class_inherit_animal.py

```
class Animal:
    def __init__(self, name):
        self.name = name

    def speak(self):
        pass  # 자식 클래스에서 구현

class Dog(Animal):
    def speak(self):
        print(f"{self.name} says woof!")

class Cat(Animal):
    def speak(self):
        print(f"{self.name} says meow!")
```

```
016  my_dog = Dog("Buddy")
017  my_cat = Cat("Whiskers")
018
019  my_dog.speak()  # "Buddy says woof!"
020  my_cat.speak()  # "Whiskers says meow!"
```

실행 결과

```
Buddy says woof!
Whiskers says meow!
```

[프로그램 5-2] 해설

```
006 | pass  # 자식 클래스에서 구현
```

pass 키워드가 지정되면 이 메소드의 구체적인 내용은 상속받을 클래스에서 지정하기로 합니다.

```
008 | class Dog(Animal):
```

Dog 클래스는 Animal 클래스를 상속하기로 합니다.

```
010 | print(f"{self.name} says woof!")
```

여기서 self.name은 Animal 클래스에서 정의된 self.name을 말합니다.

```
016 | my_dog = Dog("Buddy")
```

Dog 클래스를 이용해 my_dog 인스턴스를 만듭니다. 여기서 지정하는 "Buddy"는 Animal 클래스의 __init__( ) 메소드에서 처리합니다.

```
019 | my_dog.speak()  # "Buddy says woof!"
```

메소드 speak( )는 클래스 Dog에서 정의한 것입니다.

04 | super( ) 함수

super( )는 마이크로파이썬의 클래스에서 부모 클래스(상위 클래스)의 메소드를 호출할 때 사용하는 함수입니다. 특히, **상속**을 사용하는 경우에 자식 클래스에서 부모 클래스의 메소드를 재사용하거나 확장할 때 유용합니다. super( )는 일반적으로 메소드 오버라이딩에서 부모 클래스의 메소드를 호출할 때 사용됩니다.

■ super()의 주요 용도

- **부모 클래스의 메소드 호출** : 자식 클래스에서 부모 클래스의 메소드를 호출해, 부모 클래스의 기능을 확장하거나 수정할 수 있습니다.
- **다중 상속 처리** : 마이크로파이썬은 다중 상속을 지원하며, super( )는 다중 상속의 경우에 적절한 메소드를 호출하는 데 도움을 줍니다.

[프로그램 5-3]은 기본적인 super( ) 함수 사용 예제입니다.

프로그램 5-3 5_3_class_super_single_inherit.py

```python
class Parent:
    def __init__(self, name):
        self.name = name

    def greet(self):
        print(f"Hello, my name is {self.name}")

class Child(Parent):
    def __init__(self, name, age):
        # 부모 클래스의 __init__ 메소드를 호출해 name을 초기화
        super().__init__(name)
        self.age = age

    def greet(self):
        # 부모 클래스의 greet 메소드를 호출
        super().greet()
        print(f"I am {self.age} years old")

# 객체 생성 및 메소드 호출
child = Child("Alice", 12)
child.greet()
```

실행 결과

```
Hello, my name is Alice
I am 12 years old
```

[프로그램 5-3] 해설

```
011 | super().__init__(name)
```

상속받은 자식 클래스에서 __init__( ) 메소드를 다시 정의할 때, super( )를 붙여서 부모 클래스의 __init__( )를 호출하고 있습니다.

```
016 | super().greet()
```

상속받은 자식 클래스에서 부모 클래스의 메소드를 재정의할 때, super( )를 붙여서 부모 클래스의 메소드를 호출하고 있습니다.

SECTION
5.3 타입 힌트와 함수 문서화

마이크로파이썬은 데이터 형이 수시로 바뀔 수 있는 동적 타입의 프로그래밍 언어이기 때문에, 데이터 형을 미리 정해둔다는 것 자체가 어불성설입니다. 그러나 프로젝트의 규모가 커져서 참여자가 많아지면 이러한 자유로움이 프로젝트 진행에 장애가 될 수 있습니다. 그래서 코드의 가독성을 높이고 프로젝트를 일관성 있게 관리하기 위한 여러 노력이 있었습니다.

여기서는 **타입 힌트(Type Hint)**와 **독스트링(Docstring)**에 대해 설명합니다. 이 두 방식은 앞으로 AI에게 코딩을 시킬 때 유용하게 사용됩니다.

01 타입 힌트

마이크로파이썬에서 변수나 함수의 파라미터에 **콜론(:)**을 사용해 타입 정보를 명시하는 것을 **타입 힌트** 또는 **타입 어노테이션(Type Annotation)**이라고 합니다.

타입 힌트는 **변수**, **함수의 파라미터**, 그리고 **함수의 반환**에 대해 예상되는 데이터 타입을 명시해 코드의 가독성과 유지보수성을 높이는 데 사용됩니다.

타입 힌트는 코드 실행 시에는 **아무런 영향을 미치지 않으며**, 주로 IDE나 **정적 분석 도구**에서 타입을 확인해 오류를 미리 감지하는 데 유용합니다. 현재 버전의 Thonny에서는 타입 지정에 대해 오류 정보를 보여주지는 못합니다.

■ 타입 힌트의 효과

- **가독성 향상**
  코드에서 변수나 함수의 예상 타입을 명시적으로 나타내기 때문에, 코드의 의미를 더 쉽게 이해할 수 있습니다.
- **정적 분석 도구와 통합 가능**
  mypy 같은 도구를 사용하면 코드 실행 전에 타입 관련 오류를 미리 확인할 수 있습니다.

- **코드 유지·보수 용이성**
  시간이 지나더라도, 함수의 파라미터나 반환 값이 어떤 타입을 가질지 쉽게 파악할 수 있어 유지보수에 도움이 됩니다.

변수에 대한 타입 힌트

```
x: int = 10  # x는 정수형(int) 변수
y: str = "Hello"  # y는 문자열(str) 변수
```

x는 정수(int)이고 y는 문자열(str)임을 명시적으로 표시하고 있습니다.

함수에 대한 힌트

```
def add(a: int, b: int) -> int:
    return a + b
```

a: int와 b: int는 함수 add가 정수형(int) 인자를 받는다는 것을 명시합니다.

-> int는 이 함수가 정수형(int) 값을 반환한다는 것을 나타냅니다.

02 독스트링

독스트링은 마이크로파이썬에서 함수, 클래스, 모듈에 대한 설명을 작성하는 특별한 문서화 문자열입니다. 독스트링을 사용하면 코드의 가독성을 높이고, 함수나 클래스가 어떤 기능을 수행하는지 쉽게 이해하는 데 도움이 됩니다.

독스트링은 주로 함수나 클래스를 정의할 때 첫 번째 줄에 위치하며, 보통 **3개의 따옴표(""" 또는 ''')**로 둘러싸여 있습니다.

함수에 독스트링을 적용한 예

```
def greet_person(person: str, age: int) -> str:
    """
    주어진 사람에게 인사말을 반환하는 함수입니다.

    :param person: 인사할 사람의 이름 (문자열)
    :param age: 사람의 나이 (정수)
    :return: 인사말이 포함된 문자열
    """
    return f"안녕하세요, {person}님! 나이가 {age}살 이시군요."
```

먼저 함수의 내용을 설명하고, 다음에 파라미터와 반환 값에 대해 기술합니다.

- **:param:**

  :param person:으로 시작해 함수의 매개변수 이름을 설명합니다. 데이터 타입과 설명을 함께 적어, 매개변수가 어떤 역할을 하는지 명확히 나타냅니다.

- **:return:**

  함수의 반환 값을 설명하는 데 사용됩니다. 반환 값의 타입과 역할을 기술합니다.

SECTION
5.4 모듈

모듈(module)은 마이크로파이썬에서 코드의 재사용성과 관리의 용이성을 높이기 위해 사용되는 코드 구성 단위입니다. 모듈은 관련된 함수, 클래스, 변수, 그리고 다른 코드 구성 요소들을 하나의 파일에 묶어 둔 것으로, 마이크로파이썬 파일(.py) 하나가 하나의 모듈을 의미합니다.

■ 모듈의 주요 특징

- **코드 재사용**
  - 모듈로 만들어 두면 한 번 작성한 코드를 여러 프로그램에서 재사용할 수 있습니다.
  - 관련된 기능들을 하나의 모듈로 묶어두면, 코드가 더 구조화되고 명확해집니다.
- **코드 관리 용이성**
  - 큰 프로그램을 작성할 때, 모듈을 사용하면 기능별로 코드를 나누어 관리할 수 있습니다.
  - 코드 수정이 필요한 경우, 해당 기능이 정의된 모듈만 수정하면 되므로 유지·보수가 용이합니다.
- **이름 공간 분리**
  - 모듈은 독립된 이름 공간(namespace)을 가집니다. 이를 통해 같은 이름의 변수나 함수가 여러 모듈에서 충돌 없이 사용될 수 있습니다.

01 모듈 생성

모듈을 생성하기 위해 mymodule.py라는 파일을 만들어 다음과 같은 코드를 작성할 수 있습니다. 이렇게 생성된 모듈을 개발 보드에 업로드합니다.

```
# mymodule.py

def greet(name):
    return f"Hello, {name}!"

def add(a, b):
    return a + b
```

02 모듈 사용

모듈 전체를 불러오기

```
import <모듈 이름>
```

모듈에서 특정 함수나 클래스를 불러오기

```
from <모듈 이름> import <함수나 클래스 이름>
```

특정 함수나 클래스를 불러올 때 이름 바꾸기

```
from <모듈 이름> import <함수나 클래스 이름> as <새로운 이름>
```

다음 예제와 같이 다양한 방식으로 import 문을 사용할 수 있습니다.

```
# main.py

import mymodule

# 모듈의 함수 사용
print(mymodule.greet("Alice"))  # 출력: Hello, Alice!
print(mymodule.add(5, 3))       # 출력: 8
```

또는 모듈에서 특정 함수 또는 클래스만을 가져올 수도 있습니다.

```
from mymodule import greet

print(greet("Bob"))  # 출력: Hello, Bob!
```

import 할 때 함수나 클래스의 이름을 바꿀 수도 있습니다.

```python
from mymodule import greet as gr

print(gr("Bob"))  # 출력: Hello, Bob!
```

03 모듈이 설치되는 경로

다음 명령어를 REPL에서 실행해봅시다.

```
쉘 ×
MicroPython v1.23.0 on 2024-06-02; LOLIN_S2_MINI with ESP32-S2FN4R2
Type "help()" for more information.
>>> import sys
>>> sys.path
['', '.frozen', '/lib']
>>>
                    MicroPython (ESP32) • Espressif CDC Device @ COM3
```

[그림 5-1] sys.path 목록

기본적으로 루트 디렉토리, '.frozen', '/lib'에 모듈이 설치될 수 있습니다.

- **루트 디렉토리** : main.py가 보관되는 곳입니다.
- **.frozen** : 펌웨어를 설치할 때 여기에 모듈을 설치할 수 있습니다.
- **/lib** : 공통 모듈은 여기에 설치하면 편합니다.

AI 프롬프트 활용 패키지와 모듈 구분하기

5-5 마이크로파이썬에서 패키지의 용도를 설명하고 모듈과 비교해 설명해 줘.

04 MicroPython 장치에 모듈 설치하기

다음은 MicroPython 장치에 /lib 폴더를 만들고 여기에 mymodule.py를 설치하는 방법입니다.

Thonny를 실행합니다. ❶ **[보기]** 탭을 클릭한 후 ❷ **[파일]**을 클릭하면 왼쪽에 파일 목록이 표시됩니다.

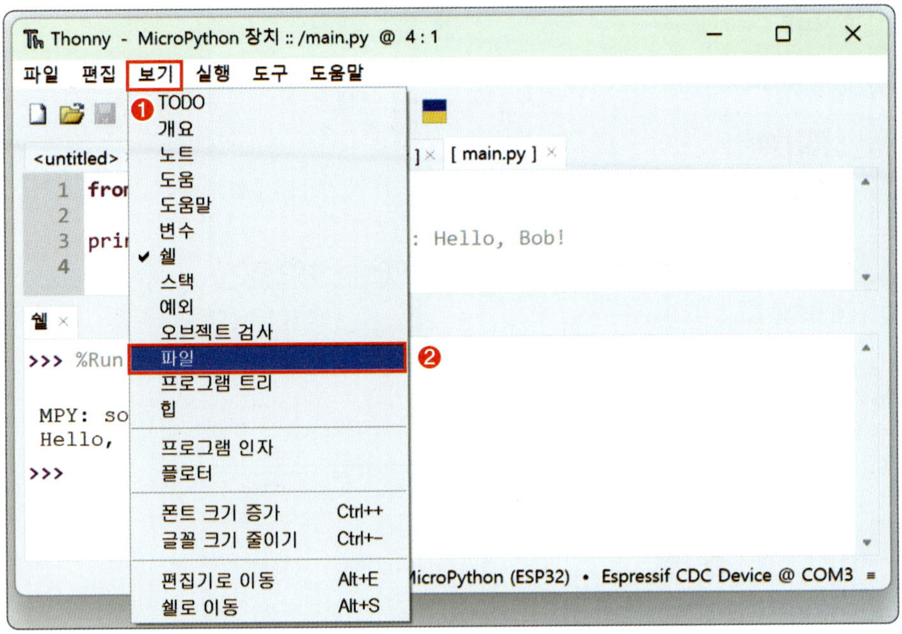

[그림 5-2] 파일 표시하기

MicroPython 장치에는 처음에는 boot.py만 존재합니다. **MicroPython 장치** 옆의 ❸ **[햄버거(≡)]** 버튼을 클릭하고 ❹ **[새로운 디렉토리]**를 클릭합니다.

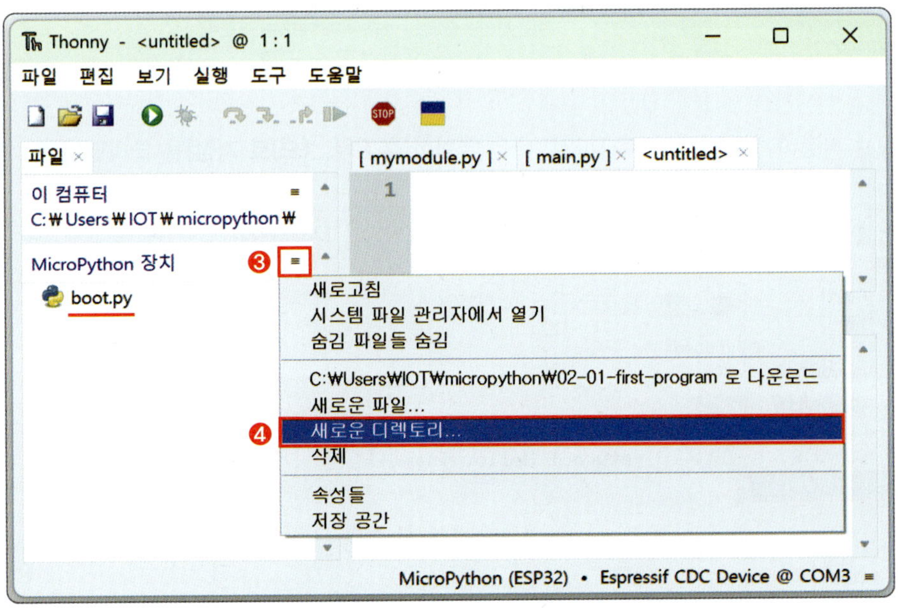

[그림 5-3] 새로운 디렉토리 만들기

❺ 생성할 디렉토리 이름을 지정하고 ❻ **[확인]** 버튼을 클릭합니다.

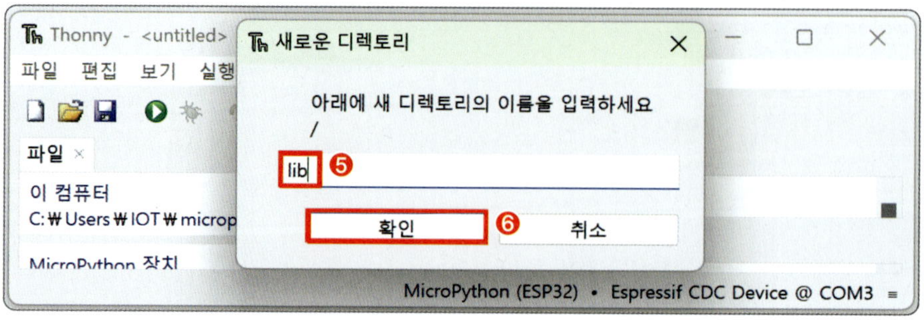

[그림 5-4] 새로운 디렉토리 이름 지정하기

이제 새로운 디렉토리가 생성되었습니다.

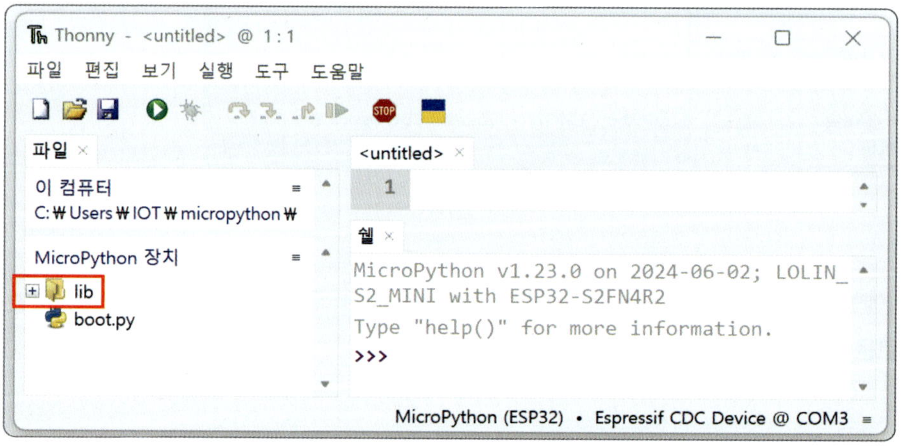

[그림 5-5] 생성된 디렉토리

이제 mymodule.py를 저장하기로 합니다. ❼ **[파일]** 탭을 클릭한 후 ❽ **[...(으)로 저장]**을 클릭합니다.

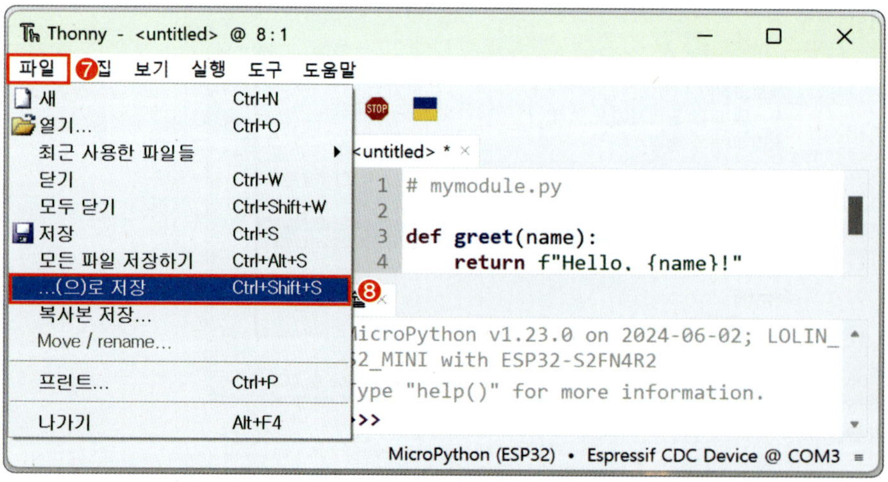

[그림 5-6] 다른 이름으로 저장하기

저장 장치는 ❾ **[MicroPython 장치]**로 선택합니다.

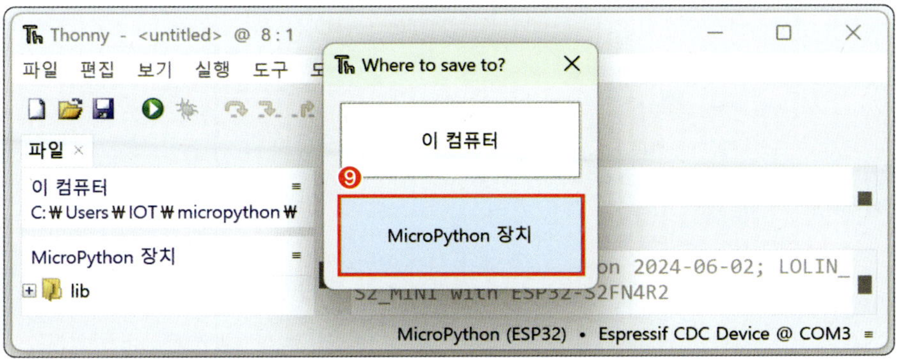

[그림 5-7] 저장 장치 선택하기

이제 ❿ 생성한 디렉토리를 선택합니다.

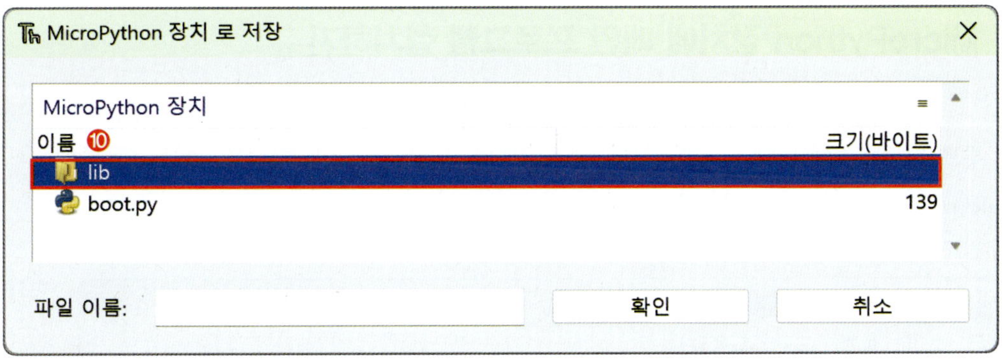

[그림 5-8] 디렉토리 선택하기

파일 이름은 ⓫ mymodule.py로 지정하고, ⓬ **[확인]** 버튼을 클릭합니다.

[그림 5-9] 파일 이름 지정하기

이제 모듈이 설치되었습니다.

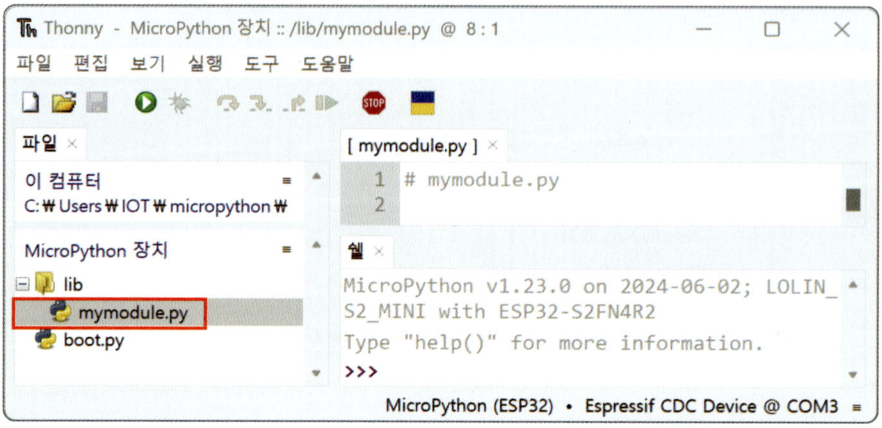

[그림 5-10] 저장된 모듈

05 MicroPython 장치에 메인 프로그램 설치하기

처음에는 루트 디렉토리에 boot.py가 기본으로 설치되어 있습니다. lib 디렉토리에는 앞 단계에서 mymodule.py를 설치해 둔 상태입니다.

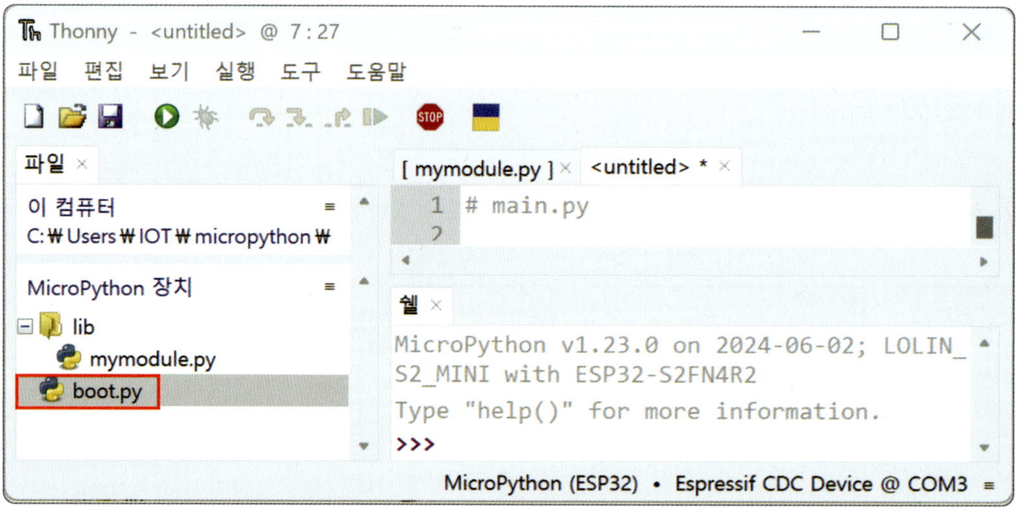

[그림 5-11] 루트 디렉토리에 설치되어 있는 파일

이제 메인 프로그램을 루트 디렉토리에 설치하기로 합니다. ❶ **[파일]** 탭을 클릭한 후 ❷ **[...(으)로 저장]**을 클릭합니다.

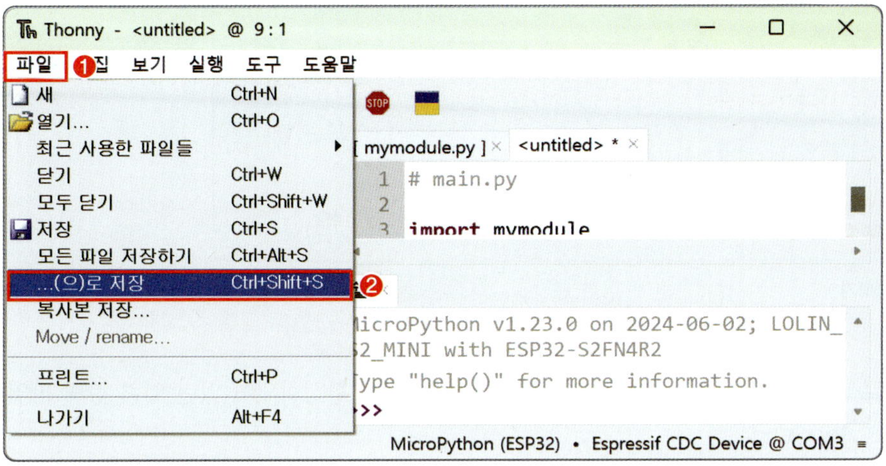

[그림 5-12] 다른 이름으로 저장하기

저장 장치는 ❸ **[MicroPython 장치]**로 선택합니다.

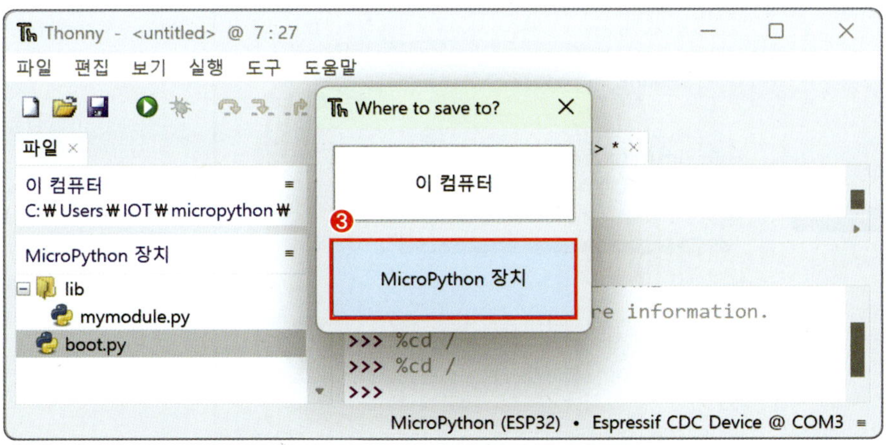

[그림 5-13] 저장 장치 선택하기

파일 이름은 ❹ main.py로 지정하고 ❺ **[확인]** 버튼을 클릭합니다.

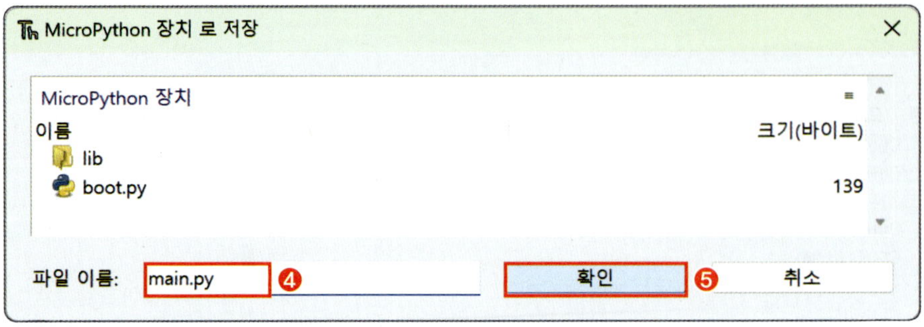

[그림 5-14] 파일 이름 지정하기

main.py가 메인 프로그램으로 설치되어 있는 파일 목록입니다. 이때 활성화되어 있던 입력 창의 파일 이름이 main.py로 바뀌었습니다.

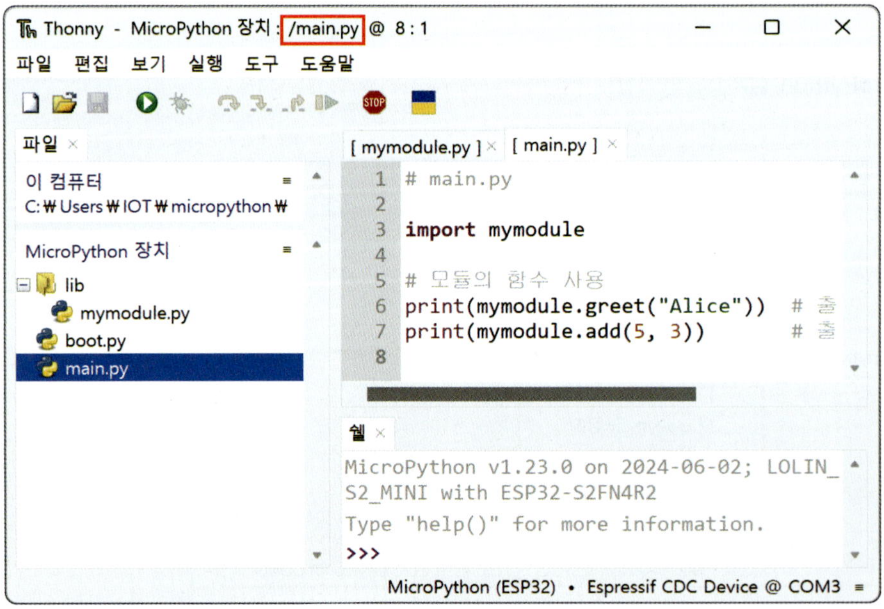

[그림 5-15] 장치에 설치된 파일 목록

이 상태에서 **[실행]** 버튼을 클릭하면 main.py가 실행됩니다.

main.py는 디바이스에 전원을 투입하면 자동으로 실행됩니다. 그러나 프로그램이 테스트 중일 때는 자동으로 실행되는 것이 불편할 때가 많습니다. 그래서 테스트 단계에서는 main.py와는 다른 이름으로 보관하고, 그 프로그램을 Thonny에서 열어서 직접 실행하는 것이 좋습니다.

프로그램의 테스트가 완료되고, 실제로 사용할 때 main.py로 보관하면 됩니다.

CHAPTER

05 연습문제

5.1 마이크로파이썬에서 함수를 사용할 때의 이점과 그 한계를 설명하세요.

5.2 마이크로파이썬에서 클래스를 만들어서 사용할 때 얻을 수 있는 이점을 '프로그램의 구조'라는 관점에서 설명하세요.

5.3 다음 조건으로 클래스와 그 클래스를 사용하는 프로그램을 만드세요.

[조건 1] 클래스 만들기

- 클래스 이름 : SayDays
- 오브젝트 만들 때 전달할 매개변수 : year, month, day
- 입력된 year를 기준으로 윤년(2월이 29일까지 있는 해)을 찾아야 함
- 메소드 days( ) : 당해년도 1월 1일 기준으로 몇째 날인지 알려줌
- 메소드 days_left( ) : 당해년도 12월 31일 기준으로 남은 일수를 알려줌
- 메소드 weekday( ) : 숫자로 요일을 알려줌(0 : 토요일)
- 메소드 weekday_name( ) : 요일을 한글로 알려줌(0 : 토요일)
- 요일 계산은 Zeller 계산법에 따름
- import 문은 사용하지 말 것

[조건 2] 앞에서 만든 클래스를 사용해 다음과 같이 프로그램 만들기

- SayDay 오브젝트 생성
- while True :
  - input 문으로 임의의 날짜 입력받음
  - days( ), days_left( ), week( ), week_name( )을 출력

CHAPTER

06

개발 보드와 실드 다루기

학습목표

- 개발 보드의 종류를 파악하고 선정 기준을 학습합니다.
- 베이스에 개발 보드와 실드를 장착하는 방법을 학습합니다.
- 브레드보드 사용법을 익힙니다.
- 마이크로파이썬 프로그램에서 핀 번호를 설정하는 방법을 학습합니다.

이 장의 실습 준비물

부품 이름	대체품	수량	용도
S3 mini / S2 mini	ESP32 계열의 보드	1	마이크로컨트롤러
USB-C 케이블		1	보드와 PC 연결

PREVIEW

이 장에서는 마이크로파이썬 프로그래밍에 사용될 하드웨어에 관련된 내용을 학습합니다. 여러 가지 개발 보드에 관한 특성을 이해하고, 프로젝트 특성에 맞는 개발 보드를 선택하는 기준을 학습합니다. 이후 베이스에 개발 보드와 실드를 장착하거나, 브레드보드에 부품을 장착해 학습에 필요한 회로를 구성하는 방법을 익힙니다. 마지막으로 마이크로파이썬 프로그램에서 핀 번호를 지정하는 방법을 학습합니다.

SECTION
6.1 개발 보드

1장에서 간략히 다루었던 ESP32 기반의 개발 보드에 대해 자세히 알아보겠습니다. ESP32는 Espressif 사에서 만든 마이크로컨트롤러인데, 이 칩을 사용해 Wemos사에서 개발자용으로 만든 제품이 S3 mini 라는 개발 보드입니다. 이 제품과 유사한 폼팩터를 가진 제품으로 S2 mini, C3 mini, 그리고 C3 Pico가 있습니다. [표 6-1]에 4개의 개발 보드의 특징을 정리했습니다.

[표 6-1] Wemos사의 개발 보드 비교 (계속)

구분	S3 mini	S2 mini
개발 보드 외관		
마이크로컨트롤러	ESP32-S3FH4R2 Xtensia 32-bit LX7	ESP32-S2FN4R2 Xtensia 32-bit LX7
CPU 코어	Dual	Single
클럭 스피드	240MHz	240MHz
SRAM	512KB	320KB
ROM	384KB	128KB
플래쉬 메모리	4M	4M
PSRAM	2M	2M
와이파이	2.4GHz	2.4GHz
블루투스	블루투스 5 (LE)	미지원
IO 핀 개수	27	27
내장 RGB	1개	없음
내장 LED	없음	1개
배터리 충전 포트	없음	없음
LOLIN I2C 포트	없음	없음
특징	고성능	저비용
선정 기준	핀 수가 많이 필요하고, 고성능이 필요한 디바이스 개발에 적합	핀 수가 많이 필요하지만, 저비용으로 개발할 때 적합

[표 6-1] Wemos사의 개발 보드 비교

구분	C3 mini	C3 Pico
개발 보드 외관		
마이크로컨트롤러	ESP32-C3FH4 RISC-V	ESP32-C3FH4 RISC-V
CPU 코어	Single	Single
클럭 스피드	160MHz	160MHz
SRAM	400KB	400KB
ROM	384KB	384KB
플래쉬 메모리	4M	4M
PSRAM	-	-
와이파이	2.4GHz	2.4GHz
블루투스	블루투스 LE	블루투스 LE
IO 핀 개수	12	12
내장 RGB	1개	1개
내장 LED	없음	없음
배터리 충전 포트	없음	500mA
LOLIN I2C 포트	없음	1개
특징	저전력	저전력, 배터리 충전, I2C 포트[1]
선정 기준	핀이 많이 필요하지 않고 고성능을 요구하지 않는 저전력 디바이스 개발에 적합	배터리로 구동되는 디바이스 개발에 적합

이제 이와 같은 개발 보드를 활용해 마이크로파이썬 프로그래밍으로 보편적인 디바이스를 개발하는 방법을 설명하겠습니다.[2] 이 책에서는 핀이 많은 개발 보드에 여러 개의 실드를 장착해 설명하므로, 교육 편의상 **S3 mini와 S2 mini를 표준 개발 보드로 취급**합니다. C3 mini와 C3 Pico도 소스 코드 차원에서 호환되므로 사용할 수 있습니다. 다만, 실드를 동시에 여러 개 사용할 수 없고 핀 위치를 바꾸어야 하므로 다소 불편할 수 있습니다.

1 Inter-Integrated Circuit의 줄임말로, 2개의 데이터 선으로 핀을 공유하는 통신 방식입니다.

2 이 책의 범위를 넘어서는 개발 보드의 기능에 대해서는 마이크로컨트롤러의 제조사가 제공하는 데이터시트(datasheet)와 개발 보드 제조사 홈페이지에서 제공하는 회로도(schematic)를 참조해야 합니다.

SECTION
6.2 실드

01 실드와 베이스

Wemos사에서는 2015년 LOLIN D1 mini라는 ESP8266[3] 기반의 개발 보드를 발매해 지금도 판매하고 있습니다. D1 mini와 핀 배열을 같게 만든 부품 기판을 **실드**(shield)라고 이름을 붙이고, **베이스**(base)라는 기판에 장착해 사용하게 했습니다.

이후에 발매된 ESP32 기반의 개발 보드도 동일한 핀 배열을 갖고 실드를 공유하고 있습니다. 실드에 D1 mini의 핀 이름으로 각인되어 있는 경우가 많으므로, ESP32 기반의 개발 보드에 사용할 때는 D1 mini의 핀 위치에 맞는 ESP32의 핀 번호를 찾아서 사용해야 합니다.

[그림 6-1] LOLIN D1 mini

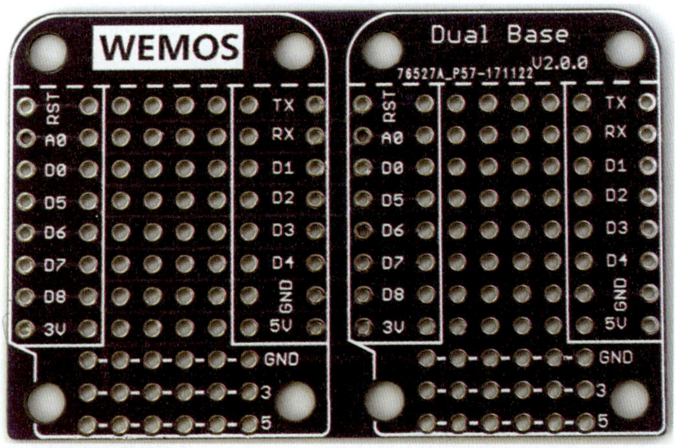

[그림 6-2] 듀얼 베이스

베이스는 실드를 여러 개 장착하기 위한 기반 부품인데, 같은 이름의 핀은 서로 연결되어 있습니다. 베이스에는 개발 보드를 기본으로 장착하고 남은 공간에 다른 실드를 장착합니다. 실드에 납땜된 핀헤더(Pin Header)의 종류에 따라 실드 위에 다른 실드를 적층해 장착할 수도 있습니다.

3 Espressif사에서 발매한 저비용 와이파이 마이크로컨트롤러로서 ESP32의 이전 버전입니다.

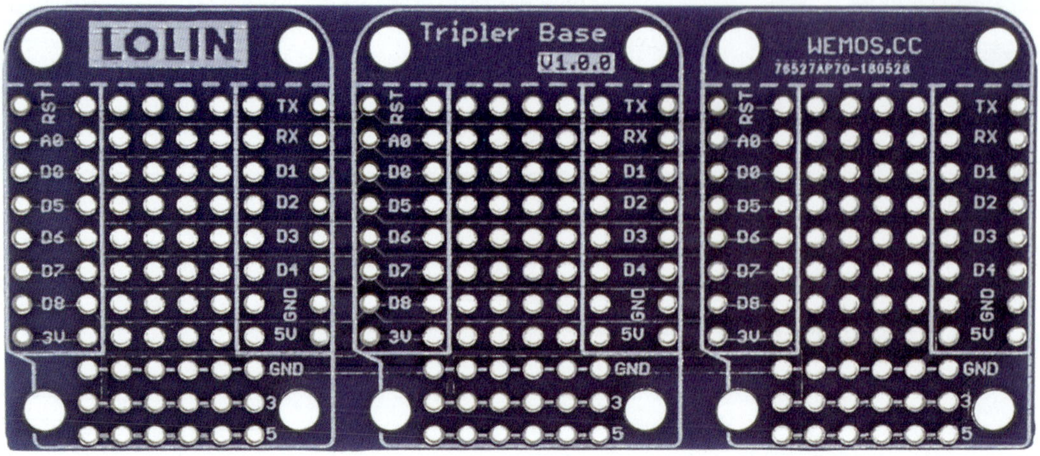

[그림 6-3] 트리플 베이스

현재 사용 가능한 베이스는 [그림 6-2]와 같은 듀얼 베이스(Dual Base)와 [그림 6-3]과 같은 트리플 베이스(Tripler Base), 그리고 [그림 6-5]와 같은 옥토보드(OctoBoard)가 있습니다. S3 mini, S2 mini, C3 mini 그리고 C3 Pico도 D1 mini와 같은 폼팩터이므로 D1 mini 베이스나 실드와 호환됩니다.

02 실드의 외부 핀과 내부 핀

S3 mini와 S2 mini의 경우 핀 개수가 많아서 좌우 각각 두 줄로 핀을 배치했는데, 일반적인 베이스를 사용하면 외부 핀만 베이스에 연결되고, 내부 핀은 베이스에 접속이 되지 않습니다. 내부 핀까지 활용하려면 8개의 실드를 장착할 수 있게 만든 옥토보드를 사용해야 합니다.

[그림 6-4] S3 mini의 외부 핀과 내부 핀

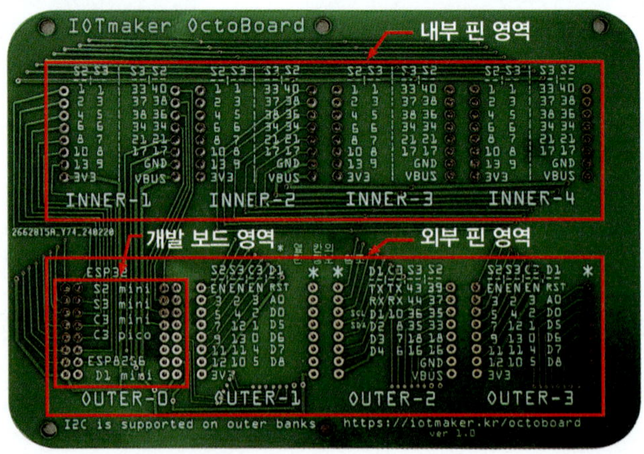

[그림 6-5] 옥토보드

S3 mini 또는 S2 mini의 외부 핀이나 C3 mini나 C3 Pico의 핀은 옥토보드의 아래쪽 외부 핀 영역에 연결됩니다. S3 mini와 S2 mini의 내부 핀은 옥토보드의 위쪽 내부 핀 영역에 연결됩니다. 내부 핀 중 좌우 아래 마지막 핀은 실드 구조상 사용할 수 없습니다.

[그림 6-6]은 옥토보드에 8개의 실드를 장착한 예입니다. 위쪽 4개의 실드는 내부 핀을 사용하고, 아래쪽의 개발 보드는 외부 핀과 내부 핀에 연결되고 나머지 3개의 실드는 외부 핀을 사용합니다.

[그림 6-6] 옥토보드에 장착된 실드

옥토보드를 사용하면 S3 mini와 S2 mini의 대부분의 핀을 활용할 수 있습니다. 이 책에서는 학습 편의를 위해 옥토보드에 여러 센서와 액추에이터를 한꺼번에 연결해 두고 코딩 실습을 합니다.

03 실드의 핀 번호 표기 방식

이미 발매되어 팔리고 있는 실드는 D1 mini 형식으로 핀 번호를 붙이고 있지만, 새로이 제작되는 실드의 핀 번호는 범용으로 사용하기 위해, 오른쪽 핀은 R1~R6, 왼쪽 핀은 L1~L7로 표기했습니다. 예를 들면 D1 mini 형식의 핀 번호 D2는 새로운 형식으로는 R4가 됩니다. 그런데 실드가 옥토베이스의 외부 핀 영역에 장착되면 D2(R4)는 S3 mini의 35번 핀이 되고, 내부 핀 영역에 연결되면 34번 핀이 됩니다.

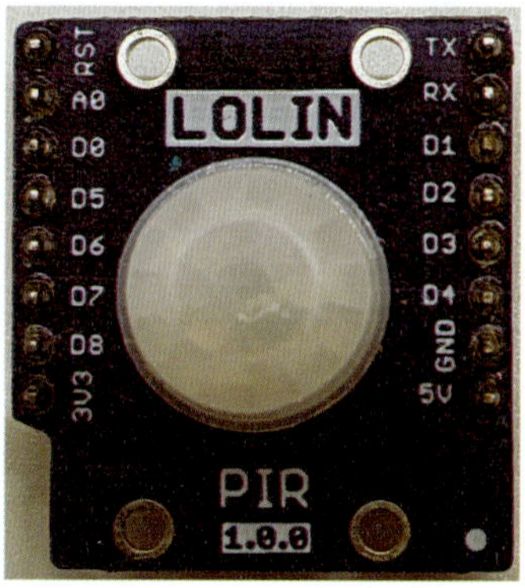

[그림 6-7] D1 mini 형식으로 붙인 핀 번호

[그림 6-8] 새로운 형식의 핀 번호(멀티원 실드)

개발 보드의 문서에 핀 번호는 GPIO35, GPIO34와 같은 형식으로 표시되는데, 이때 GPIO(General Purpose Input Output)는 범용 입출력 핀을 의미합니다. 프로그램에서 핀 번호를 지정할 때는 문자 GPIO는 제외하고 숫자만 사용합니다.

04 멀티원 실드

[그림 6-8]의 멀티원(MultiOne) 실드는 여러 부품을 6개의 핀에 연결해 만든 실드입니다. 특히 이 실드에는 이 책을 학습할 때 필요한 부품들이 장착되어 있으며, 뒤에 나오는 디지털 입출력과 아날로그 입출력을 학습하는 데 사용됩니다. 이 실드를 사용하면 이후에 나오는 여러 개의 회로를 대체할 수 있습니다. 이 실드를 사용하지 않고 브레드보드에 직접 부품을 장착해 회로를 만들어도 됩니다. 브레드보드 사용법은 뒤에서 다룹니다.

버튼 2개는 디지털 입력을 학습하는 데 사용하고, LED 2개와 부저는 디지털 출력을 익히는 데 사용합니다. 퍼텐쇼미터(Potentiometer, 가변저항)를 사용해 아날로그 입력을 공부하고, LED를 사용해 아날로그 출력을 학습합니다. 각 부품의 사용법은 뒤에서 자세히 설명합니다.

핀 번호 L2에는 퍼텐쇼미터가 연결되어 있지만, 점퍼 캡을 GAS로 바꾸어 가스 센서를 연결해 사용할 수도 있습니다.

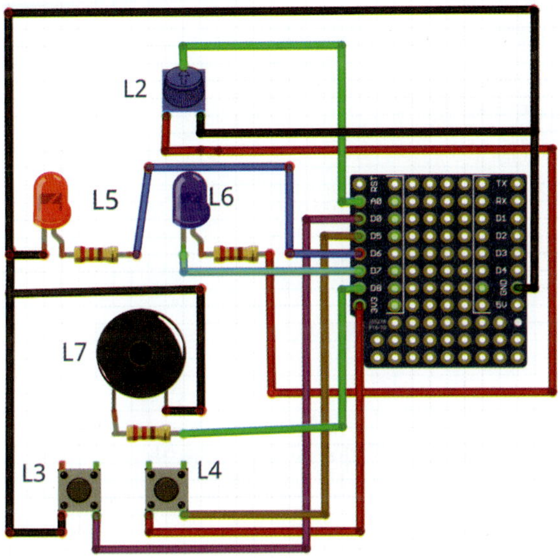

[그림 6-9] 멀티원 실드의 부품 연결 다이어그램

[그림 6-9]에서는 프로토보드(ProtoBoard) 기반으로 멀티원 실드에 장착된 부품을 다이어그램으로 표현했습니다. 부품 옆의 L2~L7은 새로운 방식으로 실드의 핀 번호를 표시한 것입니다. 멀티원 실드에 장착된 부품의 기능을 [표 6-2]에 정리했습니다. LED가 2개인데 ON될 때의 출력 값이 서로 다르고, 버튼도 2개인데 누를 때 읽히는 값이 서로 다르므로 유의해서 살펴봅시다.

[표 6-2] 멀티원 실드에 장착된 부품의 기능

핀 번호	부품명	입출력	용도
L2	퍼텐쇼미터	아날로그 입력	노브를 돌려서 전압을 읽음
L3	LED 1	디지털 출력 아날로그 출력	HIGH(1) 출력 시 ON 밝기 조절 가능
L4	LED 2	디지털 출력 아날로그 출력	LOW(0) 출력 시 ON 밝기 조절 가능
L5	버튼 1	디지털 입력	ON 시 LOW(0)가 읽힘 PULL-UP 지정해야 함
L6	버튼 2	디지털 입력	ON 시 HIGH(1)이 읽힘 PULL-DOWN 지정해야 함
L7	부저	디지털 출력 아날로그 출력	HIGH(1) 출력 시 ON 소리 크기 조절 가능

05 | 실드 핀의 GPIO 지정 방법

옥토보드에서는 실드를 내부 핀 영역에 장착할 수도 있고 외부 핀 영역에 장착할 수도 있습니다. 이때 실드에 연결되는 핀 번호가 달라지므로 주의해야 합니다.

핀 번호를 지정하는 방법은 2가지가 있습니다. 개발 보드의 GPIO 번호를 웹 페이지에서 확인해서 직접 숫자로 지정하는 방법과 핀 번호 텍스트 파일을 개발 보드에 보관해 두고 불러서 사용하는 방법입니다.

웹 페이지에서 개발 보드의 핀 번호 찾아서 지정하기

멀티원 실드를 [그림 6-6]과 같이 옥토보드의 내부 핀 영역에 장착했을 때 버튼 1과 버튼 2의 핀 번호를 확인하는 방법을 살펴보겠습니다.

[그림 6-9]와 같이 멀티원 실드의 다이어그램에서 버튼 1과 버튼 2는 각각 왼쪽 세 번째(L3)와 네 번째(L4)에 연결되어 있습니다. [그림 6-4]의 S3 mini에서 L3와 L4의 내부 핀은 GPIO5와 GPIO6임을 알 수 있습니다. 이렇게 매번 개발 보드를 찾아 확인하는 것은 번거로운 일이므로, 다음 과정과 같이 웹 페이지에서 개발 보드의 핀 번호를 확인하고 복사할 수 있습니다.

웹 페이지 **베이스에 연결된 개발 보드의 핀 번호 확인**

옥토보드에 장착된 실드의 실제 핀 번호는 개발 보드마다 다르기 때문에 학습자의 편의를 위해 개발 보드별 실드의 핀 번호를 웹 페이지에 정리해 두었습니다. 하단 주소 또는 우측 QR 코드를 통해 접속한 웹 페이지에서 개발 보드별 핀 번호를 복사해 프로그램에서 사용할 수도 있습니다.

https://iotmaker.kr/mpy-pins

❶ 웹 페이지에 접속한 후 ❷ **[S3 mini 핀 번호 확인하고 복사하기]**를 클릭하면 S3 mini의 사진과 핀 정보가 제공됩니다. 핀 정보를 확인해 프로그램에서 지정해도 되고, 핀 정보를 복사해 개발 보드에 보관해 두고 프로그램에서 불러서 사용해도 됩니다.

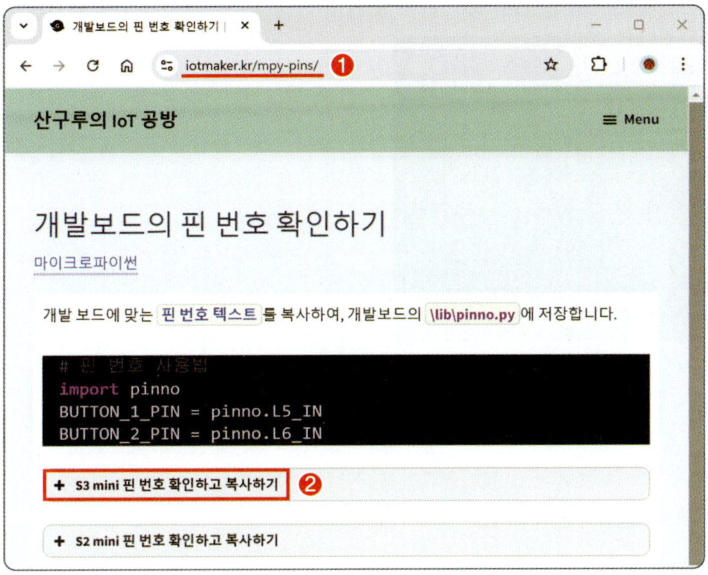

[그림 6-10] 개발 보드의 핀 확인하기

[그림 6-11]에서와 같이 핀 번호가 표시되는 영역에 커서를 옮기면 영역의 첫 부분에 메뉴가 나타나는데, 여기서 ❸ **[Copy]**를 클릭하면 핀 번호 텍스트가 클립보드에 복사됩니다. 이 텍스트 내용을 개발 보드의 **lib₩s3minipinno.py**나 **lib₩pinno.py**로 보관해 두고 사용하면 됩니다.

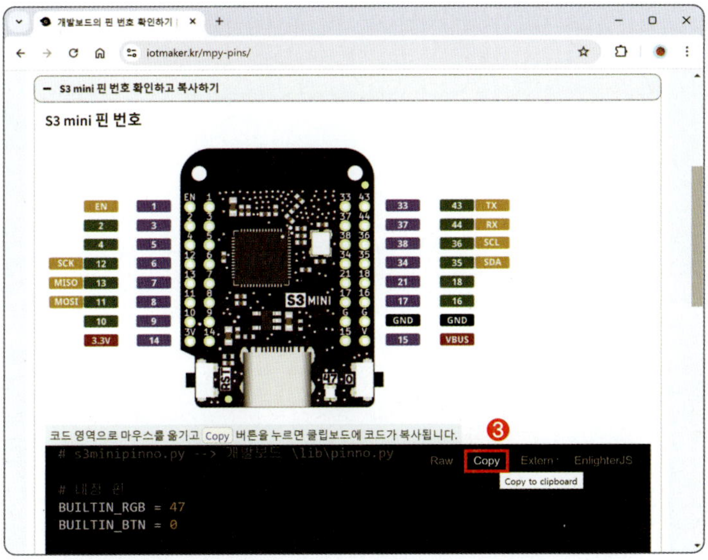

[그림 6-11] 핀 번호 텍스트 복사하기

아래로 스크롤하면 내부 핀의 GPIO를 확인할 수 있습니다. L3와 L4의 내부 핀은 각각 GPIO5와 GPIO6임을 알 수 있습니다.

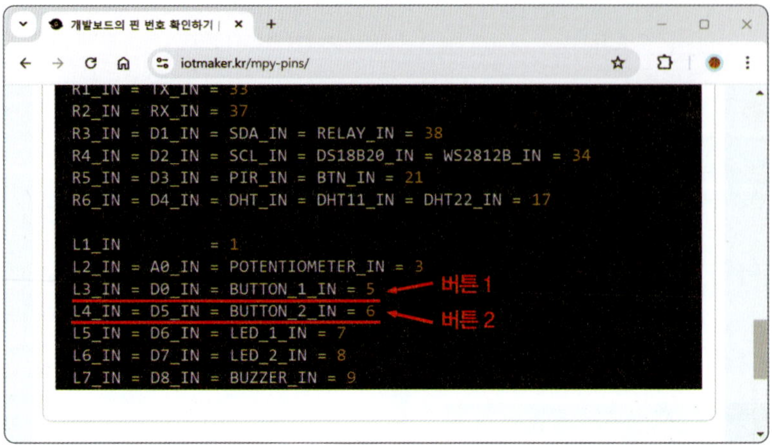

[그림 6-12] 내부 핀 정보 확인하기

개발 보드에 보관된 pinno.py 파일 사용하기

[그림 6-11]에서와 같이 **본인이 사용하는 개발 보드의 핀 번호 텍스트**를 복사한 후, 개발 보드의 **\lib\s3minipinno.py**나 **\lib\pinno.py**로 보관해 사용하는 것이 좋습니다. 이 책에서는 프로그램의 호환성을 위해 **\lib\pinno.py**로 보관해 사용하도록 안내하고 있습니다.

개발 보드에 파일을 설치하는 방법은 5.4절의 '04. MicroPython 장치에 모듈 설치하기'에 자세히 설명되어 있습니다.

이 책에서는 핀 번호를 다음과 같이 import해 사용합니다. 이러한 방식으로 사용하면 핀 번호를 일일이 찾아서 지정할 필요가 없습니다.

```
# 핀 번호 사용법
import pinno
BUTTON_1_PIN = pinno.L3_IN
BUTTON_2_PIN = pinno.L4_IN
```

실드에서는 이미 핀 번호가 정해져 있으므로 DHT22 실드에서 핀 번호를 지정할 때는 다음과 같이 하면 됩니다.

```
# 핀 번호 사용법
import pinno
DHT_PIN = pinno.DHT
```

이 책에서는 개발 보드와 실드의 기본적인 내용만 다루고 있으며, 다양한 실드와 부품에 대한 정보는 웹 페이지에서 상세히 안내합니다.

웹 페이지 **개발 보드, 실드, 부품에 대한 안내**

이 책에서 소개하는 개발 보드, 실드 그리고 부품에 대한 추가 정보는 하단 주소 또는 우측 QR 코드를 통해 접속한 웹 페이지에서 안내합니다. 이 책에서 소개되는 실드는 프로토타입인 경우도 있으므로 실제 제품과 다를 수 있습니다.

https://iotmaker.kr/mpy-components

SECTION
6.3 브레드보드

01 브레드보드란?

브레드보드(Breadboard)는 전자 회로를 **납땜 없이** 구성할 수 있도록 설계된 **재사용 가능한 기판**입니다. 전자 부품과 배선을 빠르고 쉽게 연결할 수 있기 때문에 **전자 회로의 설계, 테스트 및 프로토타입 제작**에 널리 사용됩니다. 주로 전자 부품을 배치하고 전선으로 연결해 회로를 구성하고 실험할 때 사용됩니다.

[그림 6-13]은 브레드보드에 부품을 장착하고 점퍼 와이어로 연결한 상태입니다. 이 책에서는 주로 실드를 이용해 회로를 구성하지만, 브레드보드에 부품을 장착해 회로를 만드는 방법도 함께 설명합니다.

[그림 6-13] 브레드보드의 사용 예

02 | 브레드보드 사용법

브레드보드에 있는 구멍은 가로 또는 세로로 서로 연결되어 있습니다. 이 구멍에 점퍼 와이어의 핀을 연결하거나 부품의 다리를 끼워서 회로를 구성하게 됩니다. 가로로 연결된 전원 레일은 VCC와 GND를 연결하는 데 사용되고, 세로로 연결된 신호 레일은 부품을 연결하는 용도로 사용합니다.

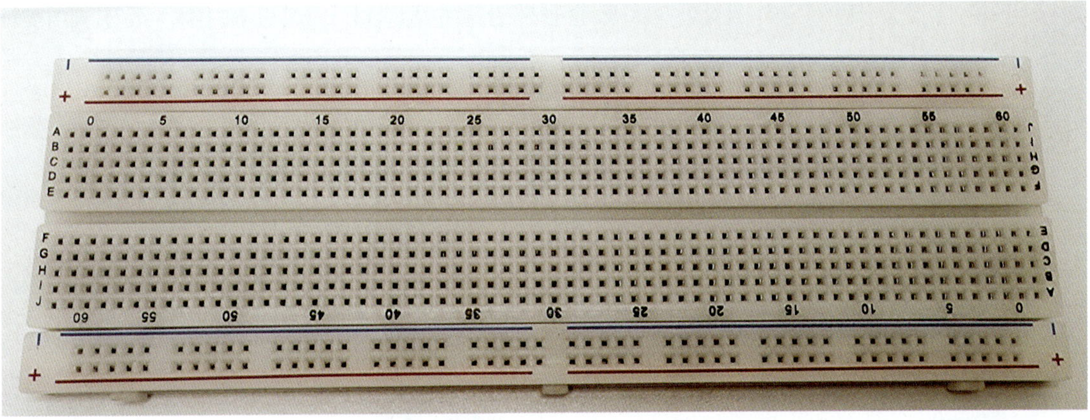

[그림 6-14] 브레드보드

전원 레일

브레드보드의 위아래에는 색깔로 구분된 레일이 각각 2개씩 있습니다. 각 레일은 가로로 연결되어 있으며, 붉은 색은 (+) 선을 푸른 색은 (–) 선을 나타냅니다. 모델에 따라서 중간이 단절된 경우가 있으므로 유의해야 합니다.

신호 레일

브레드보드 중간에 가로로 긴 홈이 있고, 홈의 아래쪽과 위쪽에 5개의 세로 구멍으로 이루어진 신호 레일이 있습니다. 대칭으로 핀이 구성된 부품은 홈을 중간에 두고 연결해야 합니다. 같은 신호 레일에 장착된 부품이나 점퍼 와이어는 회로상 서로 연결됩니다.

듀폰 케이블과 U형 점퍼 와이어

브레드보드에서 구멍끼리 연결하는 커넥트를 점퍼 와이어(Jumper Wire)라고 합니다. 브레드보드에 프로토타입을 구성할 때 가장 쉽게 사용할 수 있는 케이블은 [그림 6-15]의 **듀폰 케이블**입니다. 양 끝의 모양에 따라 M-M(Male to Male), M-F(Male to Female) 또는 F-F(Female to Female) 형식의 와이어가 있습니다. 브레드보드에는 주로 M-M과 M-F 형식의 케이블이 많이 사용됩니다.

조금 더 견고한 프로토타입을 만들려면 [그림 6-16]과 같은 **U형 점퍼 와이어**를 사용하면 됩니다. U형 점퍼 와이어를 사용하면 상당히 복잡한 회로도 손쉽게 만들 수 있습니다. [그림 6-13]은 듀폰 케이블과 U형 점퍼 와이어로 구성한 회로의 예시입니다.

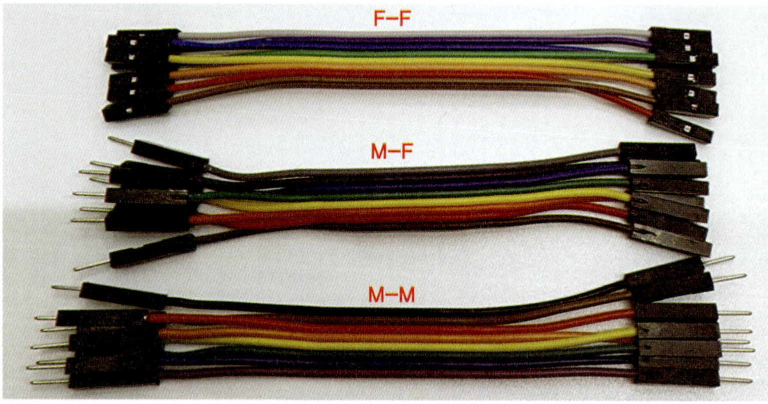

[그림 6-15] 듀폰 케이블

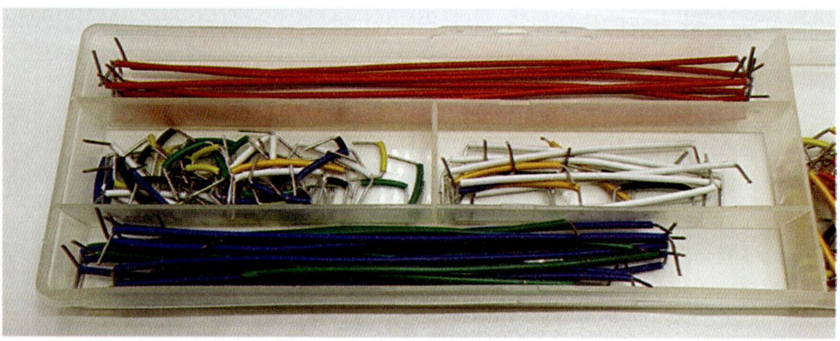

[그림 6-16] U형 점퍼 와이어

CHAPTER

06 연습문제

6.1 넓은 정원 여러 곳의 온습도를 측정하기 위한 IoT 디바이스를 개발하려고 합니다. 디바이스가 설치될 곳에 전원선이 없기 때문에 배터리를 사용해야 하는 상황입니다.

(a) [표 6-1]의 개발 보드 중 이 상황에 가장 적합한 것을 선정하고, 그 이유를 설명하세요.

(b) 배터리 전원을 절약하기 위한 프로그래밍 기법을 조사하고, 일반적인 방법과 비교해 설명하세요.

(c) 온도 또는 온습도를 측정하기 위한 센서를 조사하고 다음 3가지 연결 방법에 따라 분류한 후 각각의 장단점을 기술하세요.

> 연결 방법 : ❶ 개별 핀에 연결하는 방식, ❷ OneWire 방식, ❸ I2C 방식

6.2 다음은 ESP32 개발 보드와 함께 사용되는 실드에 관한 문제입니다.

(a) 실드의 장점과 한계에 대해 설명하세요.

(b) 여러 가지 베이스를 조사하고, 사진을 제시하세요.

(c) 이 장에서 언급된 실드와 같은 폼팩터를 가진 실드를 10개 이상 조사하고, 각 실드의 용도를 설명한 후 연결 핀 번호를 제시하세요.

6.3 다음은 브레드보드에 대한 문제입니다.

(a) 브레드보드와 PCB 기판을 비교하고, 용도와 장단점을 설명하세요.

(b) 브레드보드를 크기에 따라 분류하고, 각각의 이름을 나열하세요.

(c) 브레드보드에 M-F 형식의 점퍼 와이어를 사용한 예를 찾아 제시하세요.

CHAPTER

07

개발 보드의 핀 다루기

학습목표

- 디지털 핀의 사용법을 익힙니다.
- 클래스 Pin을 이해하고 디지털 입출력을 익힙니다.
- 클래스 ADC를 이해하고 아날로그 입력을 익힙니다.
- 클래스 PWM을 이해하고 아날로그 출력을 익힙니다.

이 장의 실습 준비물

부품 이름	대체품	수량	용도
S3 mini / S2 mini	ESP32 계열의 보드	1	마이크로컨트롤러
USB-C 케이블		1	보드와 PC 연결
멀티원 실드	브레드보드 순간 버튼 LED 저항(330Ω) 듀폰 케이블 MM	1 2 2 2 10	다목적 실드

참고　옥토보드에 장착된 실드([그림 6-6])

[그림 6-6]은 이 장의 실습 준비물로, 편의를 위해 한 번 더 삽입했습니다.

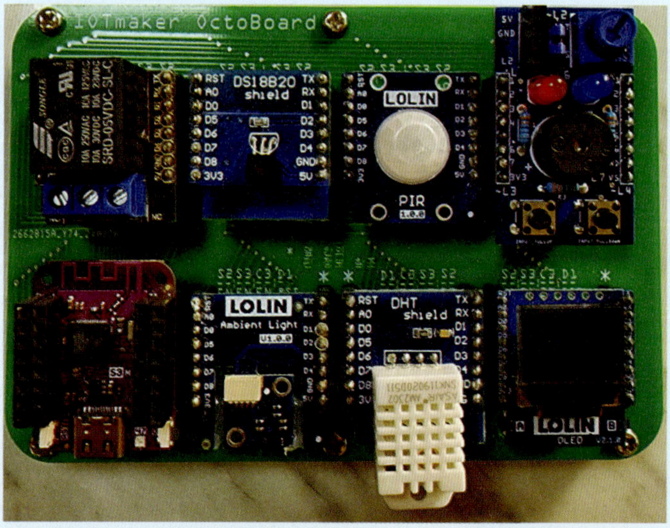

PREVIEW

디지털 입출력은 ON/OFF의 2가지 상태를 읽거나 출력하는 것이며, 아날로그 입출력은 ADC와 PWM을 이용해 연속적인 값을 읽거나 출력하는 것입니다.

이 장에서는 개발 보드의 핀에 연결된 부품을 제어하는 방법을 익힙니다. 버튼을 디지털 입력으로 해, LED를 디지털 출력 방식으로 점멸하는 코드를 만들고, 퍼텐쇼미터의 전압을 아날로그 입력으로 해, 그 값에 따라 LED를 PWM 방식으로 밝기를 조절하는 코드도 만들어봅니다.

SECTION 7.1 개발 보드의 핀 용도

개발 보드의 핀에는 센서, 액추에이터, 그리고 표시 장치를 연결할 수 있습니다. 여기에서는 개발 보드에 연결된 부품(또는 장치)의 핀 상태 값을 읽거나, 핀에 신호를 출력하는 방법을 학습합니다.

부품 전용 모듈(라이브러리)을 이용하거나, 개발 보드에 내장된 통신 기능을 이용해 센서 값을 읽고 액추에이터를 제어하는 방법은 13장에서 별도로 학습합니다.

마이크로컨트롤러는 연결된 부품의 핀과는 [표 7-1]과 같이 4가지 방식으로 정보를 직접 교환할 수 있습니다. 개발 보드 핀의 사양에 따라 4가지 방식을 모두 지원하기도 하고 일부 기능이 제한되기도 합니다.

[표 7-1] 핀의 4가지 사용 방법[1]

구분	대상 핀	작동 방식
디지털 입력	모든 핀	핀의 전압을 HIGH(1)과 LOW(0)로 양분해 인식함
디지털 출력	모든 핀	핀의 전압을 HIGH(3.3V)와 LOW(0V)의 2가지로 출력함
아날로그 입력	ADC[2]가 연결된 핀	전압을 정해진 범위의 숫자로 인식함
아날로그 출력	모든 핀	PWM[3] 방식으로 정해진 범위의 숫자로 출력함

마이크로파이썬에서는 모듈 machine에서 클래스 Pin[4], ADC, 그리고 PWM을 기본으로 제공합니다. 모듈은 공통적으로 사용하기 위해 준비한 프로그램 코드의 묶음인데, 마이크로파이썬에서 기본으로 제공하는 것과, 별도로 다운로드해 개발 보드에 설치해야 하는 것이 있습니다. 모듈에는 함수, 클래스, 그리고 상수 값 등이 포함되어 있습니다.

프로그램에서 기본으로 제공되는 클래스 machine.Pin, ADC, 그리고 PWM을 불러와서 사용하면, 개발 보드에 연결된 부품의 핀과 정보를 교환할 수 있게 됩니다.

1 [표 7-1]은 핀의 기능을 대략적인 범주로 나누어서 설명한 것입니다. 특정 핀의 자세한 기능이나 제약 사항은 해당 마이크로컨트롤러와 개발 보드의 사양서를 참조해야 합니다.

2 Analog-to-Digital-Converte의 줄임말로, 연속적인 아날로그 값인 전압을 디지털 값으로 변환해 숫자로 알려주는 마이크로컨트롤러 안의 장치입니다. 7.4절에서 자세히 설명합니다.

3 Pulse Width Modulation의 줄임말로, 핀에 ON-OFF 신호를 연속적으로 보내어 ON 비율만큼 힘(전압)을 전달하는 방법입니다. 7.5절에서 자세히 설명합니다.

4 이후부터는 'machine.Pin'과 같은 방식으로 줄여서 표기합니다.

SECTION 7.2

디지털 입력

01 디지털 입력 회로

마이크로파이썬 프로그램에서는 내장된 모듈(machine.Pin)을 이용해 핀의 전압을 읽을 수 있습니다. 핀에는 0~3.3V의 전압이 걸릴 수 있는데, 전압을 두 단계로 구분해 전압이 낮으면 LOW(0), 전압이 높으면 HIGH(1)의 값으로 판단할 수 있습니다. 이처럼 전압을 양분해 핀의 입력 값으로 처리하는 것을 디지털 입력이라고 합니다.

예를 들면 버튼의 눌림과 해제, 동작 센서의 감지와 미감지, 출입문 센서의 열림과 닫힘 등의 2가지 정보는 디지털 입력을 통해 처리할 수 있습니다.

핀의 플로팅 현상

핀의 플로팅 현상을 설명하기 위해 예를 들어 보겠습니다. 전자 장치가 내장된 **동작 감지 센서**의 경우 신호를 HIGH(1)과 LOW(0)로 확실히 나누어서 출력하므로, 디지털 입력으로 처리하는 데 문제가 없습니다.

그러나 버튼은 개발 보드의 GND[5] 또는 3.3V와 입력 핀을 물리적으로 연결하거나 해제해 신호를 전달하게 되는데, 해제가 되었을 때 외부 전자기장의 영향에 의해 노이즈가 발생해 잘못된 신호가 전달될 수 있습니다.

이것이 핀의 플로팅(floating) 현상입니다. 플로팅 현상을 없애기 위해서는 풀업 또는 풀다운 회로를 구성해야 합니다.

5 Ground의 줄임말로, 전압 측정의 기준이 되는 전압으로서 여기서는 0V를 의미합니다.

풀업 회로

버튼을 개발 보드의 **GND**와 입력 핀에 연결해 두면, 버튼이 눌렸을 때 **LOW(0)** 신호가 입력 핀으로 전달됩니다. 버튼이 눌리지 않은 상태에서는 HIGH(1) 신호가 전달되어야 하므로, 대체로 **10kΩ**[6] 정도의 저항을 3.3V와 연결해 둡니다. 이를 풀업(pull-up) 회로라고 합니다.

평소에는 저항으로 연결된 3.3V 신호인 HIGH(1)이 입력 핀에 전달되다가, 버튼이 눌리면 GND(0V)와 3.3V가 동시에 연결되지만, 입력 핀은 저항이 없는 GND 신호인 LOW(0)를 전달받게 됩니다.

[그림 7-1]은 브레드보드에 C3 mini와 함께 풀업 회로를 구성한 것입니다. GPIO2에는 평소 때에는 HIGH(1) 신호가 오다가, 버튼을 누르면 GND와 연결되어 LOW(0) 신호가 들어 옵니다. 풀업 회로를 생략할 수도 있는데, 이때는 프로그램에서 핀이 마이크로컨트롤러의 **내부 풀업 회로**를 사용하도록 설정하면 됩니다.

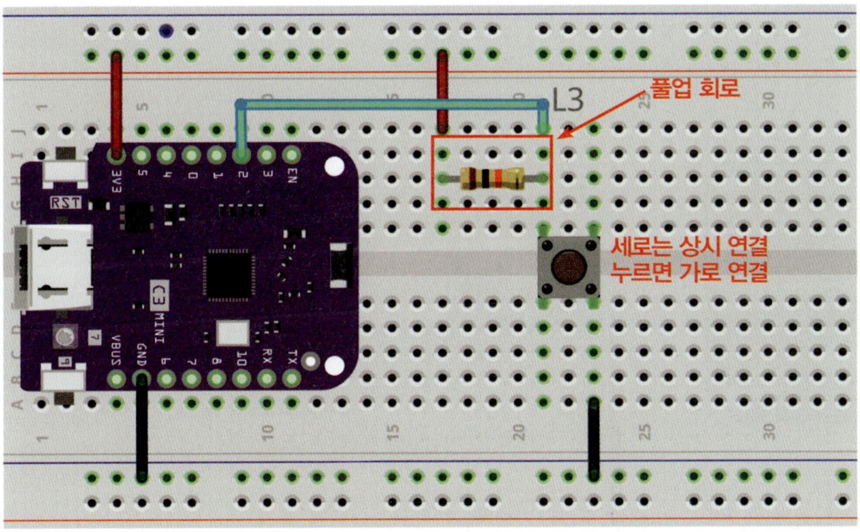

[그림 7-1] 풀업 회로

브레드보드의 아래위 각각 2개의 가로 선은 서로 연결되어 있는데, GND와 3.3V 신호를 연결하는 데 사용합니다. 중간의 두 영역에 세로 선들이 있는데, 각 세로 선의 5개의 점들은 서로 연결되어 있습니다.

S3 mini나 S2 mini의 경우 모든 핀이 아래로 다리가 달리게 납땜이 되어 있으면 브레드보드에 연결해서는 안 됩니다. 만약 이 상태로 연결하게 되면, 핀들이 2개씩 임의로 연결되어 제대로 작동하지 않을 뿐더러 고장의 원인이 됩니다.

6 Ω은 저항을 나타내는 단위이며, '옴'이라고 읽습니다.

풀다운 회로

버튼을 **3.3V**와 입력 핀에 연결해 두면, 버튼이 눌렸을 때 **HIGH(1)** 신호가 입력 핀으로 전달됩니다. 버튼이 눌리지 않은 상태에서는 LOW(0) 신호가 전달되어야 하므로, 대체로 **10kΩ** 정도의 저항을 GND와 연결해 둡니다. 이를 풀다운(pull-down) 회로라고 합니다.

평소에는 저항으로 연결된 GND 신호인 LOW(0)가 입력 핀에 전달되다가, 버튼이 눌리면 GND(0V)와 3.3V가 동시에 연결되지만 입력 핀은 저항이 없는 3.3V 신호인 HIGH(1)을 전달받게 됩니다.

[그림 7-2]는 브레드보드에 C3 mini와 함께 풀다운 회로를 구성한 것입니다. GPIO1에는 평소 때에는 LOW(0) 신호가 오다가, 버튼을 누르면 3.3V와 연결되어 HIGH(1) 신호가 들어 옵니다. 풀다운 회로를 생략할 수도 있는데, 이때는 프로그램에서 핀에 마이크로컨트롤러의 **내부 풀다운 회로**를 연결해 사용하도록 정의하면 됩니다.

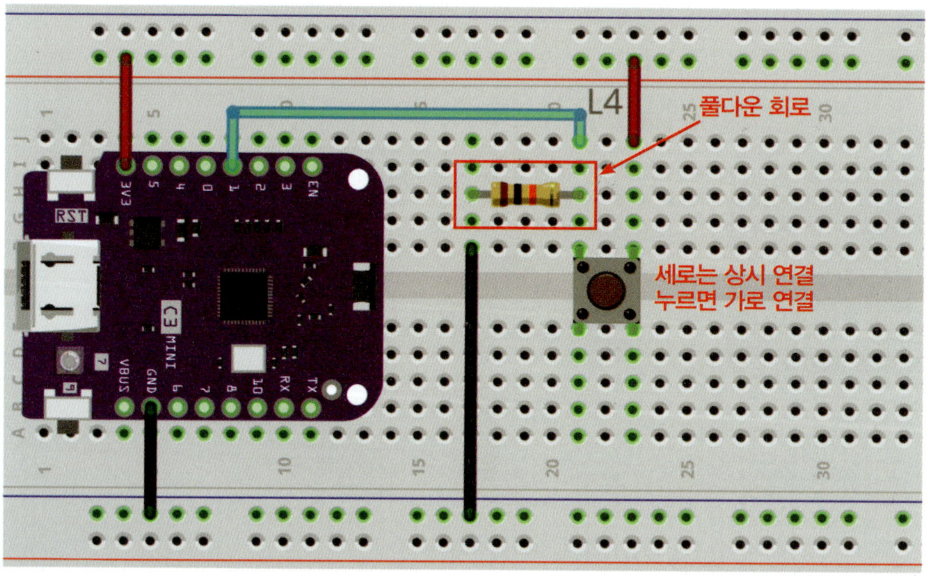

[그림 7-2] 풀다운 회로

[그림 7-3]에서 버튼_1과 버튼_2에는 풀업 회로나 풀다운 회로가 없습니다. 그러나 프로그램에서 내부 풀업 회로와 내부 풀다운 회로를 사용하면 제대로 작동합니다. 이 회로는 [그림 6-9]의 멀티원 실드의 버튼과 같은 회로 구성입니다. 이 회로와 멀티원 실드의 버튼 사용법은 이후 예제에서 다루게 됩니다.

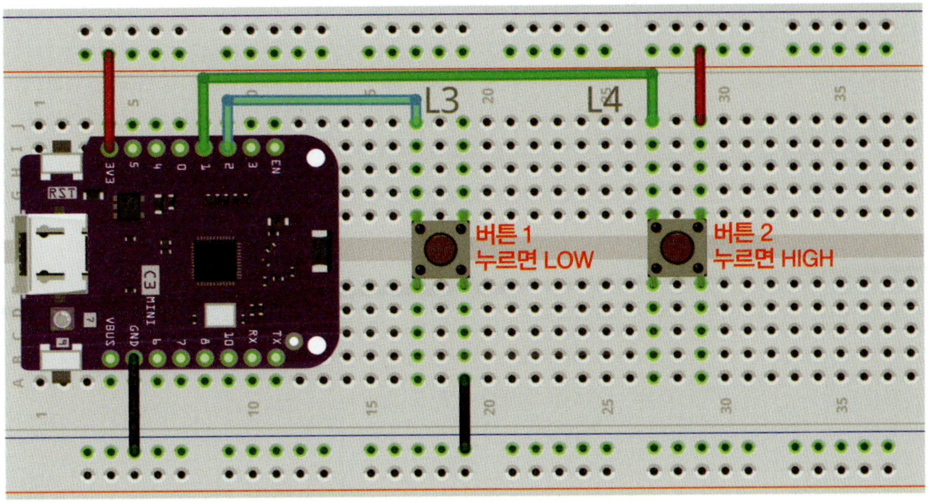

[그림 7-3] 내부 풀업/풀다운을 전제로 한 회로

바운스와 디바운스

버튼을 누르거나 뗄 때 아주 짧은 시간 동안 물리적으로 접점이 수차례 붙었다 떨어지는 현상이 있을 수 있습니다. 이러한 진동을 바운스(bounce) 또는 채터링(chattering)이라고 합니다. 마이크로컨트롤러는 이 미세한 진동까지 감지하므로 바운스는 프로그램의 정상적인 실행에 방해가 됩니다. [그림 7-4]에서는 버튼을 누르거나 뗄 때 생기는 바운스를 도식으로 보여주고 있습니다.

바운스를 회피하기 위한 방법을 디바운스(debounce)라고 합니다. 가장 완벽한 디바운스 방법은 특별한 전자 회로로 만들어진 버튼을 사용하는 것이지만, 비용이 높아지므로 현실성은 없습니다. 프로그램에서 주로 사용하는 방법은 버튼의 접점 변화가 감지되면 20ms[7] 정도 지연했다가 다시 실행을 계속하는 것입니다. 20ms 정도로도 디바운스가 되지 않으면 그 시간을 늘리면 됩니다.

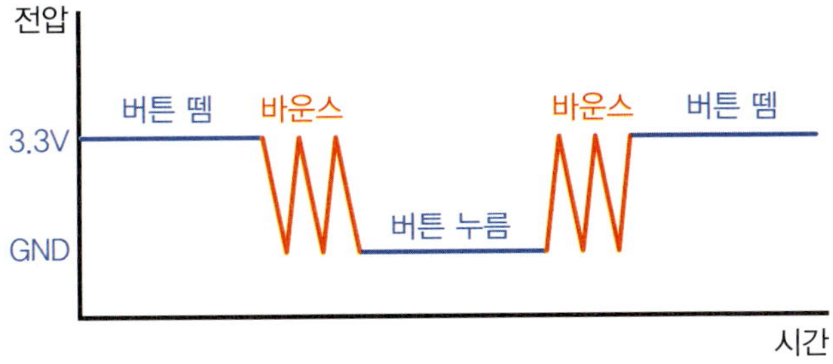

[그림 7-4] 풀업 회로의 바운스

7 밀리초 단위의 표기로, 천 분의 1초를 가리킵니다.

여기서 잠깐 AI 프롬프트 작성 시 유의할 점

이 책에서는 생성형 AI에게 코딩을 시키는 사례가 많습니다. 작업 지시를 위한 프롬프트 작성 시 정보가 명확히 전달되도록 가능한 구체적으로 적는 것이 좋습니다. 프로그램의 구조와 내용을 일반 언어로 표현한 것을 **의사코드**(슈도코드, pseudo-code)라고 합니다. 의사코드 방식을 참조해 프로그램 구조와 유사하게 프롬프트를 적어주면 결과가 의도한 대로 나올 가능성이 높습니다. 경우에 따라서는 간단한 명령어를 직접 적는 편이 더 편하고 명확할 수 있습니다.

생성형 AI에게 같은 작업 지시를 해도 매번 답이 달라질 수 있고, 그 결과가 틀릴 수도 있습니다. 따라서 결과에 대해서는 항상 본인이 검증해야 합니다. 결과가 잘못되었거나 미흡하면, 해당 내용을 적시한 추가 프롬프트를 실행해 원하는 결과를 유도해야 합니다. 코딩의 주체는 본인이므로 프로그램 전체의 구조는 미리 구상해야 하며, 생성형 AI는 구상된 프로그램의 빈 곳을 채워주는 보조자로 활용하도록 합니다.

웹 페이지 프롬프트 확인

생성형 AI에게 전달할 프롬프트를 작성해 실행하면 응답을 얻을 수 있는데, 각각의 과정과 관련된 정보는 웹 페이지를 통해 확인하고 복사할 수 있습니다. 하단 주소 또는 우측 QR 코드를 통해 접속한 웹 페이지에서 프롬프트 번호를 선택하면 **프롬프트 텍스트**, 응답으로 작성된 **마이크로파이썬 코드**, 그리고 **코드에 대한 설명**을 얻을 수 있습니다.

https://iotmaker.kr/mpy-ai-prompt

02 디지털 입력 프로그램 만들기 : 버튼 눌림 값 찾기

사용 회로와 목표

- **사용 회로**

  [그림 6-6]과 같이 멀티원 실드를 옥토보드의 내부 핀 영역에 장착합니다. 멀티원 실드에서는 L3핀과 L4핀이 버튼에 연결되어 있습니다.

- **대체 회로**

  [그림 7-3]과 같이 브레드보드에 C3 mini와 부품들로 회로를 구성합니다. 또는 옥토보드의 외부 핀 영역에 C3 mini와 멀티원 실드를 장착해도 됩니다.

- **목표**

  2개의 버튼을 각각 누를 때마다 버튼 핀의 값을 읽어서 출력하는 프로그램을 만듭니다. 버튼에는 각각 내부 풀업 회로와 내부 풀다운 회로를 설정해야 하고, 버튼의 디바운스 기능도 부여해야 합니다.

생성형 AI에게 코딩시키기

AI 프롬프트 실습 7-1

마이크로파이썬 프로그램을 다음 조건에 따라 만들고, 코드를 설명해 줘.

```
from machine import …
import time

2개의 버튼을 사용함.
모듈 pinno에는 핀 번호 상수 값이 저장되어 있음.
import pinno
BUTTON_1_PIN = pinno.L3_IN
BUTTON_2_PIN = pinno.L4_IN
첫 번째 버튼은 PULL_UP해야 하고 두 번째 버튼은 PULL_DOWN해야 함.

프로그램 시작하면
    Print("버튼_1과 버튼_2를 눌러보세요.")

다음은 계속 실행해야 해.
각각의 버튼 값을 읽어서 값이 달라지면
    Print("버튼_x의 값이 바뀜",버튼_x의 값)
    20ms의 디바운스 여유를 둠.
```

AI가 출력한 마이크로파이썬 코드

프로그램 7-1 7_1_read_two_buttons.py

```
from machine import Pin
import time
import pinno as pinno

# 핀 번호 상수 설정
BUTTON_1_PIN = pinno.L3_IN  # 첫 번째 버튼(PULL_UP)
BUTTON_2_PIN = pinno.L4_IN  # 두 번째 버튼(PULL_DOWN)

# 버튼 설정
button_1 = Pin(BUTTON_1_PIN, Pin.IN, Pin.PULL_UP)   # PULL_UP 방식
button_2 = Pin(BUTTON_2_PIN, Pin.IN, Pin.PULL_DOWN) # PULL_DOWN 방식

# 시작 메시지 출력
print("버튼_1과 버튼_2를 눌러보세요.")

```

```python
# 각 버튼의 이전 상태 저장
prev_button_1_state = button_1.value()
prev_button_2_state = button_2.value()

# 메인 루프
while True:
    # 버튼_1 상태 확인
    current_button_1_state = button_1.value()
    if current_button_1_state != prev_button_1_state:
        print("버튼_1의 값이 바뀜", current_button_1_state)
        prev_button_1_state = current_button_1_state  # 상태 업데이트
        time.sleep(0.02)  # 디바운스 (20ms)

    # 버튼_2 상태 확인
    current_button_2_state = button_2.value()
    if current_button_2_state != prev_button_2_state:
        print("버튼_2의 값이 바뀜", current_button_2_state)
        prev_button_2_state = current_button_2_state  # 상태 업데이트
        time.sleep(0.02)  # 디바운스 (20ms)
```

실행 결과

```
버튼_1과 버튼_2를 눌러보세요.
버튼_1의 값이 바뀜 0
버튼_1의 값이 바뀜 1
버튼_2의 값이 바뀜 1
버튼_2의 값이 바뀜 0
```

실행 결과로부터 다음 사실을 확인할 수 있습니다.

- 버튼_1의 경우 누르면 0, 떼면 1을 돌려 줍니다.
- 버튼_2의 경우 누르면 1, 떼면 0을 돌려 줍니다.

AI가 출력한 코드 살펴보기

1. 핀 번호 설정

BUTTON_1_PIN과 BUTTON_2_PIN은 pinno.L3_IN과 pinno.L4_IN으로 설정되어 있습니다. 이 핀들은 각각 풀업(PULL_UP)과 풀다운(PULL_DOWN)으로 설정됩니다.

2. 버튼 설정

- button_1은 풀업 방식(Pin.PULL_UP)으로 설정되어 버튼을 누르지 않으면 기본적으로 HIGH(1), 누르면 LOW(0)를 반환합니다.
- button_2는 풀다운 방식(Pin.PULL_DOWN)으로 설정되어 버튼을 누르지 않으면 LOW(0), 누르면 HIGH(1)을 반환합니다.

3. 메인 루프

- 프로그램은 계속 실행되면서 각 버튼의 상태를 읽습니다.
- 이전 상태(prev_button_1_state, prev_button_2_state)와 비교해 버튼 상태가 변하면 메시지를 출력합니다.
- 상태가 변경될 때마다 20ms의 대기 시간(디바운스)을 둬서 떨림 현상을 방지합니다.

이 코드는 두 버튼의 상태 변화를 실시간으로 감지하고, 상태가 변경될 때만 출력하며, 디바운스 처리를 통해 노이즈를 제거합니다.

[프로그램 7-1] 해설

여기서 잠깐 | 프로그램 해설의 글자 바탕색 설명

프로그램 해설에서 중요한 내용에 바탕색을 표시하며, 다음과 같은 기준을 적용합니다.

- **클래스** : `Pin`, `time`과 같이 연두색 바탕으로 표시합니다. 메소드를 바로 붙여서 사용할 때는 `time.sleep(0.02)`과 같이 표시합니다.
- **인스턴스와 메소드** : `Button_1`, `Button_1.value()`와 같이 노란색 바탕으로 표시합니다. 추가 인스턴스는 `Button_2`와 같이 파란색 바탕으로 표시합니다.
- **강조 요소** : `while True:`와 같이 빨간색 바탕으로 표시합니다.
- **예외 처리** : `Try:` `Except:`와 같이 회색 바탕으로 표시합니다.

```
from machine import Pin
```

모듈 machine에 속한 클래스 Pin을 불러옵니다. 만약 import machine으로 하면 machine.Pin 또는 machine.Pin.PULL_UP으로 해야 하므로 코드가 너무 길어집니다.

이 책에서는 모듈 machine에 속한 클래스는 각각 import하기로 합니다.

```
import time
```

모듈 time은 한꺼번에 import해도 time.sleep(0.02) 형식으로 사용하므로 가독성이 좋습니다. 이 책에서는 모듈 time은 한꺼번에 import하기로 합니다.

```
button_1 = Pin(BUTTON_1_PIN, Pin.IN, Pin.PULL_UP)     # PULL_UP 방식
button_2 = Pin(BUTTON_2_PIN, Pin.IN, Pin.PULL_DOWN)   # PULL_DOWN 방식
```

클래스 Pin을 사용해 button_1과 button_2라는 오브젝트를 만들고 있습니다.

Pin(핀 번호, 입력|출력 선택[, PULL_UP|PULL_DOWN 선택]): 여기서 Pin.IN, Pin.OUT, Pin.PULL_UP, 그리고 Pin.PULL_DOWN은 클래스 Pin에 속한 상수입니다.

```
prev_button_1_state = button_1.value()
```

button_1.value( ): button_1(Pin의 오브젝트)의 핀 값을 돌려줍니다.

```
while True:
```

이후에 오는 코드를 계속 실행합니다. 마이크로파이썬 프로그램의 전형적인 코드입니다.

```
prev_button_1_state = current_button_1_state  # 상태 업데이트
```

현재(current) 값을 이전(prev) 값으로 저장해 다음 루프에서 상태 변화를 확인합니다.

```
time.sleep(0.02)  # 디바운스 (20ms)
```

time.sleep_ms(20)과 같습니다. time.sleep( )은 프로그램을 블로킹하므로 메인 루틴에서는 가능한 한 사용하지 않아야 하지만, 이처럼 특수한 상황에서 아주 짧은 시간 동안 적용하는 것은 괜찮습니다.

SECTION 7.3

디지털 출력

01 디지털 출력 회로

마이크로파이썬 프로그램에서는 내장된 모듈을 이용해 핀에 전압을 내보낼 수 있습니다. 디지털 신호로 제어할 수 있는 장치에 신호를 전달할 때는 전압을 2단계로 구분해 LOW(0V)와 HIGH(3.3V)로 나누어 출력합니다. 이처럼 전압을 2가지로 나누어서 핀의 출력 값으로 처리하는 것을 디지털 출력이라고 합니다. 예를 들면 전등의 점등과 소등, 모터의 동작과 정지 등의 2가지 상태는 디지털 출력을 통해 처리할 수 있습니다.

LED

LED(Light Emitting Diode, 발광 다이오드)는 ON/OFF 상태를 나타낼 수 있는 부품인데, 마이크로컨트롤러의 출력 기능을 학습하기에 적합합니다. LED는 다이오드[8]이므로 한 방향으로만 전류가 흐릅니다.

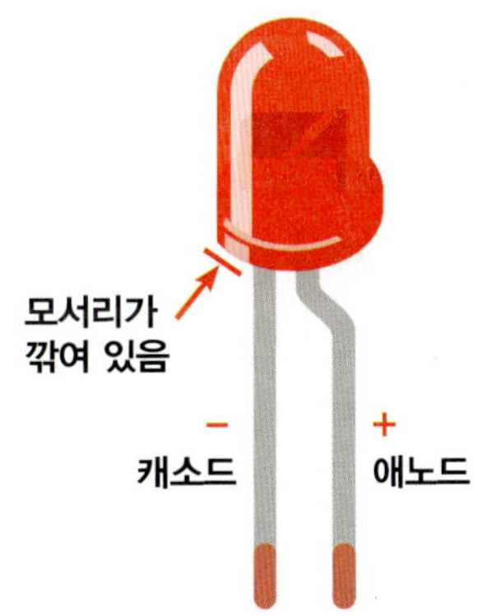

[그림 7-5] LED의 캐소드와 애노드

다리가 달린 LED의 경우, 다리가 긴 쪽을 애노드(anode), 짧은 쪽을 캐소드(cathode)라고 합니다. 애노드를 VCC[9](+)에 연결하고 캐소드는 GND(−)에 연결하면 전류가 흐르게 되어 불이 켜지게 됩니다. 만약 반대로 연결되거나 양측에 같은 전압이 걸리면 LED에는 불이 켜지지 않습니다. LED가 반대로 연결되면 전류가 흐르지 않을 뿐, 부품이 손상되지는 않습니다.

전류 소싱

LED의 애노드(+)를 개발 보드의 핀에 연결하고 캐소드(−)는 GND에 연결하는 방식을 전류 소싱(Current Sourcing)이라고 합니다. 전류 소싱은 디지털 핀에 HIGH(3.3V)를 출력해 부품에 전력을 공급하는 방식입니다.

8 전류가 한 방향으로만 흐르게 하는 반도체 소자입니다.

9 Voltage at the Common Collector의 줄임말로, 전력을 공급하는 (+) 극을 말합니다.

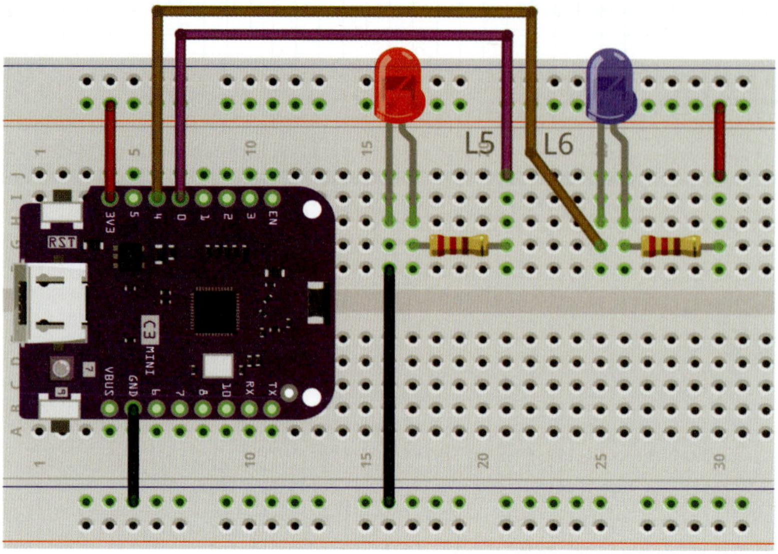

[그림 7-6] 전류 소싱과 전류 싱킹으로 연결된 LED

[그림 7-6]에서 빨간 LED는 C3 mini의 GPIO0에 전류 소싱 방식으로 연결되어 있습니다.

LED를 사용할 때는 반드시 330Ω 내외의 저항을 같이 연결해야 합니다. 저항이 없으면 전류가 과도하게 흘러서 LED가 고장나거나 개발 보드의 핀이 손상될 수 있습니다.

전류 싱킹

개발 보드의 핀에 LED의 캐소드(-)를 연결하고 애노드(+)는 3.3V에 연결하는 방식을 전류 싱킹(current sinking)이라고 합니다. 전류 싱킹은 디지털 핀에 LOW(0V)를 출력해 핀에 연결된 부품에 전력을 공급하는 방식입니다.

[그림 7-6]에서 파란 LED는 C3 mini의 GPIO4에 전류 싱킹 방식으로 연결되어 있습니다.

여기서 잠깐 **디지털 핀으로 내보낼 수 있는 전류**

원래 디지털 핀은 참 또는 거짓이라는 신호를 표현하기 위해서 미세한 전류만 출력하지만, 작은 LED는 충분히 구동할 수 있는 전력을 공급합니다.

그런데 핀의 전류로 LED 같은 외부 모듈을 가동할 때에 전류를 제한하지 않고 계속 연결해 두면, 과전류가 흘러서 LED나 디지털 핀이 고장나기도 하고 보드가 고장날 수도 있습니다. 그래서 LED를 연결할 때는 전류를 제한하기 위해 통상적으로 220Ω에서 560Ω 사이의 저항을 중간에 연결해야 합니다.

수 암페어(A) 이상의 전류가 필요한 직류 기기는 MOSFET 모듈을 사용해 제어하면 되고, 대용량의 전력이 필요한 전기기기에는 직류나 교류 제한 없이 릴레이 모듈을 사용하면 됩니다.

02 디지털 출력 프로그램 만들기 : 버튼을 눌러서 LED 조작하기

[그림 7-7]은 [그림 7-3]과 [그림 7-6]을 합쳐 하나의 회로로 구성한 것입니다. 2개의 버튼이 브레드보드에 장착되어 있는데, GPIO2와 GPIO1에 연결된 버튼에는 각각 내부 풀업 회로와 풀다운 회로를 적용해야 합니다. GPIO0에는 빨간 LED가 전류 소싱 방식으로 연결되어 있고, GPIO4에는 파란 LED가 전류 싱킹 방식으로 연결되어 있습니다. 이 회로는 멀티원 실드와 호환됩니다.

[그림 7-7] 2개의 버튼과 2개의 LED

사용 회로와 목표

- **사용 회로**

  [그림 6-6]과 같이 멀티원 실드를 옥토보드의 내부 핀 영역에 장착합니다. 멀티원 실드에서는 L3핀과 L4핀이 버튼에 연결되어 있고, L5핀과 L6핀이 LED에 연결되어 있습니다.

- **대체 회로**

  [그림 7-7]과 같이 브레드보드에 C3 mini와 부품들로 회로를 구성합니다. 또는 옥토보드의 외부 핀 영역에 C3 mini와 멀티원 실드를 장착해도 됩니다.

- **목표**

  버튼_1을 누르면 LED_1과 LED_2를 모두 on하고, 버튼_2를 누르면 LED_1과 LED_2를 모두 off 합니다.

AI 프롬프트 실습 7-2

마이크로파이썬 프로그램을 다음 조건에 따라 만들고, 코드를 설명해 줘.

```
from machine import …
import time
time.sleep_ms()를 사용함.

2개의 LED와 버튼을 사용함.
모듈 pinno에는 핀 번호 상수 값이 저장되어 있음.
import pinno
BUTTON_1_PIN = pinno.L3_IN
BUTTON_2_PIN = pinno.L4_IN
LED_1_PIN = pinno.L5_IN
LED_2_PIN = pinno.L6_IN

첫 번째 버튼은 PULL_UP해야 하고 두 번째 버튼은 PULL_DOWN해야 함.
BUTTON_1_PRESSED_VALUE = 0
BUTTON_2_PRESSED_VALUE = 1

첫 번째 LED는 전류 소싱 방식으로 연결되어 있고,
두 번째 LED는 전류 싱킹 방식으로 연결되어 있음.
LED_1_ON_VALUE = 1
LED_1_OFF_VALUE = not LED_1_ON_VALUE
LED_2_ON_VALUE = 0
LED_2_OFF_VALUE = not LED_2_ON_VALUE

프로그램 시작하면
    Print("버튼_1을 누르면 on(), 버튼_2를 누르면 off()")
    두 LED_x.value(LED_x_OFF_VALUE) 지정

다음은 연속 실행이야:
    각각의 버튼이 눌리면:
        버튼_1이면 두 LED에 대해 LED_x.value(LED_x.ON_VALUE)
        버튼_2이면 두 LED에 대해 LED_x.value(LED_x.OFF_VALUE)
        버튼_x가 눌린 사실과 on 또는 off하는지를 print함.
        20ms의 디바운스 여유를 둠.
   모드 while loop에 대해:
        prev_버튼_상태 = current_버튼_상태
        1ms 중지
```

AI가 출력한 마이크로파이썬 코드

프로그램 7-2 7_2_read_two_buttons_on_off_leds.py

```
from machine import Pin
import time
import pinno

# 핀 번호 상수 설정
BUTTON_1_PIN = pinno.L3_IN
BUTTON_2_PIN = pinno.L4_IN
LED_1_PIN = pinno.L5_IN
LED_2_PIN = pinno.L6_IN

# 버튼이 눌린 값 설정
BUTTON_1_PRESSED_VALUE = 0  # 버튼_1 눌림
BUTTON_2_PRESSED_VALUE = 1  # 버튼_2 눌림

# LED의 ON/OFF 값 설정
LED_1_ON_VALUE = 1  # 전류 소싱 방식으로 연결된 LED_1 ON
LED_1_OFF_VALUE = not LED_1_ON_VALUE
LED_2_ON_VALUE = 0  # 전류 싱킹 방식으로 연결된 LED_2 ON
LED_2_OFF_VALUE = not LED_2_ON_VALUE

# 핀 설정: LED는 출력, 버튼은 입력(PULL_UP, PULL_DOWN)
led_1 = Pin(LED_1_PIN, Pin.OUT)
led_2 = Pin(LED_2_PIN, Pin.OUT)
button_1 = Pin(BUTTON_1_PIN, Pin.IN, Pin.PULL_UP)
button_2 = Pin(BUTTON_2_PIN, Pin.IN, Pin.PULL_DOWN)

# 초기 LED 상태 설정: OFF
led_1.value(LED_1_OFF_VALUE)
led_2.value(LED_2_OFF_VALUE)

# 시작 메시지 출력
print("버튼_1을 누르면 on(), 버튼_2를 누르면 off()")

# 버튼 상태 추적
prev_BUTTON_1_state = button_1.value()
prev_BUTTON_2_state = button_2.value()

while True:
    # 현재 버튼 상태 읽기
    current_BUTTON_1_state = button_1.value()
```

```
    current_BUTTON_2_state = button_2.value()

    # 버튼_1이 눌렸는지 확인
    if current_BUTTON_1_state == BUTTON_1_PRESSED_VALUE and \
        prev_BUTTON_1_state != current_BUTTON_1_state:
        # LED_1, LED_2 켜기
        led_1.value(LED_1_ON_VALUE)
        led_2.value(LED_2_ON_VALUE)
        print("버튼_1 누름, 두 LED on")
        time.sleep_ms(20)  # 디바운스 시간

    # 버튼_2가 눌렸는지 확인
    if current_BUTTON_2_state == BUTTON_2_PRESSED_VALUE and \
        prev_BUTTON_2_state != current_BUTTON_2_state:
        # LED_1, LED_2 끄기
        led_1.value(LED_1_OFF_VALUE)
        led_2.value(LED_2_OFF_VALUE)
        print("버튼_2 누름, 두 LED off")
        time.sleep_ms(20)  # 디바운스 시간

    # 상태 갱신
    prev_BUTTON_1_state = current_BUTTON_1_state
    prev_BUTTON_2_state = current_BUTTON_2_state

    # CPU 사용량 줄이기 위해 1ms 중지
    time.sleep_ms(1)
```

실행 결과

```
버튼_1을 누르면 on(), 버튼_2를 누르면 off()
버튼_1 누름, 두 LED on
버튼_2 누름, 두 LED off
```

AI가 출력한 코드 살펴보기

1. 핀 설정 및 초기화

- 버튼_1은 PULL_UP 설정, 버튼_2는 PULL_DOWN 설정으로 초기화합니다.
- led_1은 전류 소싱 방식이므로 ON일 때 1, led_2는 전류 싱킹 방식이므로 ON일 때 0이 됩니다.

2. LED 초기화

프로그램 시작 시 LED는 OFF 상태 (led_1.value(LED_1_OFF_VALUE), led_2.value(LED_2_OFF_VALUE))로 설정됩니다.

3. 버튼 눌림 확인

버튼이 눌렸을 때만 LED 상태를 변경합니다. 버튼_1이 눌리면 두 LED를 켜고, 버튼_2가 눌리면 두 LED를 끕니다.

4. 디바운스 처리

20ms 동안의 지연(time.sleep_ms(20))을 통해 버튼 떨림을 방지합니다.

5. CPU 사용량 감소

매 루프에서 1ms 지연(time.sleep_ms(1))을 두어 CPU 사용량을 줄입니다.

이 코드는 버튼_1을 누르면 두 LED가 켜지고, 버튼_2를 누르면 두 LED가 꺼지도록 동작합니다.

[프로그램 7-2] 해설

```
# 버튼이 눌린 값 설정
BUTTON_1_PRESSED_VALUE = 0  # 버튼_1 눌림
BUTTON_2_PRESSED_VALUE = 1  # 버튼_2 눌림

# LED의 ON/OFF 값 설정
LED_1_ON_VALUE = 1   # 전류 소싱 방식으로 연결된 LED_1 ON
LED_1_OFF_VALUE = not LED_1_ON_VALUE
LED_2_ON_VALUE = 0   # 전류 싱킹 방식으로 연결된 LED_2 ON
LED_2_OFF_VALUE = not LED_2_ON_VALUE
```

버튼의 풀업 또는 풀다운 여부에 따라 누를 때 읽히는 버튼의 값이 다르고, LED의 소싱 또는 싱킹 연결 여부에 따라 켤 때 주는 값이 다릅니다. 이와 관련된 값은 미리 정의해 두면 논리가 명확하므로 일관된 결과를 기대할 수 있습니다.

SECTION

7.4 아날로그 입력

01 아날로그 입력 회로

저항의 값이 바뀌면 전압 분배 회로에 의해 전압이 바뀝니다. 다음에 소개하는 ADC(Analog-to-Digital Converter) 장치를 통해 핀에 입력되는 전압을 읽는 것을 아날로그 입력이라고 합니다.

ADC

마이크로파이썬 프로그램에서는 내장된 모듈을 이용해 핀의 전압을 읽을 수 있습니다. 모든 핀의 전압을 읽을 수 있는 것은 아니고, ADC가 연결된 핀의 전압만 읽을 수 있습니다. ESP32에는 2개의 ADC가 있는데, ADC가 연결된 핀의 숫자는 모델에 따라 다릅니다. **대체로 개발 보드의 왼쪽에 아날로그 핀이 노출되어 있습니다.** 핀의 상세한 기능과 제약에 대해서는 제조사의 사양서를 참조해야 합니다.

해상도

ESP32에서는 아날로그 해상도(precision)로 주로 12비트를 사용합니다. 따라서 4096(2^{12})단계로 나누어서 전압을 표현할 수 있습니다. 가장 낮은 전압(0V)은 0이 되고, 높은 전압(3.3V)은 4095가 됩니다. 입력 전압의 범위는 조절할 수도 있습니다.

여기서 잠깐 **전압 분배 회로**

ESP32의 핀은 3.3V까지 읽을 수 있습니다. 그보다 높은 전압이 핀에 걸리면 핀이나 보드가 고장날 수 있습니다. 그래서 ESP32의 핀에 걸리는 전압이 최대 3.3V가 넘지 않도록 회로를 추가해야 하는 경우도 있습니다. 2개의 저항을 이용해 전압을 낮추는 회로를 전압 분배 회로라고 합니다.

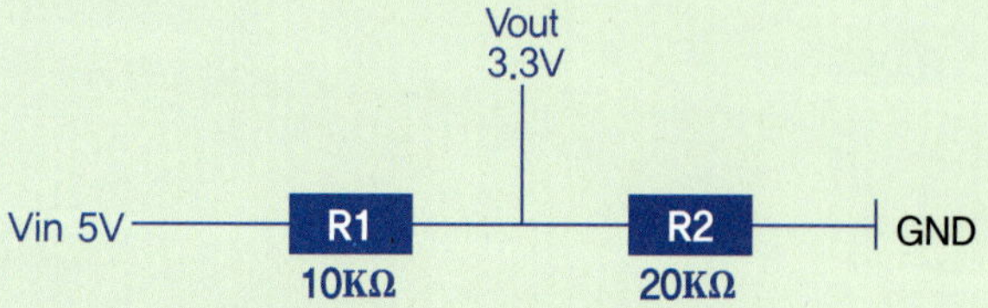

[그림 7-8] 전압 분배 회로

[그림 7-8]과 같이 Vin(입력 측)에 5V를 걸면 Vout(출력 측)에는 3.3V의 전압이 출력됩니다. 그 계산식은 다음과 같습니다.

$$\mathit{Vout} = \mathrm{Vin}\frac{R2}{R1+R2}$$

$$\mathrm{Vin}\frac{R2}{R1+R2} = 5 * \frac{20}{10+20} = 3.3$$

저항 $R2$의 값을 작게 하면 더 높은 전압을 3.3V로 바꿀 수 있습니다.

전압 분배 회로에는 값이 큰 저항이 사용되므로 출력되는 전류의 양은 미세합니다. **이 회로는 신호로 사용되는 전압을 낮추는 용도로만 사용해야 합니다.** 따라서 USB로 입력된 5V 전원을 3.3V로 낮추어서 다른 부품에 공급하고 싶으면 별도의 전압 강화 모듈을 사용해야 합니다.

퍼텐쇼미터

[그림 7-7]에 퍼텐쇼미터를 추가해 [그림 7-9]를 만들었습니다.

퍼텐쇼미터의 노브를 돌리면 2개의 저항이 서로 증감하게 됩니다. 중간에서 전압을 측정하면, 전압 분배 규칙에 의해 0V에서 3.3V까지 나오게 됩니다. 이처럼 퍼텐쇼미터는 전압을 이용해 특정 값을 표시하는 용도로 사용할 수 있습니다.

[그림 7-9] 퍼텐쇼미터

02 | 아날로그 입력 프로그램 만들기 : 퍼텐쇼미터의 값을 읽어서 출력하기

사용 회로와 목표

- **사용 회로**

  [그림 6-6]과 같이 멀티원 실드를 옥토보드의 내부 핀 영역에 장착합니다. 멀티원 실드에서는 퍼텐쇼미터가 L2핀에 연결되어 있습니다.

- **대체 회로**

  [그림 7-9]와 같이 브레드보드에 C3 mini와 부품들로 회로를 구성합니다(단, 여기서는 퍼텐쇼미터만 사용). 또는 옥토보드의 외부 핀 영역에 C3 mini와 멀티원 실드를 장착해도 됩니다.

- **목표**

  0.5초 단위로 퍼텐쇼미터의 값을 읽고, 이전 값과의 차이가 0.5% 이상이면 읽은 값과 4095에 대한 백분율을 출력합니다.

생성형 AI에게 코딩시키기

AI 프롬프트 실습 7-3

마이크로파이썬 프로그램을 다음 조건에 따라 만들고, 코드를 설명해 줘.

```
from machine import …
import time
time.sleep() 대신 time.sleep_ms()를 사용함.

모듈 pinno에는 핀 번호 상수 값이 저장되어 있음.
import pinno
POTENTIOMETER_PIN = pinno.L2_IN

POTENTIOMETER의 전압은 3.3V까지 읽음.

프로그램 시작하면
    print("퍼텐쇼미터의 노브를 돌려보세요.")
first = True
다음은 연속 실행이야:
    0.5초 단위로 퍼텐쇼미터의 값을 읽음.
    first가 True 또는 prev_값과 current_값의 차이가 4095의 0.5% 이상이면
        읽은 값과 4095에 대한 백분율을 프린터함.
```

AI가 출력한 마이크로파이썬 코드

프로그램 7-3 7_3_read_potentiometer.py

```
from machine import ADC, Pin
import time
import pinno

# 핀 번호 상수 설정
POTENTIOMETER_PIN = pinno.L2_IN

# ADC 설정: 퍼텐쇼미터 입력 핀을 ADC로 사용
potentiometer = ADC(Pin(POTENTIOMETER_PIN))

# ADC 분해능 설정 (기본 12비트, 최대 4095)
potentiometer.atten(ADC.ATTN_11DB)  # 최대 3.3V까지 측정 가능

# 퍼텐쇼미터 읽기 및 값 비교에 필요한 변수
prev_value = 0
first = True
THRESHOLD = 4095 * 0.005  # 0.5% 변화 임계값

# 프로그램 시작 메시지
print("퍼텐쇼미터의 노브를 돌려보세요.")

while True:
    # 퍼텐쇼미터 값 읽기
    current_value = potentiometer.read()

    # first가 True이거나, 값이 0.5% 이상 변했을 경우 출력
    if first or abs(current_value - prev_value) > THRESHOLD:
        # 4095에 대한 백분율 계산
        percentage = (current_value / 4095) * 100
        print(f"퍼텐쇼미터 값: {current_value}, 백분율: {percentage:.2f}%")

        # 첫 번째 출력 후 first를 False로 설정
        first = False
        prev_value = current_value  # 이전 값 갱신

    # 1ms 대기
    time.sleep_ms(1)

    # 0.5초 간격으로 퍼텐쇼미터 값을 읽음
    time.sleep(0.5)
```

실행 결과

```
퍼텐쇼미터의 노브를 돌려보세요.
퍼텐쇼미터 값: 0, 백분율: 0.00%
퍼텐쇼미터 값: 235, 백분율: 5.74%
퍼텐쇼미터 값: 997, 백분율: 24.35%
퍼텐쇼미터 값: 2330, 백분율: 56.90%
퍼텐쇼미터 값: 4095, 백분율: 100.00%
```

AI가 출력한 코드 살펴보기

1. 퍼텐쇼미터 입력 설정

POTENTIOMETER_PIN 핀에서 퍼텐쇼미터 값을 읽기 위해 ADC를 사용합니다. ADC.ATTN_11DB 감쇠 설정으로 0V에서 3.3V까지의 전압을 읽을 수 있습니다.

2. first 플래그 설정

프로그램이 처음 실행될 때 무조건 값을 출력하기 위해 first 변수를 True로 설정했습니다.

3. 퍼텐쇼미터 값 읽기

0.5초마다 potentiometer.read( )로 퍼텐쇼미터 값을 읽습니다. 이 값은 0에서 4095 사이의 정수입니다.

4. 값 차이 판단

prev_value와 current_value의 차이가 4095의 0.5% 이상일 때만 값을 출력합니다. 이 조건이 처음 실행 시에도 적용되도록 했습니다.

5. 백분율 계산 및 출력

퍼텐쇼미터 값과 4095에 대한 백분율을 계산해 출력합니다.

6. 0.5초 간격 실행

time.sleep_ms(500)을 사용해 매 0.5초마다 퍼텐쇼미터 값을 읽고 처리합니다.

이 프로그램은 퍼텐쇼미터 값이 처음 실행되거나, 이전 값과의 차이가 0.5% 이상일 때만 값을 출력하도록 구현되었습니다.

[프로그램 7-3] 해설

```
001 | from machine import ADC, Pin
```

모듈 machine에 ADC를 불러옵니다. 이 책에서는 모듈 machine에 속한 클래스는 각각 import하기로 합니다.

```
# ADC 설정: 퍼텐쇼미터 입력 핀을 ADC로 사용
potentiometer = ADC(Pin(POTENTIOMETER_PIN))
```

클래스 ADC에 Pin의 오브젝트를 입력해 ADC의 오브젝트를 만듭니다.

```
# ADC 분해능 설정 (기본 12비트, 최대 4095)
potentiometer.atten(ADC.ATTN_11DB)  # 최대 3.3V까지 측정 가능
```

atten( ): attenuation(감쇄)에서 온 말입니다. ADC의 입력 최대 전압을 지정합니다. 기본값이 1.1V이므로 3.3V를 읽기 위해서는 ADC.ATTN_11DB를 지정해야 합니다.

- ADC.ATTN_0DB: 최대 1.1V (기본값)
- ADC.ATTN_2_5DB: 최대 1.5V
- ADC.ATTN_6DB: 최대 2.2V
- ADC.ATTN_11DB: 최대 3.3V

```
# 퍼텐쇼미터 읽기 및 값 비교에 필요한 변수
prev_value = 0
```

상태를 비교할 때는 prev_value와 current_value의 두 값이 필요합니다. 비교가 끝나면 current_value의 값을 prev_value에 옮겨서 다음 루프에서 비교할 준비를 해야 합니다.

```
first = True
```

while 루프에서 맨 처음 해야 될 일이 있으면 first라는 변수를 True로 지정하고, 한 번 실행한 후 False로 바꿉니다.

```
current_value = potentiometer.read()
```

핀의 전압을 읽어서 숫자로 얻습니다.

```
print(f"퍼텐쇼미터 값: {current_value}, 백분율: {percentage:.2f}%")
```

f-string 포맷 형식에서 {value:.nf}는 소수점 n자리까지 실수(float) 형식으로 변환합니다.

SECTION
7.5 아날로그 출력

01 아날로그 출력 회로

출력 전압의 크기는 외부에 전달하는 힘의 크기를 나타내는 것과 같습니다. 그러나 마이크로컨트롤러에 전압을 바꾸어서 출력하는 기능이 없으므로 다음에 소개하는 PWM 기법을 사용해 전압을 바꾸어서 출력하는 효과를 내게 되는데, 이것을 아날로그 출력이라고 합니다.

PWM

LED의 밝기를 조절하고 싶으면 어떻게 하면 될까요? 전압을 조정하지 않고 LED의 밝기를 바꾸고 싶으면, 사람이 인식하지 못할 정도의 빠른 속도로 LED의 ON/OFF를 반복하면 됩니다. 이때 ON의 비율이 OFF의 비율보다 높아지면 LED는 밝아지고, 비율이 낮아지면 어두워집니다.

이와 같이 아주 짧은 시간 동안 ON/OFF를 반복해 아날로그와 유사하게 출력 값을 조절하는 방법을 PWM(Pulse Width Modulation, 펄스 폭 변조)이라고 합니다.

듀티 사이클

PWM에서 ON되는 시간(폭, width)의 비율에 따라 출력 전압을 조절하는 효과를 낼 수 있습니다. 이때 신호가 ON되는 비율을 듀티 사이클(Duty Cycle)이라고 합니다. 다음은 듀티 사이클의 예시입니다.

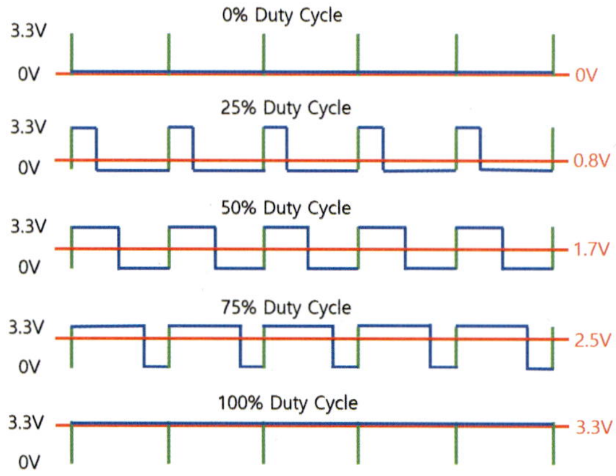

[그림 7-10] PWM 듀티 사이클

[그림 7-10]에서 붉은 수평선은 PWM 듀티 사이클에 대응하는 전압을 나타냅니다. 예를 들어 75% 듀티 사이클이면 2.5V(=3.3×0.75V)를 출력하는 효과가 나옵니다.

아날로그 입력과 출력 회로

[그림 7-9]의 퍼텐쇼미터는 아날로그 입력으로만 사용되고, LED의 경우 여기서는 아날로그(PWM) 출력으로 제어됩니다. ESP32의 GPIO는 대체로 디지털 출력뿐만 아니라 PWM 출력으로도 사용할 수 있습니다.

[그림 7-9] 퍼텐쇼미터

02 아날로그 출력 프로그램 만들기 : 퍼텐쇼미터로 LED 밝기 조절하기

사용 회로와 목표

- **사용 회로**

  [그림 6-6]과 같이 멀티원 실드를 옥토보드의 내부 핀 영역에 장착합니다.

- **대체 회로**

  [그림 7-11]과 같이 브레드보드에 C3 mini와 부품들로 회로를 구성합니다. 또는 옥토보드의 외부 핀 영역에 C3 mini와 멀티원 실드를 장착해도 됩니다.

- **목표**

  버튼_1을 누르면 두 LED를 on하고, 버튼_2를 누르면 두 LED를 off합니다.

LED를 on할 때는 퍼텐쇼미터의 값에 따라 밝기를 정합니다.

LED에 불이 켜져 있을 때는 퍼텐쇼미터의 노브를 돌려서 밝기를 조절합니다.

생성형 AI에게 코딩시키기

AI 프롬프트 실습 7-4

마이크로파이썬 프로그램을 만들고, 코드를 설명해 줘.

```
from machine import…
import time
time.sleep_ms()를 사용함.

2개의 LED와 2개의 버튼을 사용함.
모듈 pinno에는 핀 번호 상수 값이 저장되어 있음.
import pinno
POTENTIOMETER_PIN = pinno.L2_IN
BUTTON_1_PIN = pinno.L3_IN
BUTTON_2_PIN = pinno.L4_IN
LED_1_PIN = pinno.L5_IN
LED_2_PIN = pinno.L6_IN

POTENTIOMETER에 대해:
   메소드 atten(): 3.3V까지 읽도록 지정
   메소드 width(): 해상도 12비트
potentiometer_percent = (POTENTIOMETER 읽은 값 / 4095 * 100)의 정수

첫 번째 버튼은 PULL_UP해야 하고 두 번째 버튼은 PULL_DOWN해야 함.
BUTTON_1_PRESSED_VALUE = 0
BUTTON_2_PRESSED_VALUE = 1

첫 번째 LED는 전류 소싱 방식으로 연결되어 있고,
두 번째 LED는 전류 싱킹 방식으로 연결되어 있음.
led_1_on_percent =  potentiometer_percent %
led_1_off_percent =  0 %
led_2_on_percent =  (100 - potentiometer_percent) %
led_2_off_percent =  100 %

LED를 on할 때는 PWM을 led_x_on_percent에 따름.
```

```
LED를 off할 때는 PWM을 led_x_off_percent에 따름.
PWM에 대해:
    메소드 duty()를 사용함.
    메소드 freq(): 1000

led_on_off_state = False
prev_potentiometer = 0

프로그램 시작하면:
    Print("버튼_1을 누르면 on(), 버튼_2를 누르면 off()")
    Print("불이 켜지면 너브를 돌려서 밝기를 조절하세요")
    두 LED를 off

다음은 연속 실행이야:
    current_potentiometer와 prev_potentiometer의 차이가 2% 이상이면:
        prev_potentiometer = current_potentiometer
        led_on_off_state = True이면:
            두 LED를 켬(PWM: led_x_on_percent)
            print("밝기 조절: {led_1_on_percent}%")
    current_버튼_상태 != prev_버튼_상태:
        디바운스 20ms
        버튼_1이 PRESSED이면:
             두 LED를 on
             print("on(): {led_1_on_percent}%")
        버튼_2가 PRESSED이면::
             두 LED를 off
             print("off()")
   모드 while loop에 대해:
        prev_버튼_상태 = current_버튼_상태
        1ms 중지
```

AI가 출력한 마이크로파이썬 코드

프로그램 7-4 7_4_control_leds_with_potentiometer.py

```
from machine import Pin, ADC, PWM
import time
import pinno

# 핀 번호 상수 설정
POTENTIOMETER_PIN = pinno.L2_IN
BUTTON_1_PIN = pinno.L3_IN
BUTTON_2_PIN = pinno.L4_IN
LED_1_PIN = pinno.L5_IN
LED_2_PIN = pinno.L6_IN

# 상수 설정
BUTTON_1_PRESSED_VALUE = 0
BUTTON_2_PRESSED_VALUE = 1
PWM_FREQ = 1000

# 핀 객체 설정
potentiometer = ADC(Pin(POTENTIOMETER_PIN))
potentiometer.atten(ADC.ATTN_11DB)    # 3.3V까지 읽을 수 있도록 설정
potentiometer.width(ADC.WIDTH_12BIT)  # 12비트 해상도 설정

BUTTON_1 = Pin(BUTTON_1_PIN, Pin.IN, Pin.PULL_UP)
BUTTON_2 = Pin(BUTTON_2_PIN, Pin.IN, Pin.PULL_DOWN)

led_1 = PWM(Pin(LED_1_PIN))
led_2 = PWM(Pin(LED_2_PIN))

# 초기 설정
led_1.freq(PWM_FREQ)
led_2.freq(PWM_FREQ)
led_on_off_state = False
prev_potentiometer = 0
prev_BUTTON_1_state = BUTTON_1.value()
prev_BUTTON_2_state = BUTTON_2.value()

# 초기 메시지 출력
print("버튼_1을 누르면 on(), 버튼_2를 누르면 off()")
print("불이 켜지면 너브를 돌려서 밝기를 조절하세요")

# 두 LED를 끔
```

```
led_1.duty(0)
led_2.duty(1023)

while True:
    # 현재 퍼텐쇼미터 값을 읽음
    current_potentiometer = potentiometer.read()
    potentiometer_percent = int(current_potentiometer / 4095 * 100)

    # 퍼텐쇼미터 값이 2% 이상 변했는지 확인
    if abs(current_potentiometer - prev_potentiometer) > (4095 * 0.02):
        prev_potentiometer = current_potentiometer

        # LED가 켜져 있을 때 밝기 조절
        if led_on_off_state:
            led_1_on_percent = potentiometer_percent
            led_2_on_percent = 100 - potentiometer_percent

            led_1.duty(int(led_1_on_percent / 100 * 1023))
            led_2.duty(int(led_2_on_percent / 100 * 1023))

            print(f"밝기 조절: {led_1_on_percent}%")

    # 버튼 상태 확인
    current_BUTTON_1_state = BUTTON_1.value()
    current_BUTTON_2_state = BUTTON_2.value()

    # 버튼 상태가 변경되었는지 확인 (디바운스 적용)
    if current_BUTTON_1_state != prev_BUTTON_1_state or \
       current_BUTTON_2_state != prev_BUTTON_2_state:
        time.sleep_ms(20)  # 디바운스 시간

        # 버튼_1이 눌렸을 때
        if BUTTON_1.value() == BUTTON_1_PRESSED_VALUE:
            led_on_off_state = True
            led_1.duty(int(potentiometer_percent / 100 * 1023))
            led_2.duty(int((100 - potentiometer_percent) / 100 * 1023))
            print(f"on(): {potentiometer_percent}%")

        # 버튼_2가 눌렸을 때
        if BUTTON_2.value() == BUTTON_2_PRESSED_VALUE:
            led_on_off_state = False
            led_1.duty(0)
            led_2.duty(1023)
            print("off()")
```

```
    # 이전 버튼 상태 업데이트
    prev_BUTTON_1_state = current_BUTTON_1_state
    prev_BUTTON_2_state = current_BUTTON_2_state

    # 1ms 중지
    time.sleep_ms(1)
```

실행 결과

```
버튼_1을 누르면 on(), 버튼_2를 누르면 off()
불이 켜지면 너브를 돌려서 밝기를 조절하세요.
on(): 51%
off()
on(): 51%
밝기 조절: 52%
밝기 조절: 53%
밝기 조절: 54%
```

AI가 출력한 코드 살펴보기

1. ADC와 PWM으로 핀 정의하기

퍼텐쇼미터는 ADC를 사용하고, LED는 PWM으로 제어됩니다.

2. 퍼텐쇼미터 입력 설정

atten()은 3.3V까지 읽기 위해 설정되었고, width()는 12비트 해상도로 값을 읽기 위해 설정되었습니다.

3. 버튼_1과 버튼_2 설정

버튼_1은 PULL_UP, 버튼_2는 PULL_DOWN으로 설정되어 버튼을 누른 상태를 감지합니다.

4. 초기 설정

프로그램은 **초기 메시지**를 출력하고, **두 LED를 끈 상태**에서 시작합니다.

5. 반복 실행

while 루프에서는

- 퍼텐쇼미터의 값이 **2% 이상 변동**할 때만 LED의 밝기가 조절됩니다.
- 버튼이 눌리면, **LED가 켜지거나 꺼지며**, 그 상태에 따라 **밝기를 조절**하거나 LED를 끕니다.
- 버튼 상태 변화 시 **20ms의 디바운스**를 적용합니다.

6. LED 밝기 제어

PWM 제어는 duty( )를 통해 이루어지며, potentiometer_percent에 따라 LED 밝기를 조절합니다.

이 프로그램은 두 버튼과 퍼텐쇼미터를 활용해 LED의 상태와 밝기를 조절하는 시스템입니다.

[프로그램 7-4] 해설

```
# 핀 객체 설정
potentiometer = ADC(Pin(POTENTIOMETER_PIN))
potentiometer.atten(ADC.ATTN_11DB)     # 3.3V까지 읽을 수 있도록 설정
potentiometer.width(ADC.WIDTH_12BIT)  # 12비트 해상도 설정
```

atten( ): ADC의 입력 최대 전압을 지정하는 메소드입니다. 3.3V까지 읽기 위해 ADC.ATTN_11DB를 지정했습니다.

width( ): ADC의 해상도를 설정하는 메소드입니다.

- ADC.WIDTH_9BIT
- ADC.WIDTH_10BIT
- ADC.WIDTH_11BIT
- ADC.WIDTH_12BIT (기본값)

```
led_1 = PWM(Pin(LED_1_PIN))
led_2 = PWM(Pin(LED_2_PIN))
led_1.freq(PWM_FREQ)
led_2.freq(PWM_FREQ)
```

클래스 PWM을 이용해 오브젝트를 만들었습니다. 메소드 freq는 PWM을 출력할 때 사용하는 주파수입니다. 여기서는 초당 1000회 신호가 나갑니다.

주파수는 액추에이터의 종류에 따라 달리 해야 합니다. 예를 들면 모터를 제어할 경우 주파수는 사람의 가청주파수(2만Hz) 범위를 넘겨야 소음이 발생하지 않습니다.

```
# 퍼텐쇼미터 값이 2% 이상 변했는지 확인
if abs(current_potentiometer - prev_potentiometer) > (4095 * 0.02):
```

ABS는 절댓값(absolute value)을 구하는 함수입니다.

```
led_1.duty(int(potentiometer_percent / 100 * 1023))
led_2.duty(int((100 - potentiometer_percent) / 100 * 1023))
```

```
led_1.duty(0)
led_2.duty(1023)
```

메소드 duty에는 10비트(2^{10},1024)의 해상도로서 0~1023의 값을 지정합니다.

int는 부동소수점(float) 숫자를 정수(integer)로 변환하는 함수입니다.

CHAPTER
07 연습문제

7.1 이 장에서 사용한 프로그램 예제에는 2개의 버튼 또는 2개의 LED를 사용하고 있습니다. 이 때문에 버튼의 입력을 처리하고 LED의 출력을 담당하는 비슷한 코드가 2개씩 존재합니다. 리스트를 사용하면 비슷한 기능의 코드를 하나로 통일할 수 있기 때문에 코드가 간략해집니다. 다음과 같이 리스트를 사용하도록 프롬프트를 수정해 결과를 도출하세요.

(a) [AI 프롬프트 실습 7-1]을 리스트를 사용하도록 프롬프트를 수정해, 마이크로파이썬 코드와 그 설명을 작성하세요.

(b) [AI 프롬프트 실습 7-2]를 리스트를 사용하도록 프롬프트를 수정해, 마이크로파이썬 코드와 그 설명을 작성하세요.

(c) [AI 프롬프트 실습 7-3]을 리스트를 사용하도록 프롬프트를 수정해, 마이크로파이썬 코드와 그 설명을 작성하세요.

(d) [AI 프롬프트 실습 7-4]를 리스트를 사용하도록 프롬프트를 수정해, 마이크로파이썬 코드와 그 설명을 작성하세요.

7.2 [AI 프롬프트 실습 7-2]에서는 버튼_1을 누르면 두 LED를 on하고, 버튼_2를 누르면 두 LED를 off합니다. 이 프롬프트를 다음 조건에 맞도록 수정해, 마이크로파이썬 코드를 생성하고 코드의 설명을 작성하세요.

- 버튼과 LED는 리스트로 처리합니다.
- 버튼_1을 누르면, 두 LED의 밝기를 5초 동안에 0%에서 100%로 조절하고, 다음 5초 동안에 100%에서 0%로 조절하기를 반복합니다.
- 버튼_2를 누르면, 두 LED를 끕니다.

CHAPTER

08

인터럽트와 타이머 다루기

학습목표

- 인터럽트의 개념을 익힙니다.
- ISR의 역할을 이해하고 작성 방법을 학습합니다.
- 하드웨어 인터럽트와 타이머를 이용한 프로그램 작성 방법을 익힙니다.

이 장의 실습 준비물

부품 이름	대체품	수량	용도
S3 mini / S2 mini	ESP32 계열의 보드	1	마이크로컨트롤러
USB-C 케이블		1	보드와 PC 연결
멀티원 실드	브레드보드 순간 버튼 LED 저항(330Ω) 듀폰 케이블 MM	1 2 2 2 10	다목적 실드

참고 **옥토보드에 장착된 실드([그림 6-6])**

[그림 6-6]은 이 장의 실습 준비물로, 편의를 위해 한 번 더 삽입했습니다.

PREVIEW

이 장에서는 핀 인터럽트와 타이머를 이용해 기기를 다양한 방법으로 제어하는 방법을 학습합니다. 정밀하고 즉각적인 제어를 위해서는 핀이나 타이머가 제공하는 인터럽트 기능이 필수적입니다. 이 장에서 학습한 내용을 기반으로 마이크로파이썬 프로그램의 전형적인 구조를 만들 수 있습니다.

SECTION

8.1 인터럽트란?

인터럽트(Interrupt)는 외부로부터 자극이 발생하거나 마이크로컨트롤러 내부 장치에서 특정 상황이 발생하면, 프로그램의 정상적인 실행 흐름을 중단하고 즉시 지정된 작업(ISR, Interrupt Service Routine)을 실행하는 기능을 말합니다. 인터럽트는 주로 **비동기적 작업 처리**에 사용되며, 외부 장치(버튼, 센서 등)의 신호 변화나 타이머의 특정 시간에 반응해 발생할 수 있습니다. 이제 인터럽트의 동작 원리와 ISR의 특징을 알아보겠습니다.

01 인터럽트 동작 원리

인터럽트는 크게 다음 3가지의 동작 원리를 가집니다.

- **인터럽트 트리거**
  외부 신호(하드웨어 인터럽트)나 타이머 이벤트(타이머 인터럽트)와 같은 특정 이벤트가 발생하면 인터럽트가 트리거됩니다.
- **ISR(인터럽트 서비스 루틴)**
  인터럽트가 발생하면 CPU는 현재 실행 중인 작업을 일시적으로 중단하고, 미리 정의된 함수(ISR)를 즉시 실행합니다.
- **ISR 실행 후 복귀**
  인터럽트 서비스 루틴이 끝나면, 중단된 작업으로 다시 복귀해 프로그램이 계속 실행됩니다.

02 ISR의 특징

ISR은 이벤트가 발생할 때 실행되므로 일반적인 함수와는 다른 특징을 가지고 있습니다. 즉 이벤트의 상황에 맞게 함수를 작성해야 합니다.

- **비동기 처리**
  메인 프로그램과 독립적으로 실행되며, 외부 신호나 조건에 즉시 반응합니다.
- **빠른 반응성**
  인터럽트가 발생하면 즉시 해당 이벤트를 처리하기 때문에 실시간 처리가 가능합니다.
- **경량화**
  ISR은 가능한 한 짧게 작성해야 하며, 복잡한 연산이나 긴 대기 작업은 피해야 합니다. ISR 내에서 직접적인 작업을 처리하는 대신, 상태 플래그를 설정하고 메인 루프에서 이를 처리하는 것이 일반적입니다.

03 ESP32의 주요 인터럽트

ESP32 계열의 주요 인터럽트는 다음 2가지이며, 다음 절에서 자세히 살펴보겠습니다.

하드웨어 인터럽트

주로 핀의 값이 하강 또는 상승할 때 발생합니다. 버튼의 눌림이나 해제, 모터의 회전, 유량계의 경우 홀 센서(Hall Sensor)[1]의 동작에 대응할 수 있습니다.

타이머 인터럽트

마이크로컨트롤러에 내장된 하드웨어 타이머에 의해 호출된 인터럽트입니다. ESP32에는 4개의 하드웨어 타이머가 준비되어 있습니다. 또한 ESP32에는 내장된 하드웨어 타이머에 의존하지 않고, 소프트웨어적으로 구현된 타이머가 1개 있습니다. 이 타이머는 하드웨어 타이머보다 정밀하지는 않지만 하드웨어 타이머와 비슷한 방법으로 사용할 수 있습니다.

타이머를 트리거로 사용하면 아주 짧은 간격으로 주기적인 작업이 가능하므로, 핀의 값 변화를 추적하거나, 짧은 간격으로 LED를 on/off할 수 있습니다.

1 홀 효과(Hall Effect)를 이용하는 센서입니다. 홀 효과는 회전하는 자성체가 도체에 전기장을 만들어서 양 끝의 도체에서 전압을 생성하는 것을 말합니다.

SECTION
8.2 하드웨어 인터럽트

이 절에서는 핀 전압의 상승 또는 하강을 인터럽트로 추적해 버튼의 눌림이나 해제를 감지하고, LED를 on/off하는 사례를 학습합니다.

01 하드웨어 인터럽트를 위한 회로

[그림 8-1]은 브레드보드에 C3 mini와 2개의 버튼, 그리고 2개의 LED를 배치한 것입니다. [그림 6-6]과 같이 옥토보드의 내부 핀 영역에 멀티원 실드를 장착해도 됩니다.

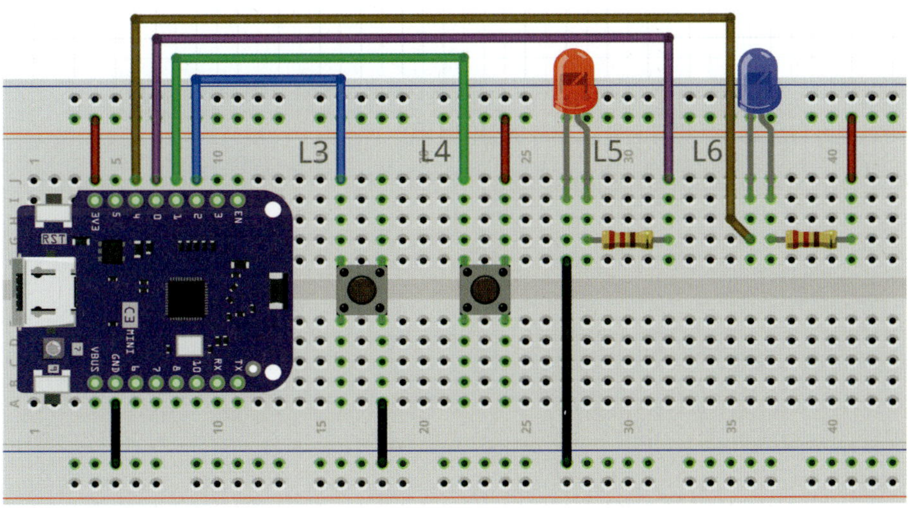

[그림 8-1] 2개의 버튼과 2개의 LED

02 하드웨어 인터럽트 프로그램 만들기 : 버튼의 인터럽트로 LED 조작하기

사용 회로와 목표

- **사용 회로**

  [그림 6-6]과 같이 멀티원 실드를 옥토보드의 내부 핀 영역에 장착합니다.

- **대체 회로**

  [그림 8-1]과 같이 브레드보드에 C3 mini와 부품들로 회로를 구성합니다. 또는 옥토보드의 외부 핀 영역에 C3 mini와 멀티원 실드를 장착해도 됩니다.

- **목표**

  버튼_1에는 핀이 눌릴 때(하강할 때) 트리거를 걸어 두고, 핀을 누를 때마다 LED_1을 토글합니다. 버튼_2에는 눌릴 때(상승할 때)와 뗄 때(하강할 때) 모두 트리거를 걸어 두고, 버튼_1을 누르고 있으면 LED_2를 켜고 뗄 때 끄도록 합니다.

생성형 AI에게 코딩시키기

AI 프롬프트 실습 8-1

마이크로파이썬 프로그램을 다음 조건에 따라 만들고, 코드를 설명해 줘.

```
from machine import …
import time
time.sleep_ms()를 사용함.

2개의 LED와 2개의 버튼을 사용함.
모듈 pinno에는 핀 번호 상수 값이 저장되어 있음.
import pinno
BUTTON_1_PIN = pinno.L3_IN
BUTTON_2_PIN = pinno.L4_IN
LED_1_PIN = pinno.L5_IN
LED_2_PIN = pinno.L6_IN

LED_1:
    핀 번호: LED_1_PIN
    전류 소싱으로 연결함.
    LED_1_ON_VALUE = 1
    LED_1_OFF_VALUE = not LED_1_ON_VALUE
```

```
LED_2:
    핀 번호: LED_2_PIN
    전류 싱킹으로 연결함.
    LED_2_ON_VALUE = 0
    LED_2_OFF_VALUE = not LED_2_ON_VALUE

led_1_toggle():
    LED_1이 켜져 있으면 off
    LED_1이 꺼져 있으면 on
    디바운스를 위해:
       irq(handler=None)
       300ms 중지
       다시 irq 실행

led_2_on_off():
    버튼_2의 값이 HIGH(눌렸으면) LED_2를 on
    버튼_2의 값이 LOW(해제되었으면) LED_2를 off

버튼_1:
    핀 번호: BUTTON_1_PIN
    PULL_UP 해야 함.
    irq 설정:
        falling(HIGH에서 LOW)
        handler: led_1_toggle()

버튼_2:
    핀 번호: BUTTON_2_PIN
    PULL_DOWN 해야 함.
    irq 설정:
        rising과 falling 동시
        handler: led_2_on_off()

프로그램 시작하면
    Print("버튼_1을 누르면 LED_1 toggle(), 버튼_2를 누르면 LED_2 on() 떼면 off()")
    두 LED를 off

다음은 연속 실행이야:
   모드 while loop에 대해:
        1ms 중지
```

AI가 출력한 마이크로파이썬 코드

프로그램 8-1 8_1_interrupt_buttons_control_leds.py

```
from machine import Pin
import time
import pinno

# 핀 번호 상수 설정
BUTTON_1_PIN = pinno.L3_IN
BUTTON_2_PIN = pinno.L4_IN
LED_1_PIN = pinno.L5_IN
LED_2_PIN = pinno.L6_IN

# LED 상태 값 설정
LED_1_ON_VALUE = 1
LED_1_OFF_VALUE = not LED_1_ON_VALUE
LED_2_ON_VALUE = 0
LED_2_OFF_VALUE = not LED_2_ON_VALUE

# LED 핀 설정
led_1 = Pin(LED_1_PIN, Pin.OUT)
led_2 = Pin(LED_2_PIN, Pin.OUT)

# 버튼 핀 설정
button_1 = Pin(BUTTON_1_PIN, Pin.IN, Pin.PULL_UP)
button_2 = Pin(BUTTON_2_PIN, Pin.IN, Pin.PULL_DOWN)

# LED_1 토글 함수 (디바운스 포함)
def led_1_toggle(pin):
    # LED_1 토글
    if led_1.value() == LED_1_ON_VALUE:
        led_1.value(LED_1_OFF_VALUE)
    else:
        led_1.value(LED_1_ON_VALUE)

    # IRQ 비활성화 (디바운스 처리)
    button_1.irq(handler=None)  # IRQ 비활성화
    time.sleep_ms(300)          # 300ms 대기
    button_1.irq(trigger=Pin.IRQ_FALLING, handler=led_1_toggle)

# LED_2 on/off 함수
def led_2_on_off(pin):
    if button_2.value() == 1:  # 버튼_2가 눌렸을 때
```

```
            led_2.value(LED_2_ON_VALUE)
        else:  # 버튼_2가 해제되었을 때
            led_2.value(LED_2_OFF_VALUE)

# IRQ 설정: 버튼_1의 FALLING 엣지에서 led_1_toggle() 실행
button_1.irq(trigger=Pin.IRQ_FALLING, handler=led_1_toggle)

# IRQ 설정: 버튼_2의 RISING, FALLING에서 led_2_on_off() 실행
button_2.irq(trigger=Pin.IRQ_RISING | Pin.IRQ_FALLING, \
             handler=led_2_on_off)

# 프로그램 시작 시 메시지 출력
print("버튼_1을 누르면 LED_1 toggle(), 버튼_2를 누르면 LED_2 on() 떼면 off()")

# LED 초기 상태 off
led_1.value(LED_1_OFF_VALUE)
led_2.value(LED_2_OFF_VALUE)

# 메인 루프
while True:
    time.sleep_ms(1)
```

실행 결과

```
버튼_1을 누르면 LED_1 toggle( ), 버튼_2를 누르면 LED_2 on( ) 떼면 off( )
```

AI가 출력한 코드 살펴보기

1. 핀 설정 및 변수 정의

pinno 모듈에서 핀 번호 상수를 불러와 버튼과 LED 핀을 설정합니다. LED_1은 전류 소싱으로 연결되고, LED_2는 전류 싱킹으로 연결됩니다. LED_1_ON_VALUE = 1, LED_2_ON_VALUE = 0으로 설정됩니다.

2. led_1_toggle 함수

LED_1을 토글하는 함수입니다. **디바운스 처리**를 위해, LED_1을 토글한 후 버튼_1의 인터럽트를 해제(irq(handler=None))하고, 300ms 동안 대기 후 다시 인터럽트를 활성화합니다.

3. led_2_on_off 함수

버튼_2가 눌리면 LED_2를 켜고, 해제되면 LED_2를 끄는 함수입니다.

4. IRQ 설정

– 버튼_1은 PULL_UP 저항을 사용하고, FALLING(HIGH에서 LOW) 시 led_1_toggle( ) 함수가 호출됩니다.

– 버튼_2는 PULL_DOWN 저항을 사용하고, RISING과 FALLING 모두에서 led_2_on_off( ) 함수가 호출됩니다.

5. 프로그램 시작 시 메시지 출력

한국어로 프로그램 동작에 대한 설명을 출력하며, LED_1과 LED_2를 초기 상태로 꺼 둡니다.

6. 메인 루프

time.sleep_ms(1)으로 1ms 동안 대기하면서 프로그램을 계속 실행합니다.

[프로그램 8-1] 해설

```
if led_1.value() == LED_1_ON_VALUE:
    led_1.value(LED_1_OFF_VALUE)
else:
    led_1.value(LED_1_ON_VALUE)
```

오브젝트 led_1은 디지털 출력으로 지정되었지만, led_1.value( )로 출력 중인 핀의 값을 읽을 수 있습니다. 현재 핀이 on 상태인지 off 상태인지 확인한 후 토글합니다.

```
# IRQ 비활성화 (디바운스 처리)
button_1.irq(handler=None)  # IRQ 비활성화
time.sleep_ms(300)          # 300ms 대기
button_1.irq(trigger=Pin.IRQ_FALLING,handler=led_1_toggle)
```

한 번 버튼을 누르더라도 바운스에 의해 함수 led_1_toggle( )이 수차례 호출되어 원하는 결과가 나오지 않을 수 있습니다. 이 경우 IRQ를 비활성화한 후, 누른 버튼이 떨어지는 시간 동안 실행을 중지한 후, 다시 IRQ를 활성화하면 됩니다.

```
# LED_2 on/off 함수
def led_2_on_off(pin):
    if button_2.value() == 1:  # 버튼_2가 눌렸을 때
        led_2.value(LED_2_ON_VALUE)
    else:  # 버튼_2가 해제되었을 때
        led_2.value(LED_2_OFF_VALUE)
```

함수 led_2_on_off( )는 상승(RISING)할 때와 하강(FALLING)할 때 모두 호출되므로 button_2 .value( )에 따라 LED_2의 on/off를 결정해야 합니다.

```
# IRQ 설정: 버튼_1의 FALLING 엣지에서 led_1_toggle() 실행
button_1.irq(trigger=Pin.IRQ_FALLING, handler=led_1_toggle)

# IRQ 설정: 버튼_2의 RISING, FALLING에서 led_2_on_off() 실행
button_2.irq(trigger=Pin.IRQ_RISING | Pin.IRQ_FALLING,
             handler=led_2_on_off)
```

상승과 하강을 동시에 지정할 때는 두 값을 |(비트 OR)[2]로 연결합니다.

2 '비트 OR'에 대해서는 '4.1절 연산자'의 '06. 비트 연산자'에 자세히 설명되어 있습니다.

SECTION 8.3 타이머 인터럽트

타이머 인터럽트(Timer Interrupt)는 특정 시각 또는 특정 시간 간격마다 발생하는 인터럽트입니다. 이 인터럽트는 주기적인 작업을 정확한 시간 간격으로 수행할 수 있어서, 메인 루프의 부하를 줄이고 효율적으로 작업을 처리할 때 유용하게 사용됩니다.

01 타이머 인터럽트를 위한 회로

[그림 8-1]의 회로를 다시 사용합니다. 브레드보드에 C3 mini와 2개의 버튼, 그리고 2개의 LED를 배치한 것입니다. [그림 6-6]과 같이 옥토보드의 내부 핀 영역에 멀티원 실드를 장착해도 됩니다.

02 타이머 인터럽트 프로그램 만들기 : 타이머 인터럽트로 LED 점멸하기

사용 회로와 목표

- **사용 회로**

  [그림 6-6]과 같이 멀티원 실드를 옥토보드의 내부 핀 영역에 장착합니다.

- **대체 회로**

  [그림 8-1]과 같이 브레드보드에 C3 mini와 부품들로 회로를 구성합니다. 또는 옥토보드의 외부 핀 영역에 C3 mini와 멀티원 실드를 장착해도 됩니다.

- **목표**

  버튼_1에는 핀이 눌릴 때(하강할 때) 트리거를 걸어 둡니다. 버튼_1을 한 번 누르면 LED_1이 0.5초 단위로 점멸하다가 다시 누르면 꺼집니다.
  버튼_2에는 눌릴 때(상승할 때)와 뗄 때(하강할 때) 모두 트리거를 걸어 둡니다. 버튼_2를 누르고 있으면 LED_2가 0.25초 간격으로 점멸하고 떼면 꺼집니다.

생성형 AI에게 코딩시키기

AI 프롬프트 실습 8-2

마이크로파이썬 프로그램을 다음 조건에 따라 만들고, 코드를 설명해 줘.

```
from machine import …
import time
time.sleep_ms()를 사용함.

2개의 LED와 2개의 버튼을 사용함.
모듈 pinno에는 핀 번호 상수 값이 저장되어 있음.
import pinno
BUTTON_1_PIN = pinno.L3_IN
BUTTON_2_PIN = pinno.L4_IN
LED_1_PIN = pinno.L5_IN
LED_2_PIN = pinno.L6_IN

LED_1:
    핀 번호: LED_1_PIN
    전류 소싱으로 연결함.
    LED_1_ON_VALUE = 1
    LED_1_OFF_VALUE = not LED_1_ON_VALUE

LED_2:
    핀 번호: LED_2_PIN
    전류 싱킹으로 연결함.
    LED_2_ON_VALUE = 0
    LED_2_OFF_VALUE = not LED_2_ON_VALUE

버튼_1:
    핀 번호: BUTTON_1_PIN
    PULL_UP 해야 함.
    irq 설정:
        falling(HIGH에서 LOW)
        handler: button_1_mode_change()

버튼_2:
    핀 번호: BUTTON_2_PIN
    PULL_DOWN 해야 함.
    irq 설정:
        rising과 falling 동시
```

```
        handler: button_2_blink_or_not()

led_1_blink():
    LED_1을 토글함.

led_2_blink():
    LED_2를 토글함.

button_1_mode_change():
    LED_1_blink_active = not LED_1_blink_active
    만약 LED_1_blink_active == True:
        LED_1 on
        Timer(0) 활성화:
            0.5초 간격으로 주기적임.
            Handler: led_1_blink()
    아니면:
          Timer(0) 해제
          LED_1 off

    디바운스를 위해:
          IRQ 해제
          300ms 중지
          다시 IRG 시작

button_2_blink_or_not():
    만약 버튼_2가 눌린 상태면:
        LED_2 on
        Timer(0) 할성화:
            0.25초 간격으로 주기적임.
            Handler: led_2_blink()
    아니면:
        Timer(0) 해제
        LED_1 off

프로그램 시작하면
    Print("버튼_1과 버튼_2를 각각 눌러서 두 LED의 점멸을 확인하세요.")
    두 LED를 off

while True:
    pass
```

AI가 출력한 마이크로파이썬 코드

프로그램 8-2 8_2_interrupt_buttons_control_led_blinks.py

```python
from machine import Pin, Timer
import time
import pinno

# 핀 번호 상수 설정
BUTTON_1_PIN = pinno.L3_IN
BUTTON_2_PIN = pinno.L4_IN
LED_1_PIN = pinno.L5_IN
LED_2_PIN = pinno.L6_IN

# LED 상태 값 설정
LED_1_ON_VALUE = 1
LED_1_OFF_VALUE = not LED_1_ON_VALUE
LED_2_ON_VALUE = 0
LED_2_OFF_VALUE = not LED_2_ON_VALUE

# LED 핀 설정
led_1 = Pin(LED_1_PIN, Pin.OUT)
led_2 = Pin(LED_2_PIN, Pin.OUT)

# 버튼 핀 설정
button_1 = Pin(BUTTON_1_PIN, Pin.IN, Pin.PULL_UP)
button_2 = Pin(BUTTON_2_PIN, Pin.IN, Pin.PULL_DOWN)

# 변수 설정
LED_1_blink_active = False
LED_1_timer = Timer(0)
LED_2_timer = Timer(1)

# LED_1 토글 함수 (0.5초 간격)
def led_1_blink(timer):
    led_1.value(not led_1.value())

# LED_2 토글 함수 (0.25초 간격)
def led_2_blink(timer):
    led_2.value(not led_2.value())

# 버튼_1 눌렀을 때 모드 변경
def button_1_mode_change(pin):
    global LED_1_blink_active
```

```python
    LED_1_blink_active = not LED_1_blink_active

    if LED_1_blink_active:
        led_1.value(LED_1_ON_VALUE)  # LED_1 켜기
        # 0.5초 간격으로 LED_1 점멸
        LED_1_timer.init(period=500, mode=Timer.PERIODIC, \
                         callback=led_1_blink)
    else:
        # LED_1 타이머 해제 및 LED_1 끔
        LED_1_timer.deinit()
        led_1.value(LED_1_OFF_VALUE)

    # 디바운스 처리 (IRQ 해제 후 300ms 대기)
    button_1.irq(handler=None)  # IRQ 해제
    time.sleep_ms(300)          # 300ms 대기
    button_1.irq(trigger=Pin.IRQ_FALLING, handler=button_1_mode_change)

# 버튼_2 눌렀을 때 LED_2 점멸 제어
def button_2_blink_or_not(pin):
    if button_2.value() == 1:  # 버튼_2가 눌린 상태
        led_2.value(LED_2_ON_VALUE)  # LED_2 켜기
        LED_2_timer.init(period=250, mode=Timer.PERIODIC, \
                         callback=led_2_blink)  # 0.25초 간격 LED_2 점멸
    else:  # 버튼_2가 해제된 상태
        LED_2_timer.deinit()
        led_2.value(LED_2_OFF_VALUE)  # LED_2 끔

# IRQ 설정
button_1.irq(trigger=Pin.IRQ_FALLING, handler=button_1_mode_change)
button_2.irq(trigger=Pin.IRQ_RISING | Pin.IRQ_FALLING, \
             handler=button_2_blink_or_not)

# 프로그램 시작 메시지 출력 및 LED 초기화
print("버튼_1과 버튼_2를 각각 눌러서 두 LED의 점멸을 확인하세요.")
led_1.value(LED_1_OFF_VALUE)
led_2.value(LED_2_OFF_VALUE)

# 메인 루프
while True:
    pass
```

실행 결과

버튼_1과 버튼_2를 각각 눌러서 두 LED의 점멸을 확인하세요.

AI가 출력한 코드 살펴보기

1. 핀 설정

- Pin.OUT : LED를 제어하기 위해 GPIO 핀을 출력 모드로 설정합니다.
- Pin.IN : 버튼 입력을 받기 위해 GPIO 핀을 입력 모드로 설정합니다.
- PULL_UP, PULL_DOWN : 각각의 버튼의 초기 상태를 설정합니다.

2. 타이머 설정

- Timer(0) : LED_1의 점멸을 제어하며, 0.5초 간격으로 LED_1을 토글합니다.
- Timer(1) : LED_2의 점멸을 제어하며, 0.25초 간격으로 LED_2를 토글합니다.

3. 핸들러 함수

- button_1_mode_change : 버튼_1을 누르면 LED_1의 점멸 활성화 여부가 토글됩니다. 활성화되면 0.5초 간격으로 LED_1이 점멸하고, 비활성화되면 타이머를 해제하고 LED_1을 끕니다.
- button_2_blink_or_not : 버튼_2를 누르면 0.25초 간격으로 LED_2가 점멸하고, 버튼을 떼면 LED_2가 꺼집니다.

4. 디바운스 처리

버튼_1의 디바운스를 위해 IRQ를 일시적으로 해제하고, 300ms 동안 대기한 후 다시 활성화해 잘못된 입력을 방지합니다.

5. 프로그램 시작

프로그램이 시작되면 한국어로 안내 메시지를 출력하고 두 LED를 초기 상태로 꺼 둡니다.

[프로그램 8-2] 해설

이 프로그램은 다음과 같은 패턴으로 작동합니다.

1. 버튼을 누르면 IRQ에서 지정한 handler 함수가 호출됩니다.
2. handler 함수에서는 Timer를 init( )합니다.
3. Timer에서 지정한 callback 함수가 주기적으로 호출됩니다.
4. callback 함수에서는 LED를 토글합니다.

조건에 따라서 Timer를 init( )하거나 deinit( )하고 있습니다.

```
LED_1_timer = Timer(0)
LED_1_timer.init(period=500,  mode=Timer.PERIODIC, \
                 callback=led_1_blink)
LED_1_timer.deinit()

LED_2_timer = Timer(1)
LED_2_timer.init(period=250, mode=Timer.PERIODIC, \
                 callback=led_2_blink)
LED_2_timer.deinit()
```

Timer(0)과 Timer(1)을 사용하는 전형적인 절차입니다. 메소드 init( )에 오는 매개변수를 알아봅시다.

- **period**: 타이머의 트리거 주기 또는 지연 시간을 밀리초 단위로 나타냅니다.
- **mode**: Timer.PERIODIC(주기적)과 Timer.ONE_SHOT(시간 경과 후 한 번) 중에서 선택합니다.
- **callback**: 타이머가 트리거될 때 호출할 함수입니다.

SECTION 8.4 타이머를 활용한 응용 프로그램

01 타이머, 버튼, 그리고 LED를 위한 클래스

버튼과 LED 제어는 마이크로파이썬 프로그램에서 자주 사용하는 기능입니다. 이 책에서는 버튼과 LED를 비동기 방식으로 제어할 수 있도록 3개의 모듈을 제공합니다. 이 모듈을 사용하면 버튼 확인과 LED 통제가 쉬워지므로, 사용자는 중요한 문제 해결에 집중할 수 있습니다.

클래스 TimerRun

ESP32에는 4개의 하드웨어 타이머가 준비되어 있는데, 이 클래스에서는 하드웨어 타이머를 이용해 정밀한 시간 간격으로 함수를 호출할 수 있습니다. 버튼의 눌림을 테스트하거나 LED를 on/off하는 등 외부 환경에 영향을 받지 않는 작업의 수행에 적합합니다.

이 클래스로 인스턴스를 만들 때, 타이머를 지정하지 않으면 이 인스턴스는 소프트웨어로 구현된 유사 타이머 기능으로 작동됩니다. 이때는 while 루프 안에 run( ) 메소드를 두어서 주기적으로 동작이 가능하도록 해 두어야 합니다. 센서 값을 읽어 오는 것과 같이 시간이 소요되는 작업은 유사 타이머 기능으로 작동하는 것이 좋습니다. 유사 타이머 기능의 인스턴스는 개수에 제한 없이 만들 수 있습니다.

[표 8-1] TimerRun 메소드

메소드	설명
TimerRun(Timer(번호)[,period=None])	하드웨어 타이머를 이용함 Timer(번호)를 사용해 지정한 밀리초 간격으로 함수를 호출함 period가 지정되지 않으면 10*1000임
TimerRun([Timer=None][,period=None])	유사 타이머 기능을 이용함 지정한 밀리초 간격으로 함수를 호출함 타이머를 사용하지 않으며 프로그램의 while 루프 안에 run() 메소드를 두어야 함 period가 지정되지 않으면 10*1000임
add(함수)	호출할 함수를 등록함(함수는 여러 개 등록할 수 있음)
run()	유사 타이머 기능을 사용할 때 while 루프 안에 두는 메소드임
is_on()	유사 타이머 기능을 사용하고 함수도 등록하지 않은 경우, run() 메소드 다음에 테스트하면 실행 주기가 되면 참을 돌려줌
now_on()	다음 호출 시기를 기다리지 않고 즉시 함수를 호출하거나 is_on()이 참이 되게 함
set([period=None])	중간에 호출 주기를 지정해 변경할 수 있음 period가 지정되지 않으면 10*1000임
start()	호출을 시작함(생략해도 자동 시작됨)
stop()	호출을 중단함
remove(함수)	호출할 함수를 삭제함

클래스 Button

클래스 Button을 사용해 버튼에 여러 기능을 정의하고 해당 이벤트가 발생하면 callback 함수가 호출되도록 합니다. callback 함수의 사용 예는 다음과 같습니다.

```
def multiple_callback(response):
    '''response는 딕셔너리 구조로 되어 있습니다.
     { 'event': 이벤트,
       'event_name': 이벤트 이름,
       'number': COUNT의 경우 지정한 숫자,
       'clicks': 버튼 누른 횟수(MULTIPLE의 경우 사용}
     }
    '''
    if response['event'] == Button.MULTIPLE:
        print(f"버튼을 {response['clicks']}회 눌렀습니다.")
```

callback 함수는 각각의 이벤트에 대응하도록 별도로 만들어도 되고, 1개만 만들어서 내부 로직으로 처리해도 됩니다.

[표 8-2] Button 메소드

메소드	설명
Button(pin_instance,inverted=True, click_ms=500, long_ms=1500)	디지털 입력에 대응 • .pin_instance: 예 Pin(5,Pin.IN,Pin.PULL_UP) Pin(6,Pin.IN,Pin.PULL_DOWN) • .inverted: 기본값이 True이며, 이 경우 버튼을 누르면 0이 읽힘 • click_ms=500 : 이보다 빠르게 누르면 버튼 횟수에 포함됨 • long_ms=1500 : 이보다 길게 누르면 LONG으로 판정됨
add(이벤트, callback=함수 [,number=숫자])	이벤트를 등록함(이벤트는 클래스의 상수로 정의되어 있음) • PRESSED : 버튼이 눌렸을 때 • RELEASED : 버튼을 뗄 때 • LONG : 길게 누를 때 • SINGLE : 1번 누를 때 • DOUBLE : 2번 누를 때 • TRIPLE : 3번 누를 때 • MULTIPLE : 버튼이 눌린 횟수를 돌려줌 • COUNT : number로 지정한 횟수만큼 버튼이 눌렸을 때
remove(이벤트)	이벤트를 삭제함
run()	실제로 버튼을 모니터링하는 함수이므로 짧은 간격 (10m 이하)으로 호출이 되어야 함. TimerRun에 등록하거나 while 루프 안에 두어야 함. 예 timerrun.add(button_1.run) timerrun.add(button_2.run) 예 while True: button_1.run() button_2.run()
set_debounce(ms=20)	디바운스 시간을 설정함
print_events()	등록된 이벤트 목록을 출력함

이벤트 PRESSED와 RELEASED는 모든 이벤트에 함께 발생하므로, 의미 있게 사용하려면 다른 이벤트와 섞지 말고 단독으로 사용해야 합니다.

복수 버튼 누름을 사용한다면 PRESSED와 RELEASED는 사용하면 안 됩니다. 이때는 버튼 한 번 누름은 SINGLE로 처리해야 합니다.

MULTIPLE은 모든 이벤트와 함께 발생하므로, 이중 처리가 되지 않도록 주의해야 합니다.

클래스 Blink

디지털 출력 핀에 연결된 LED를 on/off할 수도 있고, 별도로 on/off에 대응하는 함수를 등록할 수 있으므로 NeoPixel[3]을 제어할 수도 있습니다.

[표 8-3] Blink 메소드

메소드	설명
Blink(pin_instance, inverted=False,callback_end=None)	디지털 출력에 대응 • .pin_instance: 예 Pin(7,Pin.OUT) • .inverted: 기본값이 False이며, 이 경우 1을 출력하면 on이 됨 • callback_end : blink가 끝나면 실행되는 함수
Blink(callback_on=함수, callback_off=함수, [callback_end=함수])	on/off 함수에 대응 • callback_on/off : on/off에 대응하는 함수를 지정할 수 있으므로 NeoPixel의 경우에는 on/off에 대응하는 별도 함수를 만들어서 대응함 • callback_end : blink가 끝나면 실행되는 함수
begin_blink(on=1000,off=500[,count=0])	on/off 시간을 밀리초로 지정함 count는 점멸 횟수를 나타내는데, 0으로 지정하면 무한 반복임
end_blink()	blink를 종료함
on(),off(),toggle()	각각 on, off, toggle함
run()	실제로 on/off를 모니터링하는 함수이므로 짧은 간격(10ms 이하)으로 호출이 되어야 함(TimerRun에 등록하거나 while 루프 안에 두어야 함) 예 timerrun.add(led_1.run) timerrun.add(led_2.run) 예 while True: led_1.run() led_2.run()
is_blink_active()	blink가 활성화되어 있는지 여부를 돌려줌
is_on()	LED가 on되어 있는지 여부를 돌려줌
on_off()	on 또는 off를 돌려줌
value()	LED의 현재 상태 값
set_on_off(value)	LED에 value를 출력함
set_on_off_str(문자열)	on_str: on,true,yes,y,1 off_str: off,false,no,n,o toggle_str: t, to, toggle

3 Adafruit Industries에서 개발한 개별 제어 가능한 RGB(컬러) LED의 브랜드 이름입니다.

02 타이머 인터럽트를 위한 회로

[그림 8-1]의 회로를 다시 사용합니다. 브레드보드에 C3 mini와 2개의 버튼, 그리고 2개의 LED를 배치한 것입니다. [그림 6-6]과 같이 옥토보드의 내부 핀 영역에 멀티원 실드를 장착해도 됩니다.

03 하드웨어 인터럽트 프로그램 만들기 : 클래스를 학습시켜 새로운 프로그램 만들기

이번에는 AI에게 미리 준비한 3개의 클래스(TimerRun, Button, Blink)에 대한 사용법을 설명한 후, 해당 클래스를 응용한 프로그램을 작성하도록 지시합니다. 여기서 사용하는 3개의 클래스의 모듈은 샘플 프로그램에 포함되어 있습니다.

\mpy_examples\lib\timerrun.py

\mpy_examples\lib\button.py

\mpy_examples\lib\blink.py

3개의 모듈은 개발 보드의 폴더에 설치되어야 합니다.

\lib\timerrun.py

\lib\button.py

\lib\blink.py

사용 회로와 목표

- **사용 회로**

  [그림 6-6]과 같이 멀티원 실드를 옥토보드의 내부 핀 영역에 장착합니다.

- **대체 회로**

  [그림 8-1]과 같이 브레드보드에 C3 mini와 부품들로 회로를 구성합니다. 또는 옥토보드의 외부 핀 영역에 C3 mini와 멀티원 실드를 장착해도 됩니다.

- **목표**

  AI에게 3개의 클래스(TimerRun, Button, Blink)의 사용법을 알려줍니다.

  버튼_1을 누른 횟수만큼 LED_1이 점멸합니다.

  버튼_2에는 누르고 있으면 LED_2가 빠르게 점멸하고, 떼면 꺼집니다.

생성형 AI에게 코딩시키기

AI 프롬프트 실습 8-3

마이크로파이썬 프로그램을 만들고, 코드를 설명해 줘.

```
from machine import …
import time
time.sleep_ms()를 사용함.

# 사용자 준비 라이브러리
from timerrun import TimerRun
from button   import Button
from blink    import Blink

# 모듈 pinno에는 핀 번호 상수 값이 저장되어 있음.
import pinno

# 2개의 LED와 2개의 버튼을 사용함.
BUTTON_1_PIN = pinno.L3_IN
BUTTON_2_PIN = pinno.L4_IN
LED_1_PIN = pinno.L5_IN
LED_2_PIN = pinno.L6_IN

LED_1:
    핀 번호: LED_1_PIN
    전류 소싱으로 연결함.
    LED_1_ON_VALUE = 1
    LED_1_OFF_VALUE = not LED_1_ON_VALUE

LED_2:
    핀 번호: LED_2_PIN
    전류 싱킹으로 연결함.
    LED_2_ON_VALUE = 0
    LED_2_OFF_VALUE = not LED_2_ON_VALUE

버튼_1:
    핀 번호: BUTTON_1_PIN
    PULL_UP 해야 함.

버튼_2:
    핀 번호: BUTTON_2_PIN
    PULL_DOWN 해야 함.
```

```
# run 오브젝트: Timer(0)에 의해 10ms 간격으로 호출하도록 지정함.
run = TimerRun(Timer(0),period=10)
run.start() # 호출 시작
run.stop() # 호출 중지

# 지정된 함수는 호출에 등록함.
run.add(함수 이름)
# 지정된 함수는 호출에서 제외함.
run.remove(함수 이름)

button_1 = Button(Pin(BUTTON_1_PIN,Pin.IN,Pin.PULL_UP),inverted=True)
button_2 = Button(Pin(BUTTON_2_PIN,Pin.IN,Pin.PULL_DOWN),inverted=False)

def 호출_함수(response):
    response의 구조
      {'event': ...,
       'event_name': ...,
       'number': ...,
       'clicks': 여기에 버튼을 누른 횟수가 옴.
       }
    response['clicks']는 event=MULTIPLE일 때 사용함.

# event는 PRESSED, RELEASED, LONG, SINGLE, DOUBLE, COUNT, MULTIPLE

# PRESSED:
button_1.add(event=Button.PRESSED,callback=호출_함수)
# MULTIPLE: 버튼을 누른 횟수를 돌려줌.
button_1.add(event=Button.MULTIPLE,callback=호출_함수)
# COUNT: 누른 횟수가 지정한 number와 같을 때 response['clicks']로 돌려줌.
button_1.add(event=Button.COUNT,callback=호출_함수,number=3)

# 버튼 상태 주기적 확인하기 위해 TimerRun에 등록
run.add(button_1.run) # 버튼 주기적 확인
run.add(button_2.run) # 버튼 주기적 확인

led_1 = Blink(Pin(LED_1_PIN,Pin.OUT),inverted=Fasle)
led_2 = Blink(Pin(LED_2_PIN,Pin.OUT),inverted=True)

# LED 상태를 주기적으로 확인하기 위해 TimerRun에 등록
run.add(led_1.run)
run.add(led_2.run)

# on/off를 5회, count=0이면 무한 반복
led_1.begin_blink(on=500,off=300,count=5)
```

```
# blink 끝내기
led_1.end_blink()

#on,off,toggle
led_1.on()
led_1.off()
led_1.toggle()
```

다음과 같이 프로그램을 만들어 줘.

```
1. 프로그램 시작하면:
   print("버튼_1을 누른 횟수만큼 LED_1이 점멸합니다.")
   print("버튼_2를 누르고 있으면 LED_2가 빠르게 점멸하고, 떼면 꺼집니다.")
2. 버튼_1을 누른 횟수만큼(Button.MULTIPLE 사용)
   LED_1을 점멸하기(on=500, off=300,count=누른 수)
3. 버튼_2를 누르고 있으면(Button.PRESSED 사용)
   LED를 점멸하고(on=250, off=250),
   떼면(Button.RELEASED 사용) off()
4. while True:
       time.sleep_ms(1)
```

AI가 출력한 마이크로파이썬 코드

프로그램 8-3 8_3_timerrun_button_blink.py

```
from machine import Pin, Timer
import time
from timerrun import TimerRun
from button import Button
from blink import Blink
import pinno

# 핀 번호 상수 설정
BUTTON_1_PIN = pinno.L3_IN
BUTTON_2_PIN = pinno.L4_IN
LED_1_PIN = pinno.L5_IN
LED_2_PIN = pinno.L6_IN

# LED 설정
led_1 = Blink(Pin(LED_1_PIN,Pin.OUT), inverted=False)  # 전류 소싱
led_2 = Blink(Pin(LED_2_PIN,Pin.OUT), inverted=True)   # 전류 싱킹
```

```python

# 버튼 설정
button_1 = Button(Pin(BUTTON_1_PIN,Pin.IN,Pin.PULL_UP), inverted=True)    # PULL_UP
button_2 = Button(Pin(BUTTON_2_PIN,Pin.IN,Pin.PULL_DOWN), inverted=False) # PULL_DOWN

# TimerRun 오브젝트 생성
run = TimerRun(Timer(0), period=10)

# 버튼_1의 눌린 수만큼 LED_1 점멸
def handle_button_1(response):
    if response['event'] == Button.MULTIPLE:
        clicks = response['clicks']
        print(f"버튼_1을 {clicks}번 눌렀습니다. LED_1이 {clicks}번 점멸합니다.")
        led_1.begin_blink(on=500, off=300, count=clicks)

# 버튼_2를 누르고 있을 때 LED_2 점멸, 떼면 꺼짐
def handle_button_2(response):
    if response['event'] == Button.PRESSED:
        print("버튼_2를 누르고 있습니다. LED_2가 빠르게 점멸합니다.")
        led_2.begin_blink(on=250, off=250, count=0)  # 무한 반복
    elif response['event'] == Button.RELEASED:
        print("버튼_2에서 손을 뗐습니다. LED_2가 꺼집니다.")
        led_2.off()

# 버튼 이벤트 등록
button_1.add(event=Button.MULTIPLE, callback=handle_button_1)  # 누른 횟수에 따라 LED_1 점멸
button_2.add(event=Button.PRESSED, callback=handle_button_2)   # 버튼_2를 누르면 LED_2 점멸
button_2.add(event=Button.RELEASED, callback=handle_button_2)  # 버튼_2에서 손을 떼면 LED_2 꺼짐

# TimerRun에 버튼과 LED 상태 주기적 확인 등록
run.add(button_1.run)
run.add(button_2.run)
run.add(led_1.run)
run.add(led_2.run)

# 프로그램 시작 메시지 출력
print(" 버튼_1을 누른 횟수만큼 LED_1이 점멸합니다 ")
print(" 버튼_2를 누르고 있으면 LED_2가 빠르게 점멸하고, 떼면 꺼집니다 ")

```

```
# TimerRun 시작
run.start()

# 메인 루프: 1ms 간격으로 주기적으로 상태 확인
while True:
    time.sleep_ms(1)
```

실행 결과

```
버튼_1을 누른 횟수만큼 LED_1이 점멸합니다.
버튼_2를 누르고 있으면 LED_2가 빠르게 점멸하고, 떼면 꺼집니다.
버튼_1을 5번 눌렀습니다. LED_1이 5번 점멸합니다.
버튼_2를 누르고 있습니다. LED_2가 빠르게 점멸합니다.
버튼_2에서 손을 뗐습니다. LED_2가 꺼집니다.
```

AI가 출력한 코드 살펴보기

1. LED와 버튼 설정

- led_1은 전류 소싱 방식으로 제어되며, led_2는 전류 싱킹 방식으로 제어됩니다.
- button_1은 PULL_UP 방식으로, button_2는 PULL_DOWN 방식으로 설정되었습니다.

2. 버튼_1의 눌린 횟수에 따라 LED_1 점멸

- Button.MULTIPLE 이벤트는 버튼_1을 누른 횟수를 추적합니다.
- handle_button_1( ) 함수는 눌린 횟수를 출력하고, LED_1을 해당 횟수만큼 점멸시킵니다.
- on=500, off=300으로 LED_1의 점멸 속도를 설정했습니다.

3. 버튼_2를 누르고 있으면 LED_2 점멸, 떼면 LED_2 꺼짐

- Button.PRESSED 이벤트는 버튼_2가 눌렸을 때 발생하며, handle_button_2( ) 함수는 LED_2를 빠르게 깜빡이게 합니다.
- Button.RELEASED 이벤트는 버튼_2에서 손을 떼면 발생하며, handle_button_2( ) 함수는 LED_2를 끄는 동작을 처리합니다.
- LED_2는 on=250, off=250으로 빠르게 깜빡이도록 설정되어 있으며, 손을 뗄 때는 LED_2가 완전히 꺼집니다.

4. TimerRun을 통한 주기적 상태 확인

- TimerRun 오브젝트는 10ms 간격으로 버튼과 LED의 상태를 주기적으로 확인해 이벤트를 처리합니다.
- run.add(button_1.run) 및 run.add(button_2.run)으로 버튼 상태를 주기적으로 확인하고, run.add(led_1.run) 및 run.add(led_2.run)으로 LED 상태를 확인합니다.

5. 메인 루프

while True 루프 내에서 time.sleep_ms(1)을 호출해 1ms마다 반복 실행됩니다. 이 루프는 프로그램이 종료되지 않도록 유지하면서 TimerRun과 LED 상태를 지속적으로 확인합니다.

[프로그램 8-3] 해설

```
run = TimerRun(Timer(0), period=10)
run.add(button_1.run)
run.add(button_2.run)
run.add(led_1.run)
run.add(led_2.run)
run.start()
```

클래스 TimerRun의 오브젝트를 만들고 메소드 add( )를 사용해 4개의 함수를 등록했습니다. 매 10ms마다 4개의 함수를 실행하도록 설정되어 있습니다. 메소드 start( )로 모니터링을 시작합니다. 실제로는 start( )가 없더라도 자동으로 모니터링을 시작합니다. 만약 stop( )을 했다면 반드시 start( )해야 합니다.

```
button_1 = Button(BUTTON_1_PIN, Button.PULL_UP)    # PULL_UP
button_2 = Button(BUTTON_2_PIN, Button.PULL_DOWN) # PULL_DOWN
button_1.add(event=Button.MULTIPLE, callback=handle_button_1)
button_2.add(event=Button.PRESSED, callback=handle_button_2)
button_2.add(event=Button.RELEASED, callback=handle_button_2)
run.add(button_1.run)
run.add(button_2.run)
```

클래스 Button의 오브젝트를 만들고 메소드 add( )를 사용해 3개의 이벤트와 callback 함수를 등록했습니다. 메소드 run( )을 TimerRun 오브젝트에 등록해야만 모니터링이 됩니다.

```
led_1 = Blink(LED_1_PIN, inverted=False)  # 전류 소싱
led_2 = Blink(LED_2_PIN, inverted=True)   # 전류 싱킹
led_1.begin_blink(on=500, off=300, count=clicks)
led_2.begin_blink(on=250, off=250, count=0)  # 무한 반복
led_2.off()
run.add(led_1.run)
run.add(led_2.run)
```

클래스 Blink의 오브젝트를 만들고 메소드 begin_blink( )로 LED의 점멸을 시작하고 off( )로 중단했습니다. end_blink( )도 off( )와 같은 기능입니다. 메소드 run( )을 TimerRun 오브젝트에 등록해 매 10ms마다 실행시킵니다.

클래스 TimerRun은 메소드 add( )를 통해 등록된 함수를 주기적으로 실행하는 엔진 역할을 합니다. 클래스 Button과 Blink에는 각각 run( )이라는 메소드가 있는데, 이 메소드를 TimerRun에 등록시켜서, 버튼의 눌림과 LED의 on/off를 판단하고 제어합니다.

CHAPTER 08 연습문제

8.1 이 장에서 사용한 모듈 Button, Blink의 소스 코드에는 다음과 같은 부분이 공통적으로 존재합니다.

```
if __name__ == '__main__':
```

이 코드를 문법적으로 설명하고, 어떤 용도로 사용되는지 기술하세요.

8.2 [그림 6-6] 또는 [그림 8-1]을 사용해 다음과 같은 기준으로 프롬프트를 만들어서, 마이크로파이썬의 코드와 그 설명문을 생성하세요.

- 버튼_1에 IRQ를 설정합니다(FALLING).
- 10초 간격으로, 버튼_1의 눌림 횟수를 파악해 출력합니다.
- 앞의 횟수만큼 LED_1을 빠른 속도(on=250, off=250)로 점멸합니다.
- 버튼_2을 한 번 누르면 LED_2를 on하고, 두 번 누르면 연속으로 점멸하고(on=500, off=500) 길게 누르면 꺼집니다.

CHAPTER

09

개발 보드에 부품 연결하기

학습목표

- 개발 보드와 센서를 연결하는 방식을 이해합니다.
- 센서 클래스의 표준 모델을 이해합니다.
- 유형별 센서 클래스를 직접 만들어봅니다.

이 장의 실습 준비물

부품 이름	대체품	수량	용도
S3 mini / S2 mini	ESP32 계열의 보드	1	마이크로컨트롤러
USB-C 케이블		1	보드와 PC 연결
옥토보드	브레드보드	1	베이스 보드
DHT22 실드	DHT22 센서 저항(4.7kΩ)	1	온습도 측정
주변광 실드	BH1750 센서	1	조도 측정
OLED 실드	OLED (SSD1306, I2C)	1	표시 장치
SD 카드 실드	SD 카드 모듈	1	데이터 로깅
RTC 실드	RTC 모듈 (DS1307, I2C)	1	시계 기능
DS18B20 실드	DS18B20 센서 x 2 저항(4.7kΩ)	1	온도 측정

참고 **옥토보드에 장착된 실드([그림 6-6])**

[그림 6-6]은 이 장의 실습 준비물로, 편의를 위해 한 번 더 삽입했습니다.

PREVIEW

이 장에서는 센서를 활용하는 표준적인 클래스를 AI를 활용해 만드는 방법을 익히게 됩니다. 센서 클래스를 활용하면 다른 종류의 통신 방식을 사용하는 센서들도 전체 프로그램에는 동일한 방식으로 결합할 수 있어 코드의 일관성이 유지될 수 있습니다. 이 장을 학습하면 다른 센서를 사용하더라도 표준적인 방식으로 클래스를 만들어서 프로그램에 결합할 수 있는 능력을 갖출 수 있습니다.

SECTION 9.1 센서를 표준 방식으로 활용하기

개발 보드에는 다양한 종류의 센서가 연결됩니다. 개발 보드와 센서를 연결하는 통신 방식도 여러 가지가 있고, 센서에서 보내는 데이터의 유형도 다양합니다. 다양성은 복잡성으로 귀결되기 때문에 센서를 표준적인 방식으로 다루어서 복잡성을 극복하는 것은 프로그래밍에서 대단히 중요합니다.

여기서는 센서를 개발 보드에 연결하는 여러 방식을 알아보고, 센서의 정보 표현을 표준화해서, 센서를 다루는 클래스를 만드는 프롬프트를 작성해봅니다.

01 개발 보드의 핀과 센서를 연결하는 방식

마이크로컨트롤러는 핀을 직접 제어하기도 하지만, 내장된 통신 기능을 활용해 센서와 통신하기도 합니다. 센서를 개발 보드에 연결하는 유형을 [표 9-1]과 같이 분류할 수 있습니다.

[표 9-1] 개발 보드와 핀의 연결 방식

유형	통신 방식	핀 공유	사용 라이브러리	센서 예시
1	핀 직접 제어	X	machine.Pin, ADC, PWM으로 코딩	버튼, LED
2	개별 핀 연결	X	센서 모듈	DHT22
3	I2C	O	센서 모듈	OLED, BH1750
4	OneWire	O	센서 모듈	DS18B20
5	SPI	O	센서 모듈	고해상도 표시장치
6	UART	X	센서 모듈 또는 직접 코딩	미세먼지 센서

[유형 1]은 마이크로파이썬에 내장된 machine.Pin, ADC 또는 PWM을 활용해 직접 핀의 값을 읽거나, 인터럽트를 활용하기도 하고, 필요하면 핀에 직접 출력 신호를 보내어 제어하는 방식입니다. 이 책의 7장과 8장에서 [유형 1]을 다루는 프로그래밍 기법은 이미 학습했으므로 이 장에서는 다루지 않습니다.

[유형 2]의 센서는 고유한 데이터 입출력 형식을 가지고 있기 때문에, 별도로 제공되는 모듈을 이용해 값을 읽는 것이 일반적입니다.

[유형 3]~[유형 6]은 통신 방식이 다르며, 같은 통신 방식이라고 하더라도 센서에 따라 전용의 모듈을 사용해야 하는 경우도 있습니다.

특히 [유형 6]은 다른 컴퓨팅 장치와 정보를 송수신하는 대표적인 방식으로, 통신 기법을 활용한 코딩이 필요한 경우도 있습니다.

이 장에서는 [유형 2]~[유형 6]에 속하는 센서를 다루는 내용을 상세히 설명합니다.

02 센서의 정보 표현 표준화하기

센서가 값으로 출력하는 항목이나 형식이 다양하므로, 이 정보를 처리하는 방식이 매번 달라져서 프로그램 작성에 부담이 생길 수 있습니다. 이러한 문제를 해결하기 위해 센서의 정보 표현을 위한 정형화된 방식을 고안해야 할 필요가 있습니다.

센서의 값을 읽으면 개발 보드에서 그 값을 활용하고, 궁극적으로는 서버로 전송이 되어야 하므로, 센서 값의 표현 형식을 정형화해 정의해 두면 서버에서 여러 센서의 값을 쉽게 다룰 수 있습니다.

[프로그램 9-1]은 DHT22 온습도 센서, DS18B20 온도 센서, 그리고 BH1750 주변광 센서의 측정 정보를 표준 방식으로 표현한 것입니다.

이 방식으로 정보가 표현되면 센서가 돌려주는 데이터에서 필요 항목을 추출할 수도 있고, 여러 센서의 데이터를 묶어서 하나의 딕셔너리로 통합할 수도 있습니다. 이 딕셔너리 정보는 JSON[1] 형식으로 변환해 바로 MQTT[2]서버로 전송할 수 있습니다.

프로그램 9-1 9_1_sensor_dictionary.py

```
# gpio에 연결
value_dht22 = {
    'DHT22': {
        'Temperature': 23.5,
        'Humidity': 45
    },
    'TempUnit': 'C'
}

```

1 JavaScript Object Notation의 줄임말로, 컴퓨팅 장비 사이의 정보 교환 형식입니다. 딕셔너리를 문자열로 바꾼 것으로 이해해도 됩니다.
2 Messaging Queuing Telemetry Transport의 줄임말로, IoT 디바이스용 통신 프로토콜입니다. 10장에서 자세히 다룹니다.

```python
# OnewWire에 여러 개의 센서 연결
value_ds18b20 = {
    'DS18B20_1': {
        'Temperature': 20.5,
        'Humidity': 54
    },
    'DS18B20_2': {
        'Temperature': 25.5,
        'Humidity': 50
    },
    'TempUnit': 'C'
}

# I2C에 연결
value_bh1750 = {
    'BH1750': {
        'Brightness': 55
    }
}

hum =    value_dht22['DHT22']['Humidity']
temp =   value_ds18b20['DS18B20_2']['Temperature']
unit =   value_ds18b20['TempUnit']
bright = value_bh1750['BH1750']['Brightness']

print(f"DHT22    : 습도 {hum}")
print(f"DS18B20_2: 온도 {temp} {unit}")
print(f"BH1750   : 조도 {bright} lx")

```

실행 결과

```
DHT22    : 습도 45
DS18B20_2: 온도 25.5 C
BH1750   : 조도 55 lx
```

03 프로그램 조각을 패턴으로 등록해 재사용하기

재사용이 가능한 프로그램 조각을 **패턴(patterns)**으로 등록해 두고, 프로그램을 만드는 프롬프트에서는 패턴에 정보를 추가해 **부품(components)**으로 사용할 수 있습니다.

패턴을 등록하거나 부품으로 사용할 때, 표현 형식은 YAML을 사용하면 됩니다. YAML은 딕셔너리 또는 JSON 형식의 정보를 보기 편하게 기술할 수 있는 기법입니다.

패턴 등록하기

다음은 YAML 형식으로 패턴을 등록하는 예입니다. 보통의 경우 사용할 패턴을 모아서 별도의 파일에 보관합니다. 패턴 파일은 패턴을 기술한 사전이라고 생각하면 됩니다.

• 파일명 : ai-예제-패턴-등록하기.md

```
patterns:
    LED:
        설명: LED 인스턴스를 만듦.
        방법: {{inverted}}가 없으면 False로 지정함.
        코드: |
            from blink import Blink
            {{이름}} = Blink(pin_instance={{pin_instance}},inverted={{inverted}})
            run.add({{이름}}.run)
    타이머:
        코드: |
            from timerrun import TimerRun
            {{이름}} = TimerRun(period={{period}},callback={{callback}})
            run.add({{이름}}.run)
    앞_부분:
        코드: |
            from machine import Pin
            from run import Run
            import pinno as P

            run = Run()
    뒷_부분:
        코드: |
            def main():
                while True:
                    run.run()

            if __name__ == '__main__':
                main()
```

여기에는 LED를 필두로 4개의 패턴이 등록되어 있습니다. YAML에서는 'key: value' 쌍으로 정보를 표현하는데, value에는 해당하는 값이 또 다른 key: value 쌍이면, 줄을 바꾸고 들여쓰기를 해야 합니다. 같은 레벨의 정보는 한 줄에 하나씩 첫 머리를 맞추어서 배치하면 됩니다.

앞의 예에서, LED라는 패턴에는 '설명, 방법, 코드'라는 key: value가 있고, 타이머라는 패턴에는 코드만 있습니다. 꼭 필요한 것은 코드이므로 나머지는 필요할 때 추가해 사용하면 됩니다.

'{{이름}}'처럼 {{와 }}로 둘러싸인 항목은 부품을 사용할 때 지정하는 정보로 대체됩니다. 코드 뒤에 있는 | 기호는 소스 코드와 같은 문자열이 여러 개 올 때 사용합니다.

패턴 이름은 중복되면 마지막 것만 유효하므로, 중복되지 않도록 유의해야 합니다.

패턴을 부품으로 사용하기

다음은 파일에 미리 등록해 둔 패턴을 부품으로 사용하는 YAML 형식의 프롬프트를 만들어보겠습니다. 사용할 프롬프트 파일을 만들 때 앞 부분에 미리 만들어 둔 패턴 파일의 내용을 붙여 넣어야 합니다. 이 때 붙여 넣은 패턴 파일에는 많은 수의 패턴이 있을 수 있지만, 프롬프트에서 지정한 패턴 정보만 활용되고, 나머지는 무시됩니다. 즉 한 번 만들어 둔 패턴 파일은 붙여넣기 해 여러 곳에서 공통적으로 사용할 수 있습니다.

- **파일명 : ai–예제–부품으로–사용하기.md**

```
(여기에 'ai–예제–패턴–등록하기.md'의 내용을 붙여 넣으세요.)

앞의 patterns:에서 정의된 내용을 참조해 아래에 지정된 components:를 마이크로파이썬 코드로 만들어 줘.

components:
- 앞_부분

- LED:
    이름: led_1
    pin_instance: Pin(P.LED_1_IN,Pin.OUT)

def led_toggle():
    led_1.toggle()

components:
- 타이머:
    이름: timer_led
    period: 1*1000
    callback: led_toggle

- 뒷_부분
```

components:로 시작해 부품 사용을 정의하고, 다음 줄부터 부품을 배치하면 되는데, - 뒤에 한 칸 띄우고 'key: value'를 지정하면 됩니다. -는 여러 항목이 반복적으로 올 때 사용합니다. 따라서 부품을 사용할 때는 같은 패턴을 여러 번 사용할 수도 있습니다. - 가 붙은 항목은 상위의 key와 나란히 배치할 수도 있고 들여 쓸 수도 있습니다. 이 책에서는 가독성을 위해 들여 쓰지 않고 나란히 배치했습니다.

중간에 소스 코드가 오면 다시 components:로 시작해야 합니다.

AI가 생성한 프로그램

앞 프롬프트를 프로그램으로 생성하면 다음과 같습니다.

```
from machine import Pin
from run import Run
import pinno as P

run = Run()

from blink import Blink
led_1 = Blink(pin_instance=Pin(P.LED_1_IN, Pin.OUT), inverted=False)
run.add(led_1.run)

def led_toggle():
    led_1.toggle()

from timerrun import TimerRun
timer_led = TimerRun(period=1 * 1000, callback=led_toggle)
run.add(timer_led.run)

def main():
    while True:
        run.run()

if __name__ == '__main__':
    main()
```

YAML로 부품 사용을 지정하기만 해도 훌륭한 코드를 얻을 수 있습니다. 패턴에서 부품으로 변환하는 규칙을 AI에게 설명할 필요는 없습니다. 이미 AI는 YAML 문법을 알고 있고, patterns:와 components:라는 key를 통해 AI가 작성자의 의도를 파악할 수 있기 때문입니다.

이처럼 '패턴'과 '부품' 개념을 활용하면 작성하려는 프로그램을 간단하고 명확하게 정의할 수 있습니다.

이 책에서 공통적으로 사용하는 패턴이 준비되어 있으며 'ai-patterns.md' 파일에 등록되어 있습니다. 이후 패턴을 사용하는 예가 있더라도 패턴 자체는 별도로 설명하지 않으므로, 그 내용은 'ai-patterns.md'에서 확인해야 합니다.

이 책에서 제공하는 패턴 파일에 내용을 추가할 수도 있고, 용도에 따라 여러 개의 패턴 파일을 만들어서 사용할 수도 있습니다.

AI 프롬프트 활용 YAML에 대해 학습하기

AI 프롬프트 활용문을 통해 YAML에 대한 지식을 습득해 봅시다.

9-1 YAML의 문법 체계에 대해 설명해 줘.

9-2 YAML과 JSON이 어떻게 호환되는지 알려줘.

04 센서 클래스를 위한 템플릿 프롬프트

센서 클래스를 만들기 위한 **센서 클래스 프롬프트**를 미리 만들어 두면, 이 템플릿을 활용해 다양한 센서 클래스를 만들 수 있습니다. 이렇게 만든 센서 클래스는 표준화된 방식으로 정보를 표현하므로 다른 프로그램에서 사용하기가 편합니다.

[AI 프롬프트 실습 9-1]은 여러 센서에 범용으로 적용할 수 있도록 만들었습니다. 혹시 이 프롬프트로 대응이 되지 않는 센서가 있다면, 프롬프트를 취지에 맞게 수정해 사용하면 됩니다.

여기서는 템플릿 프롬프트를 이용해 다음의 3개의 센서에 대응하는 클래스를 만들어봅니다.

- **DHT22** : 핀에 직결되는 온습도 센서
- **BH1750** : I2C 방식으로 연결되는 조도 센서
- **DS18B20** : OneWire 방식으로 연결되는 온도 센서

여기서 소개되는 템플릿 프롬프트는 시행착오를 거쳐 튜닝한 것입니다. 동일한 결과를 얻기 위해 특정 부분은 프로그램 코드를 직접 넣어 둔 부분도 있습니다. 코드를 넣어 둔 부분은 그대로 클래스에 나타날 것이고, 부족한 부분은 AI가 채워 줄 것입니다. 그럼에도 불구하고 기대하는 결과가 나오지 않거나, 코드에 오류가 있을 수도 있습니다. 이 경우에는 사용자가 추가 프롬프트를 통해 해결해야 합니다. 또한 AI가 만들어 준 코드는 세밀한 부분은 튜닝해 사용하는 것이 좋습니다.

센서 템플릿

[AI 프롬프트 실습 9-1]은 단독으로 사용할 수는 없고, 다른 센서 클래스를 만드는 프롬프트 앞 부분에 붙여 넣어서 사용하면 됩니다.

AI 프롬프트 실습 9-1 ai-9-1-센서-클래스-템플릿.md

```
patterns:
    sensor_class:
        설명: 센서 클래스 템플릿
        방법: |
            나중에 전달 받을 다음 argument를 이용해 마이크로파이썬 클래스를 만들어야 함.
          - {{센서_모델}}: DHT22,BH1750,DS18B20 등
          - {{클래스_이름}}: 지정하지 않으면 {{센서_모델}}+'Sensor'
          - {{pin_type}}: pin_gpio,i2c_bus,spi_bus 중에서 선택됨.
                      여기서 지정한 값을 {{pin_argument_name}}으로 사용함.
          - {{센서_모델}}: DHT22,BH1750,DS18B20 등이 옴.
                      지정한 센서 모델에 따라 적합한 라이브러리를 찾아서 클래스를
                      만들어야 함.
          - {{key_1}}: 첫 번째 key
          - {{key_2}}: 두 번째 key
          - {{temp_unit}}: C,F,None
          - {{라이브러리}}: import 문장이 오면 그대로 프로그램에 사용함.

            Docstring은 :param pin_gpio: 형식으로 하고, 설명은 한글로 함.
        코드: |

            from machine import Pin ...
            import time
            여기서 필요한 라이브러리 import해야 함.

            # file: {{클래스_이름}}의_소문자+'.py'
            class {{클래스_이름}}:

                __init__(self,*, {{pin_argument_name}},ser=None) -> None:

                    여기서 {{pin_argument_name}}은 pin_gpio 또는 i2c_bus 또는 spi_bus임.

                    만약 {{pin_argumnet_name}}이 pin_gpio이면:
                        self.pin_or_bus = Pin(pin_gpio, Pin.IN ...) 이런 방식으로
                        Pin 인스턴스 만들어야 함.
                    아니면:
                        self.pin_or_bus = 전달된 i2C_bus나 spi_bus

                    self.sensor_instance = ...   self.pin_or_bus를 사용해서 센서의
                    인스턴스를 만듦.

                    self._model:str     = {{센서_모델}}
                    self._model_ser:str = f"{self._model}_{ser}" if ser else
                    self._model
```

```
        센서를 읽어서 버스에 몇 개의 센서가 달렸는지 확인해야 함.
        self._sensor_count:int  = 1 또는 센서 버스에서 발견된 수

        self._names:list[str] = []
        self.name_first      = True

        self._keys:list[str]   = [] # 예 'Temperature','Humidity' 등
                                   센서모델에 따라 다름.
        self._values:list[any] = [] # 센서에서 읽은 값, 특별한 지시가 없으면
                                   소수점 1자리
        self._sensor_id        = [] # OneWire의 경우 센서 고유 ID
        self._sensor_id_hex    = [] # OneWire의 경우 센서 고유 ID HEX 값
        self._dict             = {} # 돌려줄 센서 데이터

        try:
            여기서 센서에 접속해봐야 함.
            버스에 연결된 센서가 없으면 오류 메시지 출력하고,
            센서 값을 None으로 처리함.
        except OSError as e:
            장치의 연결이 잘못되었다는 내용 출력,
            센서 값을 None으로 처리함.

    def make_data(self):
        여기서 센서를 읽고 데이터를 처리함.
        exception 오류를 처리해 줘.
        try:
        except OSError as e:
            self.값을 None으로 처리함.

    # 이 함수는 <절대코드>이므로 바꾸지 말 것.
    def make_dict(self):
        if self._model == 'DS18B20':
            for i in range(self._sensor_count):
                sensor_data = {
                    "Id": self.hex_id(self._sensor_id[i]),
                    self._keys[0] = self._values[i]  #
                }
                this_name_ser = self.model_ser+'_'+str(i+1) if
                                self._sensor_count > 1 else self.model_ser
                self._dict[this_name_ser] = sensor_data
        else:
            sensor_data = {}
            for i in range(len(self._keys)):
                sensor_data[self._keys[i]] = self._values[i]
```

```
            self._dict[self.name_ser] = sensor_data

    def read(self):
        self._values = []
        self.make_data()  # 센서 데이터를 먼저 읽음.
        self.make_dict()
        만약 {{temp_unit}}가 지정되었으면 다음을 추가함.
        {{temp_unit}}가 None이면 추가하지 않음.
        self._dict['TempUnit'] = "{{temp_unit}}"

        return self._dict

    def hex_id(self,id):
        return  binascii.hexlify(id).decode('utf-8')
```

앞의 patterns:에서 정의된 내용을 참조해 아래에 지정된 components:를 마이크로파이썬 코드로 만들어 줘. 마이크로파이썬 코드 생성 후, 함수는 앞쪽으로 옮겨서 오류가 발생하지 않게 해 줘.

SECTION
9.2 [유형 2] 개별 핀에 연결하기

01 개별 핀 연결 방식

이 방식은 원하는 데이터 핀을 선택해 연결할 수 있습니다. 다만, 개발 보드의 특성상 연결할 수 없는 핀도 있을 수 있으므로 이때는 개발 보드의 사양서를 참조해야 합니다.

이 방식에서는 마이크로파이썬에 내장되어 있는 모듈이나 외부에서 구한 모듈을 사용해야 하는 경우가 대부분입니다. 또는 센서와의 데이터 교환 규칙에 따라서 별도로 모듈을 만들어서 사용해야 할 수도 있습니다.

모든 센서를 개발 보드에 연결할 때는 GND와 VCC는 반드시 연결해야 하고, 1개 이상의 데이터 핀을 연결해야 합니다. 일반적으로 ESP32의 경우 VCC는 3.3V를 사용하면 되지만 특정 센서의 경우 5V를 요구하는 경우도 있습니다. 또한 센서 연결에 필요한 핀 수를 계산할 때 GND와 VCC는 제외하고 산정합니다.

02 DHT22 온습도 센서 회로도

개별 핀에 연결되는 센서로는 하나의 신호 핀을 이용하는 DHT22 온습도 센서가 대표적입니다. DHT22는 정밀도가 높은 온습도 센서이며, 마이크로파이썬에서 모듈이 기본으로 제공됩니다. 여기서는 템플릿 프롬프트를 이용해 DHT22 센서용 클래스를 만들어서 온습도를 출력해봅니다.

[그림 9-1]은 DHT22 실드인데, 옥토 보드의 외부 핀 영역에 장착합니다. [그림 9-2]는 동일한 내용의 회로도입니다. 브레드보드에 C3 mini와 DHT22 센서를 배치한 것입니다. 이때 DHT22의 데이터핀은 4.7kΩ으로 풀업해야 합니다.

[그림 9-1] DHT22 실드

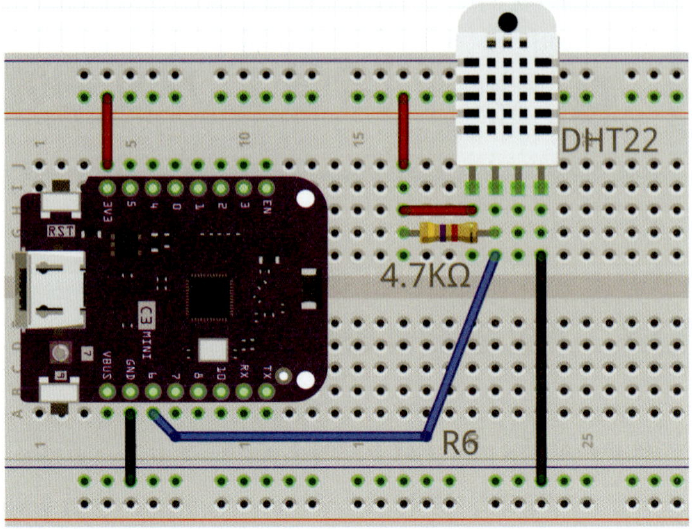

[그림 9-2] DHT22 회로도

03 DHT22Sensor 클래스 만들기

[AI 프롬프트 실습 9-1]의 '센서 클래스 템플릿'을 이용해 실제로 DHT22용 센서 클래스를 만들어보도록 하겠습니다. 이 작업을 위해서는 먼저 앞 부분에 [AI 프롬프트 실습 9-1]의 내용을 붙여 넣고, 그 다음에 DHT22용 템플릿 내용을 입력합니다.

사용 회로와 목표

- **사용 회로**

  [그림 6-6]과 같이 DHT22 실드를 옥토보드의 외부 핀 영역에 장착합니다.

- **대체 회로**

  [그림 9-2]와 같이 브레드보드에 C3 mini와 부품들로 회로를 구성합니다. 또는 옥토보드의 외부 핀 영역에 C3 mini와 DHT22 실드를 장착해도 됩니다.

- **목표**

  DHT22 온습도 센서를 사용하기 위한 클래스를 [AI 프롬프트 실습 9-1]의 **센서 클래스 템플릿**을 활용해 만듭니다.

생성형 AI에게 코딩시키기

AI 프롬프트 실습 9-2 ai-9-2-DHT22Sensor-클래스-만들기.md

(여기에 'ai-9-1-센서-클래스-템플릿.md'의 내용을 붙여 넣으세요.)

```
components:
- sensor_class:
    센서_모델: DHT22
    클래스_이름: DHT22Sensor
    pin_type: pin_gpio
    key_1: Temperature, 소수점 1자리
    key_2: Humidity, 정수
    temp_unit: C
    라이브러리: |
        import dht

def main():
    import pinno as P
    from parse import Parse

    sensor = DHT22Sensor(P.DHT)
    while True:
        data = sensor.read()
        print(data)
        p = Parse(data)
        print(f'name: {p.name}, {p.keys[1]}: {p.values[1]}, {p.keys[0]}:
              {p.values[0]}, TempUint: {p.temp_unit}')

        time.sleep_ms(5000)

if __name__ == '__main__':
    main()
```

AI가 출력한 마이크로파이썬 코드

프로그램 9-2 \lib\dht22sensor.py

```python
from machine import Pin
import time
import dht

class DHT22Sensor:
    """
    :param pin_gpio: GPIO 핀 번호를 받아서 DHT22 센서를 초기화
    :param ser: 센서의 고유 식별자 (시리얼 번호 등)
    """
    def __init__(self, pin_gpio, ser=None):
        # DHT22 모델 설정
        self._model = "DHT22"
        self._model_ser = f"{self._model}_{ser}" if ser else self._model
        self.pin_gpio = pin_gpio
        self.temp_unit = "C"
        self.sensor_instance = dht.DHT22(Pin(pin_gpio))
        self._key = ["Temperature", "Humidity"]
        self._value = [None, None]

    def read(self):
        try:
            # 센서 값 읽기
            self.sensor_instance.measure()
            temp = round(self.sensor_instance.temperature(), 1)
            hum = int(self.sensor_instance.humidity())
            self._value = [temp, hum]
            return {
                "TempUnit": self.temp_unit,
                self._model_ser: {
                    self._key[0]: self._value[0],
                    self._key[1]: self._value[1]
                }
            }
        except Exception as e:
            print("Error reading from DHT22:", e)
            return None

def main():
    import pinno as P
    from parse import Parse
```

```
    sensor = DHT22Sensor(P.DHT, ser="001") # 예시로 "001"을 ser에 입력
    while True:
        data = sensor.read()
        print(data)
        p = Parse(data)
        print(f'name: {p.name}, {p.keys[1]}: {p.values[1]},
              {p.keys[0]}: {p.values[0]}, TempUnit: {p.temp_unit}')

        time.sleep_ms(5000)

if __name__ == '__main__':
    main()
```

실행 결과

```
{'TempUnit': 'C', 'DHT22': {'Humidity': 28, 'Temperature': 23.3}}
name: DHT22, Temperature: 23.3, Humidity: 28, TempUnit: C
```

dht22sensor.py에는 클래스 DHT22Sensor의 코드와 테스트를 위한 코드가 함께 들어 있습니다. 앞의 [실행 결과]는 dht22sensor.py를 단독으로 실행해 얻은 결과입니다.

[프로그램 9-2] 해설

```
from machine import Pin
import time
import dht

class DHT22Sensor:
    def __init__(self, pin_gpio, ser=None):
        # DHT22 모델 설정
        self._model = "DHT22"
        self._model_ser = f"{self._model}_{ser}" if ser else self._model
        self.pin_gpio = pin_gpio
        self.temp_unit = "C"
        self.sensor_instance = dht.DHT22(Pin(pin_gpio))
        self._key = ["Temperature", "Humidity"]
        self._value = [None, None]
```

클래스를 정의하는 과정입니다. DHT22는 마이크로파이썬에 내장된 dht 모듈을 사용하며, 인스턴스를 만들 때는 GPIO를 제공해야 합니다.

```
    def read(self):
        try:
            # 센서 값 읽기
            self.sensor_instance.measure()
            temp = round(self.sensor_instance.temperature(), 1)
            hum = int(self.sensor_instance.humidity())
            self._value = [temp, hum]
            return {
                "TempUnit": self.temp_unit,
                self._model_ser: {
                    self._key[0]: self._value[0],
                    self._key[1]: self._value[1]
                }
            }
        except Exception as e:
            print("Error reading from DHT22:", e)
            return None
```

실제로 센서를 읽어서 JSON 형식으로 값을 돌려 주는 메소드입니다.

여기서는 마이크로파이썬에 포함되어 있는 클래스 DHT22를 이용해, measure( )로 데이터를 읽어 오고 temperature( )와 humidity( )로 각각의 값을 얻어 옵니다. self.value[ ]에 온도와 습도 값이 리스트로 보관됩니다. 이때 round( ) 함수로 반올림을 해 소수점 1자리로 표시하고, int( ) 함수로 정수를 만들어 기록하는 것을 알 수 있습니다.

DHT22의 특징으로, 프로그램이 시작되면 처음에는 데이터가 제대로 읽히지 않다가, 잠시 후 제대로 돌아 옵니다. 여기서는 'try: except OSError as e:' 방식으로 데이터가 읽히지 않는 오류 처리를 하고 있습니다.

마이크로파이썬은 실행 중 오류가 발생하면 프로그램이 종료되므로, 적절한 오류 처리 루틴을 사용해 프로그램이 종료되지 않고 계속 실행되도록 해야 합니다.

```
def main():
    import pinno as P
    from parse import Parse

    sensor = DHT22Sensor(P.DHT, ser="001") # 예시로 "001"을 ser에 입력
    while True:
        data = sensor.read()
```

```
            print(data)
            p = Parse(data)
            print(f'name: {p.name}, {p.keys[0]}: {p.values[0]},
                  {p.keys[1]}: {p.values[1]}, TempUnit: {p.temp_unit}')

            time.sleep_ms(5000)

    if __name__ == '__main__':
        main()
```

클래스를 테스트하기 위한 코드입니다. 이 코드의 경우 DHT22 실드가 장착되어 있으면 클래스만으로도 출력 결과를 확인할 수 있습니다. __name__은 클래스가 단독으로 실행되면 '__main__'을 돌려줍니다. 그래서 main()이 실행됩니다. 만약 다른 프로그램에 import되면 main()은 실행되지 않습니다.

함수 main()에서는 DHT22Sensor의 인스턴스인 sensor를 만듭니다. sensor.read()에서 센서 값을 읽어 옵니다. 센서에서 읽어 온 데이터는 JSON 형식인데 Parse 클래스를 이용해 값을 추출해 사용할 수 있습니다. Parse 클래스 사용법에 대해서는 별도로 설명합니다.

AI 프롬프트 활용 **마이크로파이썬에서 예외 처리하기**

마이크로파이썬에서는 프로그램 실행 중에 예외 사항이 발생하면 오류가 되어 프로그램이 종료됩니다. 프로그램이 종료되지 않도록 하려면 예외 처리 루틴을 사용해야 합니다.

다음 AI 프롬프트 활용문을 통해 다양한 예외 처리 루틴을 익혀봅시다.

9-3 마이크로파이썬에서 사용할 수 있는 일반적인 오류 처리 방법에 대해 설명해 줘.

9-4 마이크로파이썬의 구문 'try: except 항목:'에서 발생할 수 있는 항목을 모두 나열해 줘.

9-5 마이크로파이썬의 구문 'try: except ValueError:'에 대한 예제를 만들고 설명해 줘.

9-6 마이크로파이썬의 구문 'try: except KeyError:'에 대한 예제를 만들고 설명해 줘.

9-7 마이크로파이썬의 구문 'try: except IndexError:'에 대한 예제를 만들고 설명해 줘.

9-8 마이크로파이썬의 구문 'try: except KeyBoardInterrupt:'에 대한 예제를 만들고 설명해 줘.

04 | Parse 클래스 사용법

센서 클래스 템플릿을 사용해 만든 클래스를 실행하면 센서 값을 동일한 형식의 딕셔너리로 얻을 수 있습니다. Parse 클래스를 사용하면 이 딕셔너리에서 값을 쉽게 추출할 수 있습니다.

예를 들면 DHT22Sensor 클래스가 돌려 주는 데이터 형식은 다음과 같습니다.

```
{
   'DHT22': {
          'Temperture': 25.6,
        'Humidity': 45
   },
   'TempUnit': 'C'
}
```

이러한 형식의 데이터를 다음과 같이 처리해 Parse 프로퍼티의 값을 알아봅시다. print( ) 뒤의 #에는 출력되는 내용을 표시했습니다.

```
from parse import Parse

data = {'DHT22': {'Temperature': 25.6, 'Humidity': 45}, 'TempUnit': 'C'}
p = Parse(data)

print(p.name)   # 'DHT222'
print(p.names)  # ['DHT22']
print(p.key)    # 'Humidity'
print(p.keys)   # ['Humidity','Temperatute']
print(p.value)  # 45
print(p.values) # [45,25,6]
print(p.temp_unit) # 'C'
```

다음으로 Parse클래스의 메소드를 살펴봅시다.

- **names** : 센서 이름의 리스트입니다. 뒤에 나오는 OneWire 센서의 경우, 하나의 버스에 여러 개의 센서가 달려 있으면 names[0], names[1] 등으로 센서를 구분해야 합니다.
- **name** : names[0]와 같습니다. 보통의 경우는 이 메소드를 사용하면 됩니다.
- **keys** : key 이름 리스트입니다. DHT22의 경우 'Humidity'와 'Temperature'로 구성된 리스트인데, 오름차순으로 정렬되어 있습니다.
- **key** : keys[0]와 같습니다. DHT22의 경우 'Humidity'입니다.
- **values** : keys에 대응하는 값의 리스트입니다
- **value** : values[0]와 같습니다. DHT22 경우 습도를 나타냅니다.
- **temp_unit** : 'C', 'F' 또는 ' '

SECTION
9.3 [유형 3] I2C 버스에 연결하기

01 I2C 버스 연결 방식

I2C(IIC, Inter-Integrated Circuit) 통신에서는 두 선으로 된 데이터 버스에 하나의 마스터와 복수의 슬레이브를 최대 126(2^7-2)개까지 접속할 수 있습니다. 이때 일반적으로 개발 보드가 마스터가 되고 센서는 슬레이브가 됩니다. I2C 센서는 출시될 때 번지가 지정되어 있는데, 다른 센서와 충돌이 생기면 실드나 PCB 뒷면의 번지 선택 패드에서 다른 번지로 납땜하면 됩니다.

ESP32에는 2개의 I2C 버스가 있으므로 I2C 방식의 센서를 상당히 많이 연결할 수 있지만, 실제로는 센서가 많아지면 성능이 저하되므로 사용 가능한 센서의 수는 제한됩니다.

이 방식은 하나의 선(SCL, Serial Clock Line)은 동기 신호용으로 사용하고, 나머지 하나의 선(SDA, Serial Data Line)만으로 데이터를 주고받아야 하므로 성능이 SPI에 비해 상대적으로 낮습니다. 그러나 구현이 간단하고 다양한 정보 전달이 가능하므로 이 통신 방식을 채택하는 센서가 늘어나고 있습니다.

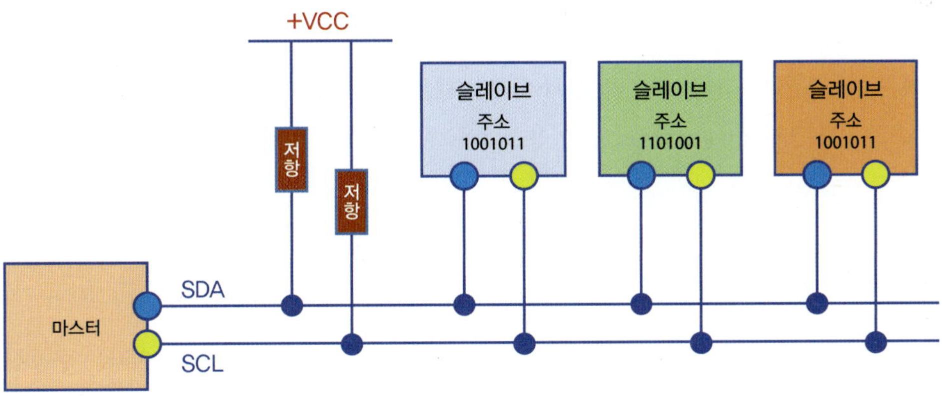

[그림 9-3] I2C 통신 개념도

ESP32에는 IO MUX(Input/Output Multiplexer, 입력/출력 다중화기) 기능이 있습니다. 이 기능을 사용해 I2C 버스가 연결되는 핀을 프로그램에서 바꿀 수가 있습니다. 그러나 실드를 사용할 때는 SCL과 SDA 핀으로 각각 R3(D1)과 R4(D2) 핀을 사용하도록 하고 있으므로, S3 mini의 경우 GPIO36과 GPIO35를 지정하면 됩니다.

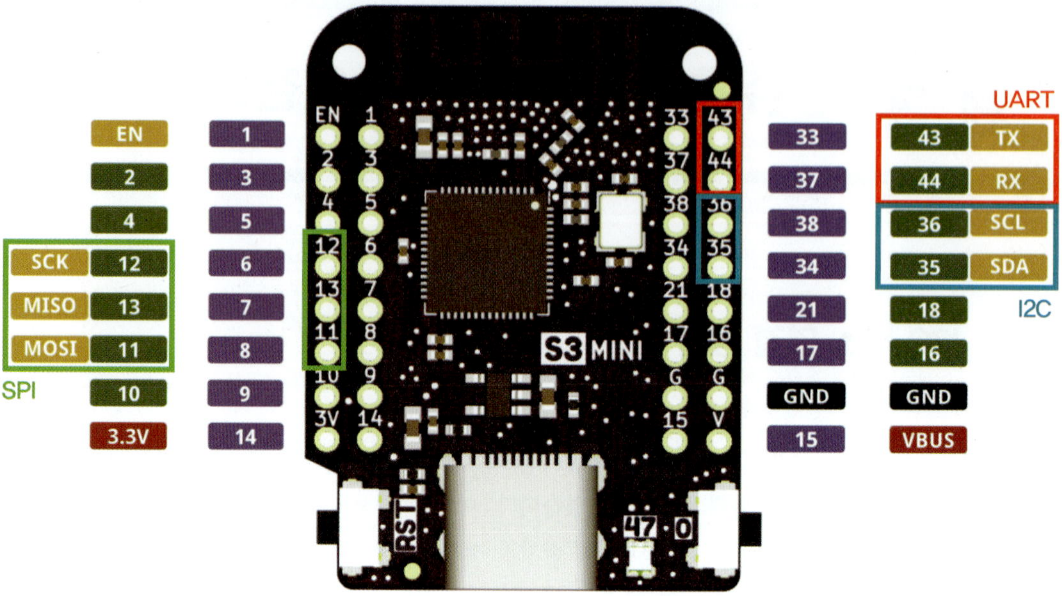

[그림 9-4] S3 mini 핀 구성도

02 BH1750과 OLED 회로도

여기서는 하나의 I2C 버스를 2개의 부품이 공유하는 사례를 설명합니다.

차례대로 3개의 프로그램을 보여줍니다. 첫 번째는 OLED에 영숫자와 한글을 표시하는 프로그램을 안내합니다. 두 번째는 [AI 프롬프트 실습 9-1]의 **센서 클래스 템플릿**을 활용해 BH1750Sensor 클래스를 만듭니다. 마지막으로 BH1750Sensor 클래스를 이용해 조도 값을 읽어서 OLED에 표시하는 프로그램을 만들어봅니다.

[그림 9-5]는 주변광(Ambient Light) 실드인데 값으로 조도(lux)를 돌려줍니다. 이 실드는 BH1750 센서를 탑재하고 있습니다.

[그림 9-6]은 OLED 실드이며 64×48의 해상도를 갖는 흑백 디스플레이이고, SSD1306이라는 구동칩을 사용합니다. I2C 실드는 반드시 옥토보드의 외부 핀 영역에 장착해야 합니다.

[그림 9-7]은 BH1750과 OLED 실드를 C3 mini에 연결한 것입니다. 두 장치 모두 I2C 통신 방식이므로 핀(버스)을 공유합니다.

[그림 9-5] 주변광 실드

[그림 9-6] OLED 실드

[그림 9-7] BH1750과 OLED

03 OLED에 영숫자와 한글 표시하기

OLED는 텍스트와 이미지를 표시할 수 있는 디스플레이 장치입니다. 영숫자와 한글까지 사용할 수 있으므로 센서 값을 효과적으로 표시할 수 있습니다. 여기서는 OLED에 영숫자와 한글을 표시하는 기능을 익히는 프로그램을 만들어봅니다.

OLED에 한글 표시하기 : hangul.py

마이크로파이썬의 OLED 모듈은 일반적인 방식으로는 한글을 지원하지 않습니다. 한글은 글자 수가 너무 많아서 모든 한글의 이미지를 마이크로컨트롤러에 담아 두고 처리하기가 힘들기 때문입니다. 여기서는 저자가 만든 **한글 모아쓰기 모듈**(hangul.py)을 사용합니다. 이 모듈은 한글 자모를 조합해 글자를 만들기 때문에 메모리 소요가 상대적으로 적어서 마이크로컨트롤러에도 충분히 올릴 수 있습니다. 이 모듈의 소스 파일 크기는 84KB 정도이고, 실행할 때 메모리는 15KB 정도를 사용합니다.

여기서 사용하는 OLED 실드는 64×48 해상도를 가진 표시 장치인데, 출력할 때 위치를 [그림 9-8]과 같이 X-Y 좌표로 지정해야 합니다.

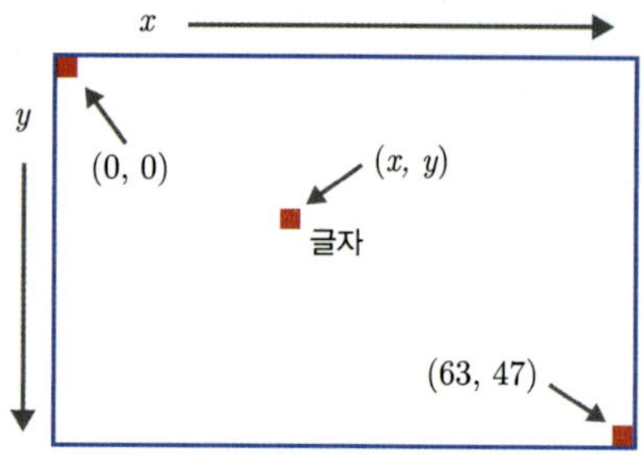

[그림 9-8] OLED X-Y좌표계

사용 회로와 목표

- **사용 회로**

  [그림 6-6]과 같이 OLED 실드를 옥토보드의 외부 핀 영역에 장착합니다.

- **대체 회로**

  [그림 9-7]과 같이 브레드보드에 C3 mini와 OLED로 회로를 구성합니다. 또는 옥토보드의 외부 핀 영역에 C3 mini와 OLED 실드를 장착해도 됩니다.

- **목표**

  I2C 통신 방식으로 접속되는 OLED 실드에 한글을 표시합니다. 이 프로그램은 저자가 직접 코딩한 것입니다.

[프로그램 9-3]은 OLED의 기본 기능과 한글 모아 쓰기 기능으로 문자를 표시하고 있습니다. **한글 모아 쓰기**로는 글자의 크기를 바꿀 수 있는데, 5초 단위로 글자의 크기를 바꾸어서 출력하고 있습니다.

프로그램 9-3 9_3_oled.py

```
# 기본 모듈
from machine import I2C,Pin
import time

```

```
# oled 모듈
from ssd1306 import SSD1306_I2C

# 한글 모아쓰기 모듈
from hangul import draw_hangul,H2,V2,X4
import pinno as P

# I2C 버스 만들기
SCL_PIN = P.SCL
SDA_PIN = P.SDA
i2c = I2C(0, scl=Pin(SCL_PIN), sda=Pin(SDA_PIN))

# oled 인스턴스 만들기
WIDTH  = 64
HEIGHT = 48
oled = SSD1306_I2C(WIDTH, HEIGHT, i2c)

def main():

    mode = 0
    mode_str = ['',V2,H2,X4]
    while True:
        # oled를 지움
        oled.fill(0)
        # oled 모듈의 픽셀 쓰기
        oled.text('Abc123',0,0)
        # 한글 모듈의 픽셀 쓰기
        draw_hangul(oled,'한A1',0,10,mode_str[mode])
        # (mode) V2:세로 2배, H2:가로 2배, X4:가로 세로 2배
        # 모드 변경 '' -> V2 -> H2 -> X4
        mode = mode + 1 if mode != 3 else 0
        # oled 표시
        oled.show()

        time.sleep_ms(5*1000)

if __name__ == '__main__':
    main()
```

실행 결과

[그림 9-9] OLED에 순서대로 문자 표시하기

[프로그램 9-3] 해설

```
# 기본 모듈
from machine import I2C,Pin
# I2C 버스 만들기
SCL_PIN = P.SCL
SDA_PIN = P.SDA
i2c = I2C(0, scl=Pin(SCL_PIN), sda=Pin(SDA_PIN))
```

I2C 0번을 사용해 버스를 만들고 있습니다. 실드에서 지정한 SCL과 SDA 핀을 사용합니다. 여기서 만든 버스인 i2c는 이 버스에 연결된 다른 부품을 초기화할 때도 사용합니다.

```
# oled 모듈
from ssd1306 import SSD1306_I2C

# oled 인스턴스 만들기
WIDTH  = 64
HEIGHT = 48
oled = SSD1306_I2C(WIDTH, HEIGHT, i2c)

# oled를 지움
oled.fill(0)

# oled 모듈의 픽셀 쓰기
oled.text('Abc123',0,0)

# oled 표시
oled.show()
```

OLED는 실드는 SSD1306 칩셋을 사용합니다. 그래서 SSD1306_I2C의 인스턴스를 만들어서 사용합니다. 인스턴스를 만들 때 I2C 어드레스를 지정할 수 있는데 기본 어드레스인 0x3c가 다른 장치와 중복되지 않으면 생략해도 됩니다.

문자를 표시하기 전에 oled.fill(0) 명령으로 버퍼를 모두 지우고 oled.text( ) 명령으로 문자를 버퍼에 기록합니다. 마지막으로 oled.show( ) 명령으로 버퍼의 내용을 디스플레이에 표시합니다.

```
from hangul import draw_hangul,H2,V2,X4

oled = SSD1306_I2C(WIDTH, HEIGHT, i2c)

oled.fill(0)

 # 한글 모듈의 픽셀 쓰기 mode: 생략, V2, H2, X4
 draw_hangul(oled,'한A1',0,10,mode_str[mode]))

 oled.show()
```

draw_hangul( )은 함수이므로 별도의 초기화 절차 없이 사용합니다. 이 함수의 첫 번째 인자가 oled 인스턴스입니다. draw_hangul( )은 oled.fill( )과 oled.show( )의 중간에 있어야 합니다.

```
draw_hangul(oled,한글이_포함된_str,x,y,mode=None)
```

mode는 생략할 수 있고 V2, H2, X4 중에서 선택하면 글자가 커집니다. 다음은 mode 지정 값에 대응해, 한글 기준으로 폭×높이를 픽셀 단위로 나타내고 있습니다. 괄호 안은 영숫자 기준 크기입니다.

None:16x16(8x16), V2:16x32(8x32), H2:32x16(16x16), x4:32x32(16x32)

04 BH1750Sensor 클래스 만들기

[AI 프롬프트 실습 9-1]의 **센서 클래스 템플릿**을 이용해 BH1750 조도 센서용 클래스를 만들어보겠습니다. 이 작업을 위해서는 먼저 앞 부분에 [AI 프롬프트 실습 9-1]의 내용을 붙여 넣고, 그 뒤에 BH1750용 템플릿 내용을 입력합니다.

사용 회로와 목표

- **사용 회로**

  [그림 6-6]과 같이 주변광 실드를 옥토보드의 외부 핀 영역에 장착합니다.

- **대체 회로**

  [그림 9-7]과 같이 브레드보드에 C3 mini와 부품들로 회로를 구성합니다. 또는 옥토보드의 외부 핀 영역에 C3 mini와 주변광 실드를 장착해도 됩니다.

- **목표**

  I2C 통신 방식으로 접속되는 BH1750 주변광(조도) 센서를 사용하기 위한 클래스를 [AI 프롬프트 실습 9-1]의 '센서 클래스 템플릿'을 활용해 만듭니다.

생성형 AI에게 코딩시키기

AI 프롬프트 실습 9-3 ai-9-3-BH1750Sensor-클래스-만들기.md

(여기에 'ai-9-1-센서-클래스-템플릿.md'의 내용을 붙여 넣으세요.)

```
components:
- sensor_calss:
    센서_모델: BH1750
    클래스_이름: BH1750Sensor
    pin_type: i2c_bus
    key_1: Brightness, 정수
    라이브러리: |
        import bh1750fvi 하지 말고 직접 코드를 만들어 줘.

def main():
    import pinno as P
    from parse import Parse

    i2c = I2C(0, scl=Pin(P.SCL), sda=Pin(P.SDA))
    sensor = BH1750Sensor(i2c_bus=i2c)
    while True:
        data = sensor.read()
        print(data)
        p = Parse(data)
        print(f'name: {p.name}, {p.key}: {p.value}')
```

```python
        time.sleep_ms(5000)

if __name__ == '__main__':
    main()
```

AI가 출력한 마이크로파이썬 코드

프로그램 9-4 \lib\bh1750sensor.py

```python
from machine import I2C, Pin
import time

class BH1750Sensor:
    """
    :param i2c_bus: I2C 버스를 사용해 BH1750 센서를 초기화
    :param ser: 센서의 고유 식별자 (옵션)
    """
    def __init__(self, i2c_bus, ser=None) -> None:
        self.pin_or_bus = i2c_bus
        self.sensor_instance = i2c_bus  # i2c_bus 인스턴스 사용
        self.address = 0x23  # BH1750 기본 주소
        self._model: str = "BH1750"
        self._model_ser: str = f"{self._model}_{ser}" if ser else \
                                                   self._model
        self._sensor_count: int = 1  # BH1750은 하나의 센서로 동작
        self._names: list[str] = []
        self.name_first = True
        self._key: list[str] = ["Brightness"]
        self._value: list[any] = [None]
        self._dict = {}

        try:
            # 센서 초기화: 연속 고해상도 모드
            self.sensor_instance.writeto(self.address, b'\x10')
            time.sleep_ms(180)
        except OSError as e:
            print(f"오류: 장치 연결 실패 {e}")
            self._value = [None]

    def make_data(self):
        """
        센서 데이터를 읽어 와서 _value에 저장
```

```
        """
        try:
            # BH1750 데이터 읽기
            data = self.sensor_instance.readfrom(self.address, 2)
            brightness = (data[0] << 8 | data[1]) / 1.2
            self._value[0] = round(brightness)
        except OSError as e:
            print(f"오류 발생: {e}")
            self._value = [None]

    def make_dict(self):
        """
        _value 리스트의 데이터를 _dict로 변환
        """
        sensor_data = {self._key[0]: self._value[0]}
        self._dict[self._model_ser] = sensor_data

    def read(self):
        """
        센서 데이터를 읽고, 딕셔너리 형태로 반환
        """
        self.make_data()  # 센서 데이터를 먼저 읽음
        self.make_dict()  # 데이터를 딕셔너리로 구성
        return self._dict

def main():
    import pinno as P
    from parse import Parse

    i2c = I2C(0, scl=Pin(P.SCL), sda=Pin(P.SDA))

    sensor = BH1750Sensor(i2c_bus=i2c)
    while True:
        data = sensor.read()
        print(data)
        p = Parse(data)
        print(f'name: {p.name}, {p.key}: {p.value}')

        time.sleep_ms(5000)

if __name__ == '__main__':
    main()
```

실행 결과

```
{'BH1750': {'Brightness': 497}}
name: BH1750, Brightness: 497
```

[프로그램 9-4] 해설

```python
class BH1750Sensor:
    def __init__(self, i2c_bus, ser=None) -> None:
        self.pin_or_bus = i2c_bus
        self.sensor_instance = i2c_bus  # i2c_bus 인스턴스 사용
        self.address = 0x23  # BH1750 기본 주소
        self._model: str = "BH1750"
```

BH1750Sensor의 인스턴스를 만들 때 i2c_bus를 전달해야 합니다. 이 센서의 기본 I2C 어드레스는 0x23입니다.

```python
    def make_data(self):
        try:
            # BH1750 데이터 읽기
            data = self.sensor_instance.readfrom(self.address, 2)
            brightness = (data[0] << 8  |  data[1]) / 1.2
            self._value[0] = round(brightness)
        except OSError as e:
            print(f"오류 발생: {e}")
            self._value = [None]
```

실제로 센서의 값을 읽어 옵니다. I2C 프로토콜에 따라 센서와 정보를 주고 받습니다.

```python
def main():
    import pinno as P
    from parse import Parse

    i2c = I2C(0, scl=Pin(P.SCL), sda=Pin(P.SDA))

    sensor = BH1750Sensor(i2c_bus=i2c)
    while True:
        data = sensor.read()
        print(data)
        p = Parse(data)
        print(f'name: {p.name}, {p.key}: {p.value}')

        time.sleep_ms(5000)

if __name__ == '__main__':
    main()
```

먼저 I2C 버스를 만들어서, BH1750Sensor의 인스턴스를 만들 때 전달해야 합니다. sensor.read( )는 이전 클래스(DHT22Sensor)와 동일합니다. Parse 클래스를 이용해 필요한 데이터를 추출합니다.

05 BH1750의 조도 값을 OLED에 표시하기

앞에서 만들어 둔 BH1750Sensor 클래스를 사용해 센서 값을 읽고, 그 값을 OLED에 표시하는 프로그램을 만들어보겠습니다. 여기서 사용하는 프롬프트에는 앞 절에서 언급한 '패턴 프롬프트'가 포함되어 있습니다.

사용 회로와 목표

- **사용 회로**

  S3 mini 개발 보드와 주변광 실드, 그리고 OLED 실드를 옥토보드의 외부 핀 영역에 장착합니다.

- **대체 회로**

  [그림 9-7]과 같이 브레드보드에 C3 mini와 부품들로 회로를 구성합니다. 또는 옥토보드의 외부 핀 영역에 C3 mini와 주변광 실드, 그리고 OLED 실드를 장착해도 됩니다.

• **목표**

주변광을 주기적으로 읽어서 내용을 OLED에 출력합니다.

생성형 AI에게 코딩시키기

AI 프롬프트 실습 9-4 ai-9-4-bh1750-oled.md

(여기에 'ai-patterns.md'의 내용을 붙여 넣으세요.)

```
components:
- 센서읽기_앞부분

brightness = 0

components:
- i2c:
    scl_pin: Pin(P.SCL)
    sda_pin: Pin(P.SDA)
- 조도:
    이름: bh1750
- OLED

def display_oled():
    oled.fill(0)
    draw_hangul(oled,'조도',0,0)
    oled.text(f'{bright} lx'bright,0,20)
    oled.show()

def sensor_read():
    global brightness
    data = sensor.read()
    print(data)
    p = Parse(data)
    brightness = p.value
    print(f'{p.key}: {p.value}')

    display_oled()

components:
- 타이머:
    이름: timer_sensor
```

```
period: 5*1000
callback: sensor_read
```

- 센서읽기_뒷부분

AI가 출력한 마이크로파이썬 코드

이 프로그램을 실행하기 위해서는 ssd1306.py 모듈이 필요합니다. 이 모듈은 \mpy_examples\lib\ssd1306.py에 준비되어 있습니다.

다음 웹 페이지에서도 다운로드할 수 있습니다.

https://github.com/stlehmann/micropython-ssd1306/blob/master/ssd1306.py

프로그램 9-5 9_5_bh1750_oled.py

```python
from machine import Pin, I2C
from timerrun import TimerRun
from run import Run
from parse import Parse
import pinno as P

brightness = 0

run = Run()

# I2C 설정
i2c = I2C(0, scl=Pin(P.SCL), sda=Pin(P.SDA))

# 조도 센서 설정
from bh1750sensor import BH1750Sensor
bh1750 = BH1750Sensor(i2c)

# OLED 디스플레이 설정
from ssd1306 import SSD1306_I2C  # OLED 라이브러리
from hangul import draw_hangul, V2, H2, X4  # 한글 출력 모듈
WIDTH = 64
HEIGHT = 48
oled = SSD1306_I2C(WIDTH, HEIGHT, i2c)

```

```python
def display_oled():
    oled.fill(0)
    draw_hangul(oled, '조도', 0, 0)
    oled.text(f'{brightness} lx', 0, 20)
    oled.show()

def sensor_read():
    global brightness
    data = bh1750.read()  # bh1750 센서에서 데이터를 읽어 옴
    print(data)
    p = Parse(data)
    brightness = p.value
    print(f'{p.key}: {p.value}')

    display_oled()

# 타이머 설정
timer_sensor = TimerRun(period=5*1000, callback=sensor_read)
run.add(timer_sensor.run)

def main():
    while True:
        run.run()

if __name__ == '__main__':
    main()
```

실행 결과

```
{'BH1750': {'Brightness': 513}}
Brightness: 513
```

[그림 9-10] OLED에 조도 값 표시하기

[프로그램 9-5] 해설

```
from machine import Pin, I2C
# I2C 설정
i2c = I2C(0, scl=Pin(P.SCL), sda=Pin(P.SDA))

# 조도 센서 설정
from bh1750sensor import BH1750Sensor
bh1750 = BH1750Sensor(i2c)

# OLED 디스플레이 설정
from ssd1306 import SSD1306_I2C  # OLED 라이브러리
oled = SSD1306_I2C(WIDTH, HEIGHT, i2c)
```

I2C 버스인 i2c를 만들어서 클래스 SSD1306_I2C와 BH1750Sensor가 공유하고 있습니다.

```
def display_oled():
    oled.fill(0)
    draw_hangul(oled, '조도', 0, 0)
    oled.text(f'{brightness} lx', 0, 20)
    oled.show()
```

OLED에 출력하기 위해 인스턴스 oled를 사용하고 있고, 한글 출력을 위한 함수 draw_hangul에 인자로 oled를 제공하고 있습니다.

```
def sensor_read():
    global brightness
    data = bh1750.read()
    print(data)
    p = Parse(data)
    brightness = p.value
    print(f'{p.key}: {p.value}')

    display_oled()
```

함수 sensor_read( )는 센서 데이터를 읽어서 처리하는 전형적인 루틴입니다. bh1750.read( )로 데이터를 읽어서 Parse 클래스로 데이터를 추출합니다. p.value는 센서에 key가 1개일 때의 센서 값입니다.

```python
from timerrun import TimerRun
from run import Run

run = Run()

# 타이머 설정
timer_sensor = TimerRun(period=5*1000, callback=sensor_read)
run.add(timer_sensor.run)

def main():
    while True:
        run.run()

if __name__ == '__main__':
    main()
```

이 코드는 프로그램 전체의 흐름을 요약해 보여주고 있습니다. TimerRun 클래스의 개별 run( ) 메소드를 while 루프 안에 두는 대신에, Run 클래스의 run( ) 메소드가 대행하고 있습니다. 그러기 위해서 Run 클래스의 add( ) 메소드로 TimerRun 클래스의 run( ) 메소드를 등록해야 합니다.

클래스 Run은 아주 작은 모듈인데, 반복적으로 실행해야 할 함수를 등록받아서 주기적으로 실행시키는 역할을 합니다. 이 클래스의 사용법과 메소드는 다음과 같습니다.

- 인스턴스 만들기

  예 from run import Run

  run = Run( )

- 메소드 add: 반복적으로 실행할 함수를 등록함.

  예 run.add(timer_sensor.run)

- 메소드 remove: 등록한 함수를 제거함.

- 메소드 run: while 루프에 지정함.

  예 while True:

  run.run( )

SECTION 9.4

[유형 4] OneWire 버스에 연결하기

01 OneWire 버스 연결 방식

OneWire는 하나의 데이터 선에 여러 개의 센서를 멀티드롭 방식으로 연결할 수 있는 통신 방식인데, Dallas Semiconductor라는 회사에서 소프트웨어 방식으로 구현한 것입니다. 이를 지원하는 대표적인 센서가 DS18B20 온도 센서입니다. [그림 9-11]은 하나의 OneWire 버스에 3개의 DS18B20 센서가 연결된 예입니다.

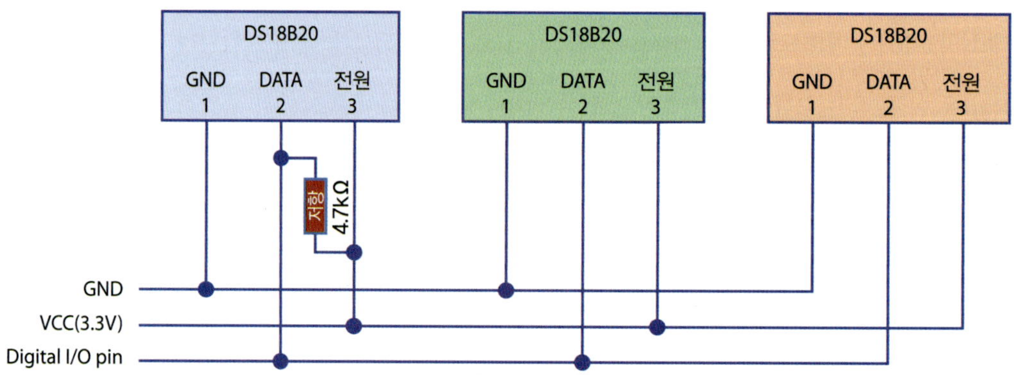

[그림 9-11] OneWire 통신 개념도

OneWire는 저속, 저전력 통신 방식입니다. 다만 연결되는 센서가 많아지면 핀에서 제공하는 전류로서는 부족할 수 있으므로 별도로 외부 전원을 연결해야 합니다.

02 DS18B20 회로도

DS18B20은 하나의 데이터 핀에 여러 센서를 멀티드롭으로 연결할 수 있고, 각 DS18B20은 서로 구분되는 고유한 ID를 가지고 있습니다. 센서가 연결되면 ID를 확인하고 물리적인 위치를 파악해 관리해야 합니다.

[그림 9-12]는 하나의 DS18B20 센서가 장착된 실드입니다. 이 실드의 데이터 핀은 D2(R4, SDA)입니다. 이 실드는 I2C의 SDA핀을 데이터 핀으로 사용하므로, 이 실드가 장착되면 다른 I2C 센서가 작동하지 않게 됩니다. 만약 I2C로 접속되는 OLED와 같은 장치와 함께 사용하길 원하면, 이 실드는 옥토보드의 내부 핀에 연결해야 합니다.

[그림 9-13]은 2개의 DS18B20 센서를 C3 mini에 연결한 것입니다. DS18B20의 데이터 핀은 4.7kΩ으로 풀업해야 합니다.

[그림 9-12] DS18B20 실드

[그림 9-13] 2개의 DS18B20

03 DS18B20Sensor 클래스 만들기

[AI 프롬프트 실습 9-1]의 **센서 클래스 템플릿**을 이용해 DS18B20 온도 센서용 클래스를 만들어보도록 하겠습니다. 이 작업을 위해서는 프롬프트의 앞부분에 [AI 프롬프트 실습 9-1]의 내용을 붙여 넣고, 뒷부분에 DS18B20에 대한 정보를 입력합니다.

사용 회로와 목표

- **사용 회로**
  S3 mini 개발 보드를 옥토보드에 장착합니다. DS18B20 실드는 옥토보드의 내부 핀 영역에 장착합니다.
- **대체 회로**
  [그림 9-13]과 같이 브레드보드에 C3 mini와 부품들로 회로를 구성합니다. 또는 옥토보드의 외부 핀 영역에 C3 mini와 DS18B20 실드를 장착해도 됩니다.

• **목표**

OneWire 통신 방식으로 접속되는 DS18B20 온도 센서를 사용하기 위한 클래스를 [AI 프롬프트 실습 9-1]의 센서 클래스 템플릿을 활용해 만듭니다.

생성형 AI에게 코딩시키기

AI 프롬프트 실습 9-5 ai-9-5-DS18B20Sensor-클래스-만들기.md

(여기에 'ai-9-1-센서-클래스-템플릿.md'의 내용을 붙여 넣으세요.)

```
domponents:
- sensor_calss:
    센서_모델: DS18B20
    클래스_이름: DS18B20Sensor
    pin_type: pin_gpio
    key_1: Temperature, 소수점 1자리
    라이브러리: |
        특이사항 없음.

def main():
    import pinno as P
    from parse import Parse

    sensor = DS18B20Sensor(pin_gpio=P.DS18B20_IN)  # DS18B20 센서를 특정 GPIO에 연결함.

    while True:
        data = sensor.read()
        print(data)

        p = Parse(data)

        for i in range(len(p.names)):
            print(f'name: {p.names[i]}, Id: {p.ow_ids[i]}, {p.ow_keys[i]}:
                {p.ow_values[i]}')

        time.sleep_ms(5000)

if __name__ == '__main__':
    main()
```

AI가 출력한 마이크로파이썬 코드

프로그램 9-6 \lib\ds18b20sensor.py

```
from machine import Pin
import time
import onewire
import ds18x20
import binascii

# file: ds18b20sensor.py
class DS18B20Sensor:
    """
    DS18B20 온도 센서 클래스.

    :param pin_gpio: DS18B20 센서를 연결할 GPIO 핀을 지정합니다.
    :param ser: 센서의 고유 식별자 (선택 사항)
    """

    def __init__(self, *, pin_gpio: int, ser=None) -> None:
        """
        DS18B20 센서를 초기화합니다.

        :param pin_gpio: DS18B20 센서를 연결할 GPIO 핀
        :param ser: 센서의 고유 식별자 (선택 사항)
        """
        # pin_gpio를 사용해 Pin 인스턴스를 만듭니다.
        self.pin_or_bus = Pin(pin_gpio, Pin.IN)

        # OneWire 인스턴스 생성
        self.ow = onewire.OneWire(self.pin_or_bus)

        # DS18X20 센서 인스턴스 생성
        self.sensor_instance = ds18x20.DS18X20(self.ow)

        # 센서 모델 설정
        self._model = 'DS18B20'
        self._model_ser = f"{self._model}_{ser}" if ser else self._model

        # 센서 데이터 초기화
        self._sensor_id = self.ow.scan()  # OneWire 버스에 연결된 센서들
        self._sensor_count = len(self._sensor_id)  # 연결된 센서의 수

        # 디버깅: 감지된 센서의 주소를 출력합니다.
```

```
        print(f"Detected DS18B20 sensors: {self._sensor_id}")

        self._names = []
        self.name_first = True
        self._keys = ['Temperature']  # 첫 번째 key는 'Temperature'
        self._values = []  # 센서에서 읽은 값
        self._sensor_id_hex = []  # DS18B20 센서의 고유 ID HEX 값
        self._dict = {}  # 센서 데이터를 저장할 딕셔너리

        try:
            if self._sensor_count == 0:
                print("No DS18B20 sensors found!")
                self._values = [None]
            else:
                for sensor_id in self._sensor_id:
                    self._sensor_id_hex.append(self.hex_id(sensor_id))
        except OSError as e:
            print("센서 연결 실패:", e)
            self._values = [None]  # 센서 연결 실패 시 값을 None으로 처리

    def make_data(self):
        """
        센서에서 데이터를 읽고 처리하는 함수입니다.
        """
        try:
            self.sensor_instance.convert_temp()  # 온도 변환 시작
            time.sleep_ms(750)  # DS18B20 센서의 변환 시간 (750ms 대기)

            # 온도 읽기
            for sensor_id in self._sensor_id:
                temperature = self.sensor_instance.read_temp(sensor_id)
                self._values.append(round(temperature, 1))  #소수점 반올림
        except OSError as e:
            self._values = [None]  # 오류 발생 시 None 처리

    def make_dict(self):
        """
        센서 데이터를 딕셔너리 형태로 변환하는 함수입니다.
        """
        if self._model == 'DS18B20':
            for i in range(self._sensor_count):
                sensor_data = {
                    "Id": self._sensor_id_hex[i],  # 센서 고유 ID
                    self._keys[0]: self._values[i]  # 'Temperature' 값
```

```python
                }
                this_name_ser = self._model_ser + f"_{i+1}" \
                     if self._sensor_count > 1 else self._model_ser
                self._dict[this_name_ser] = sensor_data
        else:
            sensor_data = {}
            for i in range(len(self._keys)):
                sensor_data[self._keys[i]] = self._values[i]
            self._dict[self._model_ser] = sensor_data

    def read(self):
        """
        센서 데이터를 읽고, 딕셔너리 형태로 반환합니다.
        """
        self.make_data()  # 센서 데이터를 먼저 읽음
        self.make_dict()  # 데이터를 딕셔너리 형식으로 정리

        # 온도 단위 처리
        self._dict['TempUnit'] = 'C'  # 섭씨 단위로 설정 (기본값 C)

        return self._dict

    def hex_id(self, id):
        """
        센서의 고유 ID를 HEX 형식으로 변환합니다.
        """
        return binascii.hexlify(id).decode('utf-8')


def main():
    import pinno as P
    from parse import Parse

    # DS18B20 센서를 GPIO에 연결
    sensor = DS18B20Sensor(pin_gpio=P.DS18B20)

    while True:
        data = sensor.read()  # 센서 데이터를 읽음
        print(data)  # 센서 데이터 출력

        p = Parse(data)  # Parse 객체를 사용해 데이터 파싱

```

```python
        # 파싱된 각 센서 정보를 출력
        for i in range(len(p.names)):
            print(f'name: {p.names[i]}, Id: {p.ow_ids[i]},
                  {p.ow_keys[i]}: {p.ow_values[i]}')

        time.sleep_ms(5000)  # 5초 대기 후 반복


if __name__ == '__main__':
    main()
```

실행 결과

```
Detected DS18B20 sensors: [bytearray(b"(\xd7'w\x91\x17\x02e"), bytearray(b'(\xc5(w\x91\
x13\x02\x04')]
{'DS18B20_1': {'Id': '28d7277791170265', 'Temperature': 28.7}, 'DS18B20_2': {'Id':
'28c5287791130204', 'Temperature': 28.2}, 'TempUnit': 'C'}
name: DS18B20_1, Id: 28d7277791170265, Temperature: 28.7
name: DS18B20_2, Id: 28c5287791130204, Temperature: 28.2
```

ds18b20sensor.py에는 클래스 DS18B20Sensor의 코드와 테스트를 위한 코드가 함께 들어 있습니다. 앞의 [실행 결과]는 ds18b20sensor.py를 단독으로 실행해 얻은 결과입니다. 이 [실행 결과]에서는 2개의 센서가 연결되어 있기 때문에 name으로 DS18B20_1과 DS18B20_2가 나타납니다.

[프로그램 9-6] 해설

```python
import onewire
import ds18x20

# file: ds18b20sensor.py
class DS18B20Sensor:

    def __init__(self, *, pin_gpio: int, ser=None) -> None:
        # pin_gpio를 사용해 Pin 인스턴스를 만듭니다.
        self.pin_or_bus = Pin(pin_gpio, Pin.IN)

        # OneWire 인스턴스 생성
        self.ow = onewire.OneWire(self.pin_or_bus)

        # DS18X20 센서 인스턴스 생성
        self.sensor_instance = ds18x20.DS18X20(self.ow)
```

이 클래스는 마이크로파이썬에 내장된 onewire와 ds18x20 모듈을 사용합니다. onewire 인스턴스를 만든 후, DS18X20에 전달해 센서 인스턴스를 만듭니다.

```
def main():
    import pinno as P
    from parse import Parse

    # DS18B20 센서를 GPIO에 연결
    sensor = DS18B20Sensor(pin_gpio=P.DS18B20_IN)

    while True:
        data = sensor.read()  # 센서 데이터를 읽음
        print(data)  # 센서 데이터 출력

        p = Parse(data)  # Parse 객체를 사용해 데이터 파싱

        # 파싱된 각 센서 정보를 출력
        for i in range(len(p.names)):
            print(f'name: {p.names[i]}, Id: {p.ow_ids[i]},
                  {p.ow_keys[i]}: {p.ow_values[i]}')

        time.sleep_ms(5000)  # 5초 대기 후 반복

if __name__ == '__main__':
    main()

```

while True:에서 센서 데이터를 5초 단위로 읽어 옵니다. 메소드 sensor.read( )로 센서를 값을 읽는 것은 다른 클래스와 동일하지만, 하나의 OneWire 버스에 여러 개의 센서가 달려 있을 수 있기 때문에 센서의 수만큼 반복해서 값을 처리해야 합니다.

DS18B20은 다른 센서와 달리 개별 센서별로 Id가 있습니다. 그래서 DS18B20가 돌려 주는 데이터를 Parse 클래스로 추출하면 p.names와 함께 다른 센서와 구분되는 p.ow_ids, p.ow_keys, p.ow_values 프로퍼티를 사용할 수 있습니다. 이러한 프로퍼티는 모두 리스트 형식이므로 센서별로 인덱스를 붙여서 값을 구해야 합니다. 센서의 개수는 len(p.names)로 알 수 있습니다.

SECTION
9.5 [유형 5] SPI 버스에 연결하기

01 SPI 버스 연결 방식

SPI(Serial Peripheral Interface, 동기식 직렬 통신)에서는 3개의 핀(SCK, MOSI, MISO)은 공통으로 사용하고, 연결되는 슬레이브마다 1개 씩의 핀(SS, Slave Select)이 추가로 필요합니다. 그래서 센서를 1개만 연결해도 4개의 핀이 필요합니다.

이 방식에서는 개발 보드가 마스터가 되어 통신하려고 하는 슬레이브를 개별 핀으로 직접 선택할 수 있고, 데이터를 주고받는 선이 각각 있으므로 통신 속도가 I2C에 비해서는 월등히 빠릅니다. 이러한 장점 때문에 마이크로컨트롤러와 플래시 메모리를 연결할 때도 SPI 방식을 사용합니다. 해상도가 높은 디스플레이 장치의 경우 빠른 응답 속도를 위해 I2C 방식보다는 SPI 방식을 채택하는 경우가 많습니다.

ESP32에는 사용자가 독립적으로 사용할 수 있는 SPI 버스가 2개 있습니다.

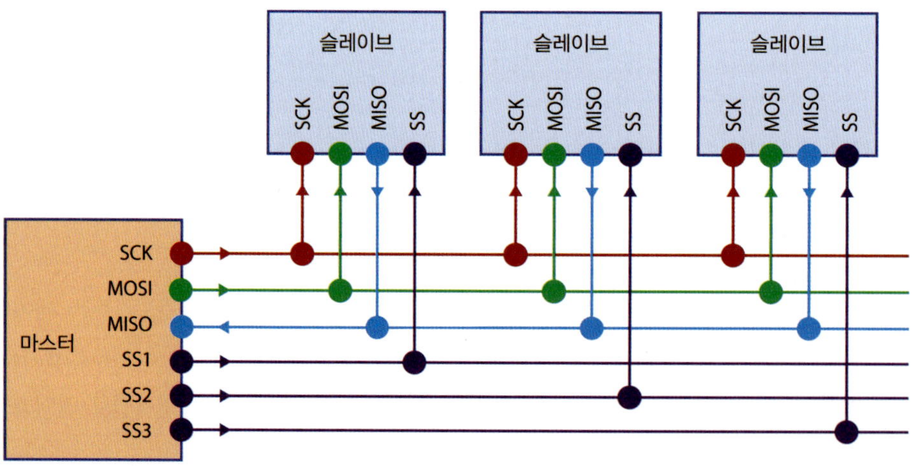

[그림 9-14] SPI 개념도

[그림 9-4]에서와 같이 S3 mini에는 SPI용 핀으로 GPIO12, GPIO13, 그리고 GPIO11이 준비되어 있습니다. SPI용 센서를 연결하기 위해서는 정해진 3개의 외에 1개의 핀이 추가로 필요합니다.

02 SD 카드와 RTC 실드 회로도

SPI 방식은 I2C 방식에 비해 월등히 빠릅니다. 그래서 파일 입출력이나 고해상도 디스플레이의 화면 정보 전송에는 SPI 방식을 사용합니다. 여기서는 SD 카드에 정보를 기록하는 데이터 로거 프로그램을 만들어보기로 합니다.

온습도 정보를 취득하기 위해 DHT22를 사용하고, RTC 기능을 이용해 시간 정보를 획득합니다. 이렇게 수집된 정보는 JSON 형식으로 SD 카드에 기록됩니다. JSON에 대해서는 이후 장에서 자세히 다룹니다.

[그림 9-15]는 SD 카드 실드이고, [그림 9-16]은 RTC(Real Time Clock) 실드입니다. 이 두 실드를 함께 사용하면 데이터 로거 디바이스를 만들 때 안성맞춤입니다. [그림 9-17]에서와 같이 SD 실드는 SPI 방식으로 연결됩니다. RTC 실드에는 DS1307 칩이 내장되어 있는데, 이 칩은 I2C 방식으로 연결됩니다. DHT22 온습도 센서를 함께 장착해 시간과 온습도 정보를 SD 카드에 기록하도록 하겠습니다.

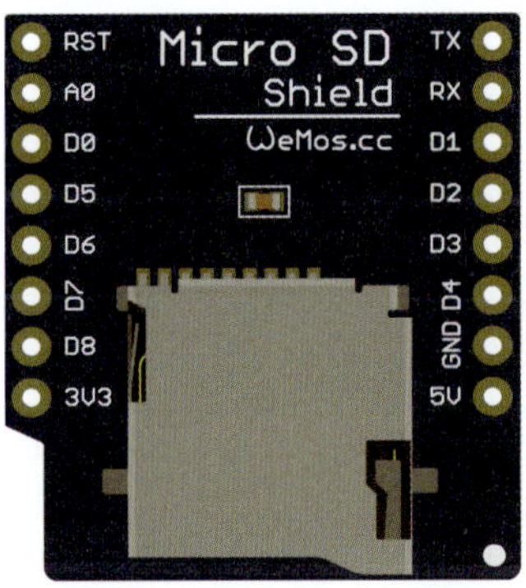

[그림 9-15] SD 카드 실드

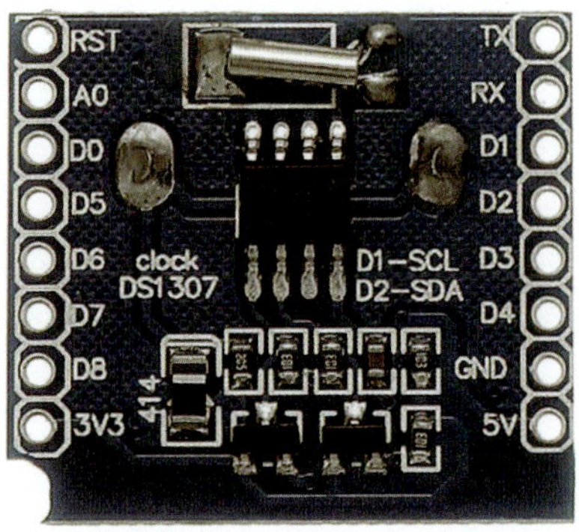

[그림 9-16] RTC 실드

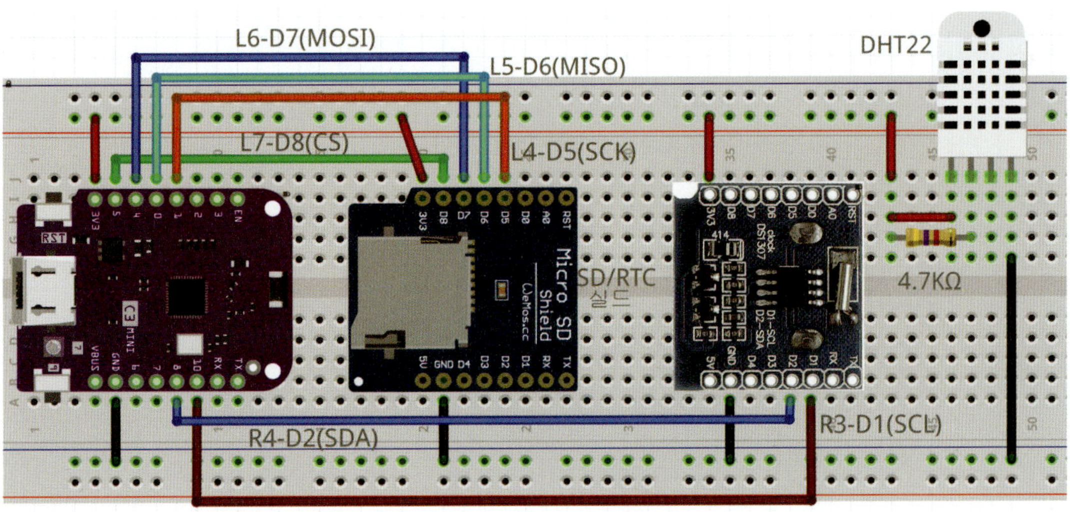

[그림 9-17] SD 카드 실드와 RTC 실드를 DHT22와 함께 장착한 데이터 로거 회로도

03 UseSDCard 클래스 만들기

파일 입출력 작업은 예외 상황이 많이 발생하기 때문에 적절한 클래스를 사용하지 않고 소스 코딩으로 대응하면 프로그램 코드가 대단히 복잡해지는 경향이 있습니다. 그래서 UseSDCard라는 클래스를 만들어서 파일 입출력을 준비하도록 하겠습니다.

사용 회로와 목표

- **사용 회로**

  S3 mini 개발 보드와 SD 카드 실드를 옥토보드의 외부 핀 영역에 장착합니다.

- **대체 회로**

  [그림 9-17]과 같이 브레드보드에 C3 mini와 SD 카드 부품으로 회로를 구성합니다. 또는 옥토보드의 외부 핀 영역에 C3 mini와 SD 카드 실드를 장착해도 됩니다.

- **목표**

  SD 카드를 마운트하고 새로운 파일을 만들어서 JSON이나 문자열을 추가하고, 다시 읽어서 출력해봅니다. 새로운 작업을 시작할 때마다 기존 파일의 일련 번호를 찾아서 자동으로 다음 파일을 만들 수 있게 합니다. 간단한 예제 코드가 들어 있어서, 클래스의 사용법을 확인할 수 있습니다.

생성형 AI에게 코딩시키기

SD 카드를 다루는 코드는 상당히 복잡하지만 시행착오를 통해서 실행 가능한 코드를 얻을 수 있게 되었습니다. AI가 오류를 내지 않도록 상당히 제약이 강한 프롬프트를 만들었습니다. 이 클래스에는 기본 기능만 있기 때문에 상속받아서 확장하거나, 코드를 수정해 요구사항에 대응하면 됩니다.

AI 프롬프트 실습 9-6 ai-9-6-UseSDCard-클래스-만들기.md

```
patterns:
    UseSDCard_class:
        설명: UseSDCard 클래스 템플릿
        방법: |
            Docstring은 :param pin_gpio: 형식으로 하고, 설명은 한글로 함.
        코드:
            from machine import Pin ..
            import time
            import sdcard
```

```
# file: usesdcard.py
class UseSDcard:
    __init__(self, spi_bus,cs_gpio,mount='sd') -> None:
        # spi_bus는 인스턴스로 전달되므로 별도로 만들 필요 없음.
        self.spi_bus = spi_bue

        # Pin(cs_gpio)를 만들어서 나중에 SDCard 지정할 때 사용함.
        self.cs_gpio = cs_gpio

        # mount point를 말함.
        self.mount_point = '/' + mount
        self.sensor_instance = ...

        self._file

    def mount_sdcard() -> bool, message_str:
        sd = SDcard 인스턴스
        # vfs 빠뜨리지 말 것.
        vfs = ...
        ...

        성공하면
        return True,'OK!'
        실패하면
        return False,오류 메시지

    def make_next_file(prefix: str, digits:int, ext: str) -> bool,
        message_str:

        표준 파일 형식은 '{prefix}{ser자릿수 숫자}.{ext}'임.
        prefix와 digits 사이에 구분 문자 없음.
        구분 문자가 필요하면 prefix에 포함해야 함.

        digits이 3이면 xxx이고 4이면 xxxx 등으로 바뀌므로 조심해야 함.
        ser이 제일 큰수가 되면 다시 1로 회기함.

        기존 파일 읽어서 ser을 확인하고 ser+1 해서 next_ser을 만듦.
        zfill() 메소드 사용하지 말 것.
        file_name = f'{prefix}{next_ser:0{digits}}.{ext}'
        self._file에 만든 파일 저장

        새로 만든 파일에 빈 정보 넣어서 초기화함.
```

```
            성공하면
            return True,'OK!'
            실패하면
            return False,오류 메시지

        def get_file() -> str:
            return self._file

        def append_json(data_dictionary) -> bool, message_str:
            data_dictionary를 json str로 만들고 뒤에 '\n'을 붙임.
            {get_file()}에 append함

            성공하면
            return True,'OK!'
            실패하면
            return False,오류 메시지

        def append_str(data_str) -> bool, message_str:
            data_str을 {get_file()}에 append함.

            성공하면
            return True,'OK!'
            실패하면
            return False,오류 메시지

        def read() -> str:
            파일을 읽어서 str로 돌려줌.
            return 읽은 str 전체
```

앞의 patterns:에서 정의된 내용을 참조해 아래에 지정된 components:를 마이크로파이썬 코드로 만들어 줘.

```
components:
- UseSDCard_class

def main():
    from machine import Pin, SPI
    import time
    import pinno as P

    # 핀 번호 상수 설정
    SCK_PIN = P.SCK
    MISO_PIN = P.MISO
```

```
    MOSI_PIN = P.MOSI
    CS_PIN = P.CS

    # SPI 버스 초기화
    spi_bus = SPI(1, baudrate=1000000, sck=Pin(SCK_PIN), mosi=Pin(MOSI_PIN),
              miso=Pin(MISO_PIN))

    # UseSDCard 클래스 인스턴스 생성
    sd = UseSDCard(spi_bus, CS_PIN)

    # SD 카드 마운트
    ok, message = sd.mount_sdcard()
    print(ok, message)

    # 새로운 파일 생성
    ok, message = sd.make_next_file(prefix='temphum', digits=3, ext='json')
    print(ok, message, sd.get_file())

    # 노랫말 생성
    song = [{'text': f'노랫말 {i}'} for i in range(5)]

    # SD 카드에 노랫말 추가
    for s in song:
        ok, message = sd.append_json(s)
        print(ok, message)

    # 파일 내용 읽기
    file_data = sd.read()
    print(file_data)

if __name__ == '__main__':
    main()
```

AI가 출력한 마이크로파이썬 코드

이 프로그램을 실행하기 위해서는 sdcard.py 모듈이 필요합니다. 이 모듈은 \mpy_examples\lib\sdcard.py에 준비되어 있습니다.

다음 웹 페이지에서도 다운로드할 수 있습니다.

https://github.com/micropython/micropython-lib/blob/master/micropython/drivers/storage/sdcard/sdcard.py

프로그램 9-7 \lib\usesdcard.py

```python
# file: usesdcard.py
from machine import Pin, SPI
import os
import ujson
import sdcard
import time

class UseSDCard:
    """
    SD 카드 사용을 위한 클래스

    :param spi_bus: SPI 버스 인스턴스
    :param cs_gpio: 칩 선택 핀 번호
    :param mount: 마운트 지점 (기본값 'sd')
    """
    def __init__(self, spi_bus, cs_gpio, mount='sd') -> None:
        # SPI 버스는 외부에서 인스턴스로 전달되므로 별도 생성 불필요
        self.spi_bus = spi_bus

        # 칩 선택 핀 설정
        self.cs_pin = Pin(cs_gpio)

        # 마운트 지점 경로
        self.mount_point = '/' + mount

        # 작업 중인 파일 변수
        self._file = None

    def mount_sdcard(self) -> tuple:
        """
        SD 카드를 마운트함.

        :return: (성공 여부, 메시지)
        """
        try:
            # SD 카드 인스턴스 생성 후 VFS 마운트
            sd = sdcard.SDCard(self.spi_bus, self.cs_pin) #SD 카드 인스턴스 생성
            vfs = os.VfsFat(sd)  # VFS 생성
            os.mount(vfs, self.mount_point)  # SD 카드 마운트
            return True, 'SD card mounted successfully!'
        except Exception as e:
            return False, f'SD card mount failed: {str(e)}'

```

```python
    def make_next_file(self, prefix: str, digits: int, ext: str) -> tuple:
        """
        새로운 파일을 생성함.

        :param prefix: 파일 이름의 접두사
        :param digits: 파일 번호 자릿수
        :param ext: 파일 확장자
        :return: (성공 여부, 메시지)
        """
        try:
            files = os.listdir(self.mount_point)
            max_ser = 0
            for f in files:
                if f.startswith(prefix) and f.endswith(f'.{ext}'):
                    ser_str = f[len(prefix):-len(ext)-1]
                    if ser_str.isdigit():
                        ser = int(ser_str)
                        max_ser = max(max_ser, ser)

            next_ser = (max_ser + 1) % (10 ** digits)
            file_name = f'{prefix}{next_ser:0{digits}}.{ext}'
            self._file = f'{self.mount_point}/{file_name}'

            with open(self._file, 'w') as f:
                f.write('')  # 빈 파일 초기화

            return True, 'File created successfully!'
        except Exception as e:
            return False, f'File creation failed: {str(e)}'

    def get_file(self) -> str:
        """
        현재 작업 중인 파일 경로를 반환함.

        :return: 파일 경로
        """
        return self._file

    def append_json(self, data_dictionary: dict) -> tuple:
        """
        데이터를 JSON 형식으로 파일에 추가함.

        :param data_dictionary: 추가할 데이터 딕셔너리
        :return: (성공 여부, 메시지)
        """
```

```
        try:
            with open(self._file, 'a') as f:
                json_str = ujson.dumps(data_dictionary) + '\n'
                f.write(json_str)
            return True, 'Data appended successfully!'
        except Exception as e:
            return False, f'Append failed: {str(e)}'

    def append_str(self, data_str: str) -> tuple:
        """
        문자열 데이터를 파일에 추가함.

        :param data_str: 추가할 문자열
        :return: (성공 여부, 메시지)
        """
        try:
            with open(self._file, 'a') as f:
                f.write(data_str + '\n')
            return True, 'String appended successfully!'
        except Exception as e:
            return False, f'Append failed: {str(e)}'

    def read(self) -> str:
        """
        파일의 내용을 읽어 반환함.

        :return: 파일의 내용
        """
        try:
            with open(self._file, 'r') as f:
                return f.read()
        except Exception as e:
            return f'Read failed: {str(e)}'

# 사용 예제
def main():
    from machine import Pin, SPI
    import time
    import pinno as P

    # 핀 번호 상수 설정
    SCK_PIN = P.SCK
    MISO_PIN = P.MISO
    MOSI_PIN = P.MOSI
    CS_PIN = P.CS
```

```python

    # SPI 버스 초기화
    spi_bus = SPI(1, baudrate=1000000, sck=Pin(SCK_PIN), mosi=Pin(MOSI_PIN),
                  miso=Pin(MISO_PIN))

    # UseSDCard 클래스 인스턴스 생성
    sd = UseSDCard(spi_bus, CS_PIN)

    # SD 카드 마운트
    ok, message = sd.mount_sdcard()
    print(ok, message)

    # 새로운 파일 생성
    ok, message = sd.make_next_file(prefix='temphum', digits=3, ext='json')
    print(ok, message, sd.get_file())

    # 노랫말 생성
    song = [{'text': f'노랫말 {i}'} for i in range(5)]

    # SD 카드에 노랫말 추가
    for s in song:
        ok, message = sd.append_json(s)
        print(ok, message)

    # 파일 내용 읽기
    file_data = sd.read()
    print(file_data)

if __name__ == '__main__':
    main()
```

실행 결과

```
True SD card mounted successfully!
True File created successfully! /sd/temphum002.json
True Data appended successfully!
True Data appended successfully!
True Data appended successfully!
True Data appended successfully!
True Data appended successfully!
{"text": "노랫말 0"}
{"text": "노랫말 1"}
{"text": "노랫말 2"}
{"text": "노랫말 3"}
{"text": "노랫말 4"}
```

[프로그램 9-7] 해설

```
class UseSDCard:

    def __init__(self, spi_bus, cs_gpio, mount='sd') -> None:

spi_bus = SPI(1, baudrate=1000000, sck=Pin(SCK_PIN),\
                         mosi=Pin(MOSI_PIN), miso=Pin(MISO_PIN))

sd = UseSDCard(spi_bus, CS_PIN)

ok, message = sd.mount_sdcard()

ok, message = sd.make_next_file(prefix='temphum', digits=3, ext='json')

song = [{'text': f'노랫말 {i}'} for i in range(5)]

for s in song:
    ok, message = sd.append_json(s)

file_data = sd.read()
print(file_data)
```

UseSDCard의 인스턴스를 만들 때는, 먼저 SPI 버스를 만들어야 합니다. SPI 버스를 만들 때에는 3개(SCK, MOSI, MISO)의 핀이 필요합니다. 이 핀들은 다른 SPI용 부품들과 공유합니다. CS는 SD 카드만을 위한 핀입니다. 그래서 SPI를 사용하기 위해서는 최소 4개의 핀이 필요합니다.

SPI로 사용 중인 핀에 SPI 방식인 아닌 다른 부품이 연결되어 있다면, 더 이상 SPI가 작동하지 않으므로 주의해야 합니다.

UseSDCard의 인스턴스인 sd가 만들어진 후, sd.mount_sdcard( )와 sd.make_next_file( )만 실행하면 파일 사용 준비가 끝납니다. 그 다음부터는 sd.append( ) 또는 sd.read( )하면 됩니다.

```
    def make_next_file(self, prefix: str, digits: int, ext: str):

        try:
            with open(self._file, 'w') as f:
                f.write('')  # 빈 파일 초기화

            return True, 'File created successfully!'
        except Exception as e:
            return False, f'File creation failed: {str(e)}'
```

파일을 다루는 전형적인 형식입니다. 여기서는 try: except: 구문으로 파일 입출력 처리에서 발생한 오류를 처리하고 있습니다.

다음은 with open( ) as f: 구문에 대한 설명입니다.

```
with open('filename', 'mode') as f:

    # mode = 'w' 또는 'a'일 때
    f.write('Hello, World!')

    # mode = 'r'일 때
    content = f.read()
    print(content)
```

with 블록 안에서 파일 입출력 처리를 마치면 자동으로 파일이 닫힙니다. 심지어 중간에 오류가 나더라도 파일이 닫히므로 안전합니다.

AI 프롬프트 활용 **파일 입출력 명령어 이해하기**

9-9 마이크로파이썬의 with open() as file: 구문에 대해 다음 내용을 알려줘.

- mode별 사용법을 구분하기
- 전통적인 open(), close() 구문과 비교하기
- try: except: 예외 처리 방식

04 온습도 정보를 시간과 함께 SD 카드에 기록하는 프로그램 만들기

SD 카드는 인터넷이 연결되지 않는 상태에서도 데이터를 기록할 수 있는 장점이 있습니다. 여기서는 DHT22 센서에서 온습도 데이터를 수집해서 SD 카드에 기록하는 프로그램을 만들어보겠습니다.

사용 회로와 목표

- **사용 회로**

  S3 mini 개발 보드와 SD 실드, RTC 실드와 DHT22 실드를 옥토보드의 내부 핀 영역에 장착합니다.

- **대체 회로**

  [그림 9-17]과 같이 브레드보드에 C3 mini와 부품들로 회로를 구성합니다.

- **목표**

  DHT22 온습도 정보를 시간과 함께 SD 카드에 기록합니다.

생성형 AI에게 코딩시키기

AI 프롬프트 실습 9-7 ai-9-7-UseSDCard-rtc-dht22.md

(여기에 'ai-patterns.md'의 내용을 붙여 넣으세요.)

```
components:
- 센서_읽기_앞부분

- DHT22:
    이름: dht
    pin_gpio: P.DHT

- i2c:
    scl_pin: P.SCL
    sda_pin: P.SDA

- spi:
    sck_pin: P.SCK
    mosi_pin: P.MOSI
    miso_pin : P.MISO
```

```
- sdcard_mount_make_next_file:
    cs_pin: P.CS
    file_prefix: temphum
    file_digits: 3
    file_ext: json

- rtc

- date_time_str_func

def read_sensor():

    data = dht.read()
    p = Parse(data)

    print(f"{p.name}> 온도: {p.value[1]}°{p.temp_unit}, 습도: {p.value[0]}%")

    data['Time'] = date_time_str_func()

    ok, msg = sd.append_json(data)
    if not ok:
        print(f"SD 카드 기록 실패: {msg}")
    else:
        print(f"데이터 기록 완료: {data}")

components:
- 타이머:
    이름: timer_sensor
    period: 5*1000
    callback: read_sensor

- 센서_읽기_뒷부분
```

AI가 출력한 마이크로파이썬 코드

프로그램 9-8 9_8_usesdcard_rtc_dht22.py

```python
import json
from timerrun import TimerRun
from run import Run
from parse import Parse
import pinno as P
```

```
from machine import Pin, I2C, SPI
from dht22sensor import DHT22Sensor
from usesdcard import UseSDCard
from ds1307 import DS1307

# Run 객체 초기화
run = Run()

# DHT22 센서 초기화
dht = DHT22Sensor(pin_gpio=P.DHT)

# I2C 초기화
i2c = I2C(0, scl=Pin(P.SCL), sda=Pin(P.SDA))

# SPI 초기화
spi = SPI(1, sck=Pin(P.SCK), mosi=Pin(P.MOSI), miso=Pin(P.MISO))

# SD 카드 초기화 및 파일 생성
sd = UseSDCard(spi_bus=spi, cs_gpio=P.CS)
ok, msg = sd.mount_sdcard()
if not ok:
    print(f"SD 카드 마운트 실패: {msg}")
else:
    ok, msg = sd.make_next_file(prefix='temphum', digits=3, ext='json')
    if not ok:
        print(f"SD 카드 파일 생성 실패: {msg}")
    else:
        print(f"SD 카드 파일 생성 완료: {sd.get_file()}")

# RTC 초기화
rtc = DS1307(i2c)

# 날짜와 시간 문자열 생성 함수
def date_time_str_func():
    """
    RTC에서 현재 날짜와 시간 정보를 가져와 문자열로 반환
    """
    year, month, day, hour, minute, second, week_day, \
                sub_second = rtc.datetime
    date_time_str = f'{year:04d}-{month:02d}-{day:02d} {hour:02d}:{minute:02d}:
                {second:02d}'
    return date_time_str

```

```python
# 센서 데이터 읽기 및 기록 함수
def read_sensor():
    """
    DHT22 데이터를 읽고 SD 카드에 기록
    """
    try:
        # DHT22 데이터 읽기
        data = dht.read()
        p = Parse(data)

        # 출력 정보
        print(f"{p.name}> 온도: {p.values[1]}°{p.temp_unit}, 습도: {p.values[0]}%")

        # 시간 정보 추가
        data['Time'] = date_time_str_func()

        # JSON 형식으로 SD 카드에 기록
        ok, msg = sd.append_json(data)
        if not ok:
            print(f"SD 카드 기록 실패: {msg}")
        else:
            print(f"데이터 기록 완료: {data}")
    except Exception as e:
        print(f"센서 읽기 실패: {e}")

# 타이머 설정
timer_sensor = TimerRun(period=5 * 1000, callback=read_sensor)
run.add(timer_sensor.run)

# 메인 실행
def main():
    while True:
        run.run()

if __name__ == '__main__':
    main()
```

실행 결과

```
파일 초기화 완료: /sd/temphum012.json
DHT22> 온도: 27.1°C, 습도: 64%
데이터 기록 완료: {'Time': '2024-10-16 12:39:25', 'DHT22': {'Humidity': 64,
```

```
'Temperature': 27.1}, 'TempUnit': 'C'}
DHT22> 온도: 27.1 ° C, 습도: 64%
데이터 기록 완료: {'Time': '2024-10-16 12:39:30', 'DHT22': {'Humidity': 64,
'Temperature': 27.1}, 'TempUnit': 'C'}
```

JSON은 문자열로 표시되므로 파일의 내용을 문서 편집기에서 확인할 수 있습니다. JSON 데이터를 기록할 때마다 끝에 '\n' 문자를 붙여서 줄을 구분해야 나중에 처리하기가 쉬워집니다. [그림 9-18]은 SD 카드의 파일을 PC의 문서 편집기에서 읽은 내용입니다.

```
temphum012.json > ...
{"Time": "2024-10-16 12:39:25", "DHT22": {"Humidity": 64, "Temperature": 27.1}, "TempUnit": "C"}
{"Time": "2024-10-16 12:39:30", "DHT22": {"Humidity": 64, "Temperature": 27.1}, "TempUnit": "C"}
{"Time": "2024-10-16 12:39:35", "DHT22": {"Humidity": 64, "Temperature": 27.1}, "TempUnit": "C"}
{"Time": "2024-10-16 12:39:41", "DHT22": {"Humidity": 75, "Temperature": 27.1}, "TempUnit": "C"}
{"Time": "2024-10-16 12:39:46", "DHT22": {"Humidity": 88, "Temperature": 27.3}, "TempUnit": "C"}
```

[그림 9-18] SD 카드 파일 내용

SECTION
9.6 [유형 6] UART로 연결하기

01 UART 핀 연결 방식

UART(Universal Asynchronous Receiver/Transmitter, 비동기 직렬 통신)는 2개의 데이터선을 송신용(TX)과 수신용(RX)으로 구분해 두 장치가 1:1로 통신하는 방식입니다. 한 장치의 TX 핀은 다른 장치의 RX 핀에 연결되어야 합니다. 두 장치를 연결하는 별도의 동기 신호가 없으므로 데이터 전송 속도를 양측에서 미리 약속으로 정해야 합니다.

이 통신 방식에서는 마스터와 슬레이브의 구분이 없으므로 어느 장치라도 먼저 통신을 시작할 수 있습니다.

ESP32에는 3개(UART0, UART1, UART2)의 UART가 준비되어 있고, 개발 보드의 UART0에는 내장 USB 장치가 연결되어 있으므로, 마이크로파이썬의 REPL은 UART0를 사용합니다. 그래서 다른 장치와 연결할 때 UART0는 피하는 것이 프로그램 디버깅에 유리합니다.

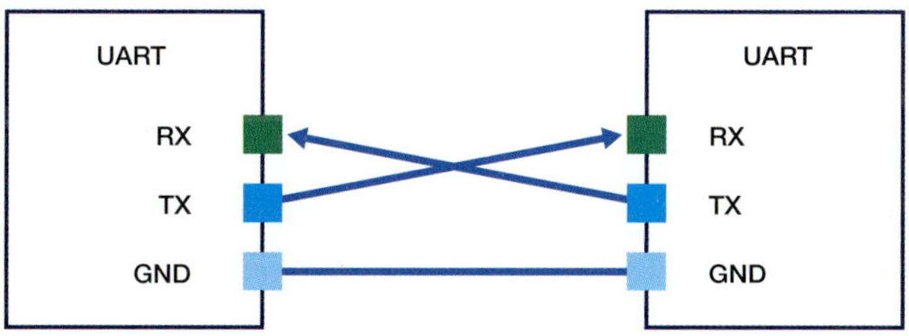

[그림 9-19] UART 개념도

이 책에서는 이후부터 시리얼 통신을 UART라고 표기합니다.

UART는 컴퓨팅 장치 간의 연결에 널리 사용되는 통신 방식입니다. I2C나 SPI 방식은 주로 개발 보드와 슬레이브 역할을 하는 주변 장치를 연결하는 용도가 많지만, 시리얼 통신은 두 컴퓨터가 동등한 자격으로 연결되어 통신을 할 수 있습니다.

02 UART의 데이터 형식

마이크로파이썬에서 문자열(str)을 표현하는 방법과 UART로 연결되는 다른 컴퓨팅 장치에서 문자열을 표현하는 방법이 다를 수 있습니다. 여기서는 UART를 활용하기 위해서 알아야 할 코드 체계에 대해 살펴봅니다.

ASCII(아스키) 코드

컴퓨터 메모리의 주소는 바이트(8비트) 단위로 부여합니다. 1바이트는 256(2^8)개의 글자를 표현할 수가 있는데, 그중 첫 1비트는 0으로 처리하고 남은 7비트로 128(27)개의 글자를 표현한 것이 ASCII[3]코드 체계입니다. ASCII 코드 체계에는 알파벳 대소문자, 숫자, 특수 기호, 그리고 제어 문자가 포함되어 있습니다.[4]

유니코드(Unicode)

기본적으로 2바이트(2^{16}=65536)로 전 세계의 문자를 표현하는 코드 체계입니다. ASCII 코드는 앞에 0x00글자를 붙여서 유니코드로 변환하면 되고, 한글은 11,172개의 별도 코드 영역을 차지하고 있습니다.

다음 코드를 REPL에 입력해보면 유니코드에서 한글 영역의 크기를 확인할 수 있습니다. ord( )는 각 글자의 유니코드를 알려주는 함수입니다. '가'는 한글 유니코드의 첫 글자이고, '힣'은 마지막 글자입니다.

```
>>> ord('힣')- ord('가') + 1
11172
```

파이썬은 3.x버전부터 문자(str)를 유니코드로 표현하므로, 마이크로파이썬도 유니코드를 내부 문자 체계로 사용합니다. 그래서 영문과 한글 모두 내부적으로는 유니코드로 2바이트씩 차지하지만, 프로그램에서는 내부 메모리 크기는 따지지 않고 글자 수만 세어서 문자열의 길이로 사용합니다.

```
>>> str_a = 'abc한글'
>>> len(str_a)
5
```

3 American Standard Code for Information Interchange의 줄임말이며, 대부분의 컴퓨터가 이 문자 체계를 따르고 있습니다.
4 https://www.ascii-code.com/에서 코드 테이블을 확인할 수 있습니다.

UTF-8

컴퓨터 내부에서는 유니코드를 사용하면 정보 처리가 간단해지지만, 외부와 통신할 때는 ASCII 코드를 사용하는 것이 통신량이 적어지므로 훨씬 경제적입니다. 한글이 많은 웹 페이지더라도, 실제로 브라우저에 전송되는 HTML, CSS, Javascript 파일의 ASCII 문자 수가 한글에 비해 압도적으로 많습니다. 이때 유니코드를 사용하면 ASCII 문자의 통신량이 2배로 늘어나서 전송 시간도 늘어나고 저장 공간도 많이 필요해집니다. 그래서 ASCII 코드를 기본으로 하고 중간에 한글을 인코딩(encoding)해 끼워 넣어야 할 필요가 생겼는데, 이를 위해 채택된 인코딩 방식이 UTF-8[5]입니다. 현재 웹 페이지에서 한글은 대체로 UTF-8으로 인코딩합니다.

[프로그램 9-9]를 실행하면 유니코드와 UTF-8의 문자를 2진수로 출력할 수 있습니다. [그림 9-20]은 그 출력 결과를 이용해 코드 변환을 설명한 것입니다.

프로그램 9-9 9_9_unicode_utf_8.py

```
# 함수 ord()는 문자의 유니코드 값을 나타냅니다.
uni_a = ord('a')
uni_han = ord('한')

byte_a = 'a'.encode('utf-8')
byte_han = '한'.encode('utf-8')

# 각 바이트를 2진수로 변환해 출력
binary_a   = ' '.join('{:08b}'.format(byte) for byte in byte_a)
binary_han = ' '.join('{:08b}'.format(byte) for byte in byte_han)

print()
print(f'유니코드 a: {uni_a:016b},\t한: {uni_han:016b}')
print()
print(f'utf-8   a: {binary_a}, \t\t한: {binary_han}')
print()
```

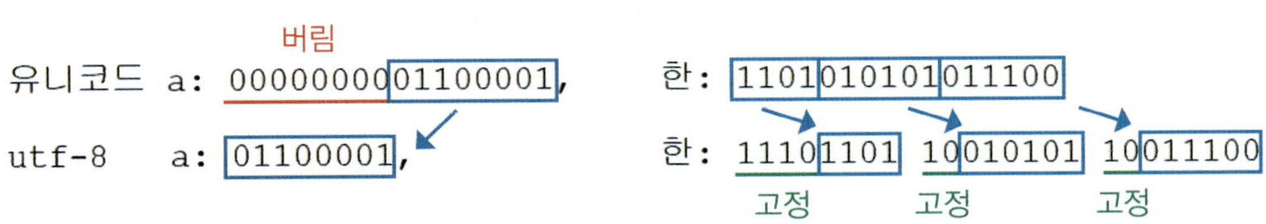

[그림 9-20] 유니코드에서 UTF-8로 변환하기

5 Unicode Transformation Format - 8-bit의 줄임말이며, 웹 페이지에서 한글 등의 다국적 문자를 인코딩하는 사실상의 국제 표준입니다.

이 형식에서는 ASCII 문자는 1바이트로 정의하고, 한글은 3바이트로 늘려서 표현합니다. 즉 유니코드의 ASCII 문자는 첫 바이트(0x00)를 버리고 두 번째 바이트를 취하면 되고, 한글의 경우 16비트를 4,6,6비트로 나누어서 세 바이트로 분산 배치합니다. 이 3바이트의 앞 부분의 비트 값은 0x1110, 0x10, 0x10으로 고정되어 있습니다.

이처럼 UTF-8에서는 ASCII 문자의 첫 비트는 항상 0이고, 한글 3바이트의 첫 비트는 1이므로, ASCII 문자와 한글이 섞여 있어도 구분이 가능하게 됩니다.

외부 통신에는 UTF-8 사용

마이크로파이썬과 다른 장치가 통신할 때는 UTF-8 형식으로 인코딩해 송수신하면 됩니다. 따라서 UART에서는 전송 직전에 UTF-8으로 인코딩해야 하고, 인코딩된 데이터는 bytes 형식으로 저장됩니다. 또한 수신한 데이터도 bytes 형식이므로 디코딩을 통해 str 형식으로 바꾸어야 합니다.

C++을 개발 언어로 사용하는 Arduino에서는 내부 코드로 UTF-8을 사용합니다. 그래서 이 환경에서는 UART를 위한 인코딩이나 디코딩 절차가 필요 없습니다.

03 UART 명령어

UART 초기화

```
from machine import UART
UART(id, baudrate, tx, rx, timeout)
```

- **id** : UART 번호. 사용할 UART 번호를 ESP32의 경우 0, 1, 2로 지정합니다.
- **baudrate** : 전송 속도. 낮은 속도는 9600으로, 높은 속도는 115200이 적합합니다.
- **tx** : 전송 핀. GPIO를 지정합니다. 멀티플렉스가 가능하므로 GPIO를 임의로 바꿀 수 있습니다.
- **rx** : 수신 핀. GPIO를 지정합니다. 멀티플렉스가 가능하므로 GPIO를 임의로 바꿀 수 있습니다.
- **timeout** : 대기 시간. 읽기 작업을 요청했을 때 데이터가 없으면 대기하는 시간(밀리초). readline( ) 명령에서 한 줄이 제대로 읽히지 않으면 이 시간을 지정해야 합니다(예 timeout = 10).

ESP32에는 3개의 UART가 있는데, UART0는 PC의 REPL과 연결하도록 남겨두는 것이 좋습니다. UART1과 UART2를 통신용으로 사용할 수 있고, 각 UART에는 TX와 RX 핀을 임의로 변경해 지정할 수 있습니다.

UART 읽기

```
UART.any()
```

- UART 수신 버퍼에 읽을 데이터가 있는지 확인하는 명령어입니다.
- 수신된 데이터가 있으면 수신 버퍼에 있는 바이트 수를 반환합니다. 데이터가 없으면 0을 반환합니다.

```
UART.read(size)
```

- size 만큼의 bytes 데이터를 읽습니다. size가 지정되지 않으면, 수신 버퍼에 있는 모든 데이터를 읽습니다.

```
UART.readline()
```

- 개행 문자(\n)가 나타날 때까지의 bytes 데이터를 읽습니다.
- 줄 단위로 데이터를 처리하고자 할 때 유용합니다.

UART 쓰기

```
UART.write(data)
```

- 주어진 데이터를 UART를 통해 송신합니다.
- data는 str 또는 bytes 형식이어야 합니다. str 형식의 데이터를 지정하면 내부적으로 bytes로 바꾸어서 전송합니다.

04 UART를 연결한 회로도

UART 테스트를 위해서 개발 보드를 2개 사용할 수도 있지만, 여기서는 코딩의 편의를 위해서 하나의 개발 보드에 있는 2개의 UART를 서로 연결해 사용하도록 하겠습니다.

ESP32에는 3개의 UART가 있으므로, UART0는 REPL 용도로 남겨서 디버깅을 하는 데 사용하고, UART1과 UART2를 상호 연결해 같은 개발 보드 안에서 송수신을 테스트해보겠습니다. [그림 9-21]에서는 기존의 실드용 TX 핀과 RX 핀은 UART1으로 지정하고, R5와 R6 핀을 UART2의 TX와 RX 핀으로 설정했습니다. 그리고 두 UART의 TX-RX를 각각 연결했습니다.

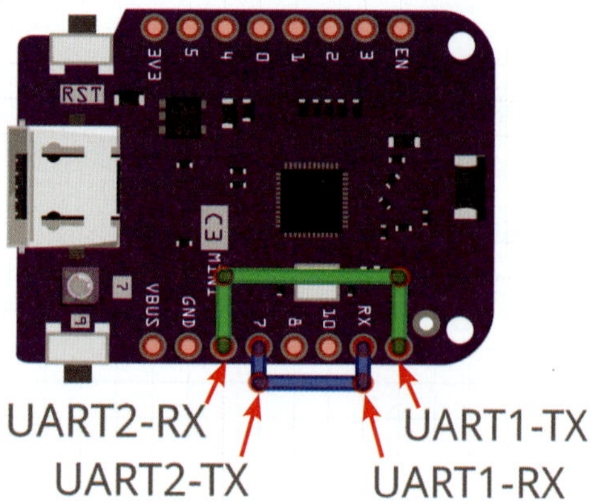

[그림 9-21] UART1과 UART2 연결하기

05 UART 송수신 프로그램

UART1과 UART2가 정보를 주고받기

동일한 디바이스에 있는 2개의 UART를 연결해 데이터를 주고받는 프로그램을 만들어보겠습니다. 실제 업무에 적용할 수는 없지만, UART를 간편하게 테스트하기에는 좋은 사례입니다.

사용 회로와 목표

- **사용 회로**

  [그림 9-21]과 같이 UART1과 UART2의 TX-RX 핀을 상호 연결합니다.

- **목표**

  UART1에서 ser 번호가 포함된 딕셔너리를 송신하면, UART2에서 수신해 일정 시간 대기하다 ser 번호를 증가시켜 UART1으로 송신하고, 수신한 UART1에서는 절차를 반복합니다.

  결국 UART1과 UART2가 ser을 증가시키면서 송수신을 반복합니다.

생성형 AI에게 코딩시키기

AI 프롬프트 실습 9-8 ai-9-8-uart-ping-pong.md

다음의 조건에 따라 마이크로파이썬 프로그램을 만들고 설명해 줘.

- 동일한 개발 보드에 있는 UART1과 UART2를 서로 연결할거야.
  import pinno as P
  uart1 = UART(1, baudrate=9600, tx=P.TX, rx=P.RX, timeout=10)
  uart2 = UART(2, baudrate=9600, tx=P.R5, rx=P.R6, timeout=10)
- UART1에서 UART2로 {'ser':1}을 데이터로 보내면,
  UART2에서는 5초를 기다렸다가 ser에 1을 더해 {'ser':2}를 UART1으로 돌려 보내게 돼.
- UART1에도 5초를 기다렸다가 받은 데이터 ser에 1을 더해 {'ser':3}를 UART2로
  보내는 행위를 무한 반복하는 거야.
- 각 단계에서 UART의 이름과 받은 ser을 출력하고, 보낼 때도 이름과 ser을 출력하면 돼.

AI가 출력한 마이크로파이썬 코드

프로그램 9-10 9_10_uart_ping_pong.py

```
from machine import UART
import pinno as P
import time
import json

# UART 초기화
uart1 = UART(1, baudrate=9600, tx=P.TX, rx=P.RX, timeout=10)
uart2 = UART(2, baudrate=9600, tx=P.R5, rx=P.R6, timeout=10)

def main():
    # 초기 데이터 전송
    data = {'ser': 1}
    uart1.write(json.dumps(data) + '\n')  # 데이터를 JSON 문자열로 전송
    print(f"UART1 sent: {data}")

    while True:
        # UART2에서 데이터 수신 및 처리
        if uart2.any():  # UART2에 수신된 데이터가 있으면
            received = uart2.readline()  # 데이터를 줄 단위로 읽기
            try:
```

```
                received_data = json.loads(received.decode().strip())
                print(f"UART2 received: {received_data}")

                # ser 값 증가 및 출력
                received_data['ser'] += 1
                print(f"UART2 sending: {received_data}")

                # 5초 대기 후 UART1으로 전송
                time.sleep(5)
                uart2.write(json.dumps(received_data) + '\n')
            except Exception as e:
                print(f"Error processing UART2 data: {e}")

        # UART1에서 데이터 수신 및 처리
        if uart1.any():  # UART1에 수신된 데이터가 있으면
            received = uart1.readline()  # 데이터를 줄 단위로 읽기
            try:
                received_data = json.loads(received.decode().strip())
                print(f"UART1 received: {received_data}")

                # ser 값 증가 및 출력
                received_data['ser'] += 1
                print(f"UART1 sending: {received_data}")

                # 5초 대기 후 UART2로 전송
                time.sleep(5)
                uart1.write(json.dumps(received_data) + '\n')
            except Exception as e:
                print(f"Error processing UART1 data: {e}")

if __name__ == "__main__":
    main()
```

실행 결과

```
UART1 sent: {'ser': 1}
UART2 received: {'ser': 1}
UART2 sending: {'ser': 2}
UART1 received: {'ser': 2}
UART1 sending: {'ser': 3}
UART2 received: {'ser': 3}
UART2 sending: {'ser': 4}
```

2개의 UART가 데이터를 주고받은 결과입니다. 실제로 5초 단위로 데이터가 전송되고 수신되는 것을 확인할 수 있습니다.

[프로그램 9-10] 해설

```
from machine import UART

# UART 초기화
uart1 = UART(1, baudrate=9600, tx=P.TX, rx=P.RX, timeout=10)
uart2 = UART(2, baudrate=9600, tx=P.R5, rx=P.R6, timeout=10)
```

2개의 UART 인스턴스를 만들고 있습니다. UART1은 개발 보드와 실드에서 정해 둔 핀 번호인 TX(R1)와 RX(R2)를 사용하고, UART2는 임의의 핀 번호인 R5와 R6를 사용하고 있습니다. 이때 RX와 TX끼리 각각 핀을 전선으로 연결해야 합니다.

```
        # UART1에서 데이터 수신 및 처리
        if uart1.any():  # UART1에 수신된 데이터가 있으면
            received = uart1.readline()  # 데이터를 줄 단위로 읽기
            try:
                received_data = json.loads(received.decode().strip())
                print(f"UART1 received: {received_data}")

                # ser 값 증가 및 출력
                received_data['ser'] += 1
                print(f"UART1 sending: {received_data}")

                # 5초 대기 후 UART2로 전송
                time.sleep(5)
                uart1.write(json.dumps(received_data) + '\n')
            except Exception as e:
                print(f"Error processing UART1 data: {e}")
```

UART1에서 대기하고 있다가 데이터가 수신되면 한 줄을 읽어서, 수신된 데이터를 출력하고, 수신된 ser에 1을 더해 보내겠다고 출력하고, 5초를 기다렸다가 실제로 전송하고 있습니다.

uart1.readline( )은 한 줄을 읽어 옵니다. 이때 읽어 온 데이터의 자료형이 bytes형이므로 decode( ) 메소드를 사용해 str형으로 바꿉니다. 데이터의 끝에 new-line 문자('\n')가 붙어 있으므로 strip( ) 메소드로 제거합니다. strip( ) 메소드를 사용해 데이터의 앞뒤에 있는 빈 칸이나 제어 문자를 제거할 수 있습니다.

UART에서 수신된 데이터를 decode( )와 strip( )을 통해 str형으로 바꾸면, JSON 형식의 문자열이 됩니다. 문자열 상태에서는 데이터를 추출할 수 없기 때문에, josn.loads( ) 메소드를 사용해 딕셔너리로 바꿉니다. 이때 비로소 비로소 received_data['ser'] 형식으로 값에 접근할 수 있습니다.

딕셔너리를 전송하기 위해서 json.dupms( ) 메소드를 사용해 JSON 형식의 str형으로 바꾼 후, 끝에 new-line 문자를 붙이고 있습니다. 이렇게 해 전송하면 상대 UART에서 UART.readline( )으로 값을 읽을 수 있습니다.

CHAPTER

09 연습문제

9.1 RTC와 OLED를 이용해 다음 조건에 맞는 시계 프로그램을 작성하세요.

- REPL에서 입력해 날짜와 시간을 설정합니다.
- OLED에 날짜, 요일, 시간을 나타냅니다.
- 버튼 2개와 퍼텐쇼미터를 사용해서 날짜와 시간을 입력하는 기능을 구현합니다.

9.2 DHT22 센서를 읽어서 온습도를 OLED에 표시하는 프로그램을 만드세요.

- 온습도를 OLED에 표시하세요.
- 온도를 3등분해, '추움, 정상, 더움' 문자를 OLED에 표시하세요.
- 일정 온도보다 높아지면 OLED 화면에 경고 메시지를 표시하고 부저가 0.5초 단위로 ON/OFF를 계속하게 하세요.

CHAPTER

10

MQTT 서버 만들기

학습목표

- IoT 네트워크의 역할을 이해합니다.
- MQTT에 대한 용어를 익힙니다.
- PC에 MQTT 브로커를 설치합니다.
- MQTT 테스트 환경을 구축합니다.
- MQTT 표준 라이브러리를 사용해 서버에 접속하는 프로그램을 학습합니다.

이 장의 실습 준비물

부품 이름	대체품	수량	용도
S3 mini / S2 mini	ESP32 계열의 보드	1	마이크로컨트롤러
USB-C 케이블		1	보드와 PC 연결

PREVIEW

MQTT는 IoT 네트워크로서는 사실상 업계 표준입니다. 이 장에서는 해당 프로토콜의 구조와 용어를 익히도록 합니다. 또한 MQTT를 구현한 소프트웨어인 Mosquitto를 PC에 직접 설치하고 브로커를 구축해 향후 학습에 대비합니다.

MQTT Explorer라는 소프트웨어를 설치해 브로커에 데이터를 송수신할 수 있는 환경을 만듭니다. MQTT 통신 라이브러리의 기능을 익히고, 표준 통신 라이브러리를 사용해 MQTT 브로커와 데이터를 송수신하는 프로그램을 만들어봅니다.

SECTION
10.1 MQTT 개요

01 ESP32의 와이파이

IoT 환경에서 사용할 수 있는 무선 통신에는 여러 가지가 있습니다. Wi-Fi(와이파이), Zigbee(지그비), Z-Wave(지웨이브), Bluetooth(블루투스), BLE(Bluetooth Low Energy, 저전력 블루투스 통신), RF(무선통신), LoRa(Long Range) 등이 있습니다. 이 책에서는 가장 흔하게 사용되고, 다양한 기능을 구현할 수 있는 **와이파이**를 중심으로 다룹니다.

ESP32 보드는 와이파이의 **Station(STA)** 모드와 **Access Point(AP)** 모드를 지원합니다. AP 모드는 ESP32를 중심으로 자체 네트워크를 구성해서 다른 기기가 이 네트워크에 접속할 수 있게 하는 것이고, STA 모드는 ESP32가 이미 구성되어 있는 다른 네트워크에 접속하는 것입니다.

ESP32는 주로 STA 모드로 작동하지만, 와이파이 접속 정보를 설정하는 단계에서는 AP 모드로 작동해야 하는 경우도 있습니다. ESP32 개발 보드에 웹 서버를 만들고, 다른 기기에서 브라우저를 통해서 접속해 통신을 할 수도 있지만, 이런 방식의 연결은 상호 접속되는 기기가 늘어나면 복잡성이 기하급수적으로 증가합니다. 따라서 확장 가능하고 간편한 IoT 기기용 프로토콜이 필요합니다.

02 MQTT란?

MQTT(Message Queue Telemetry Transport)는 IBM사에서 만든 IoT 기기용 데이터 송수신 프로토콜(통신 규약)로서, 대표적인 M2M(Machine to Machine) 프로토콜의 하나입니다. 현재는 오픈되어 있고 별도의 표준 기구(OASIS)에서 관장하고 있습니다.

MQTT는 인터넷 방식(TCP/IP)으로 작동하는데, 메모리 용량이 적은 기기에서도 구현이 가능하고, 통신 부하도 무척 적어서 널리 사용되는 IoT 통신 프로토콜입니다. 이 책에서는 이 프로토콜을 중심으로 설명합니다.

MQTT와 같은 프로토콜 없이 여러 개의 디바이스를 연결해 IoT 시스템을 구성하기는 매우 어렵습니다. 그래서 대부분의 IoT 상용 제품도 MQTT나 그에 상응하는 프로토콜 기반으로 개발되어 있습니다.

03 MQTT에서 사용되는 용어

MQTT는 '허브와 스포크(Hub and Spoke)' 방식의 토폴로지(topology, 망 구성 방식)를 사용합니다. 자전거 바퀴를 연상하면 됩니다. 중심이 되는 허브에는 브로커가 오고 각각의 스포크에는 센서나 액추에이터가 달린 디바이스가 연결되는 방식입니다.

클라이언트와 브로커

MQTT 네트워크에 접속하는 디바이스를 **클라이언트**(client)라고 하고, 네트워크의 중심에서 데이터의 송수신을 관장하는 서버를 MQTT **브로커**(broker)라고 합니다. MQTT 브로커로 널리 알려져 있는 오픈 소스 패키지 소프트웨어는 **Mosquitto**입니다. 이 책에서는 Mosquitto를 설치해서 활용하는 방법을 소개합니다.

토픽과 페이로드

MQTT는 송수신하는 정보를 **토픽**(topic, 데이터 이름)과 **페이로드**(payload, 화물, 데이터 내용)로 구분해 관리합니다. 예를 들면 온도 센서가 달려 있는 마이크로컨트롤러는 "temp"라는 토픽에 "25"라는 페이로드를 묶어서 MQTT 브로커에 송신할 수 있습니다.

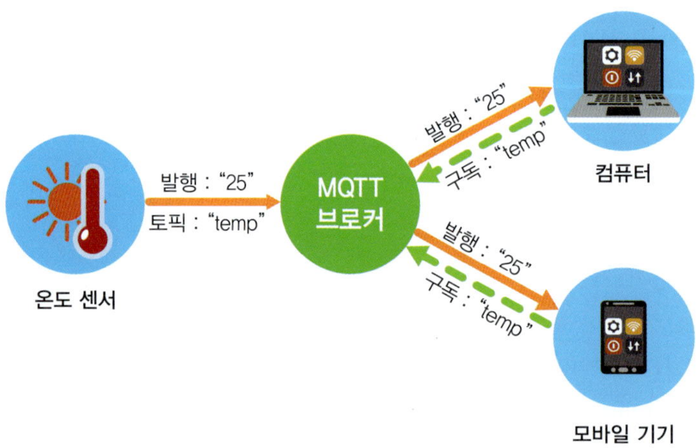

[그림 10-1] MQTT 개념도

발행과 구독

클라이언트에서 MQTT 브로커로 데이터를 송신하는 것을 **발행**(publish)이라고 합니다. 반면에 특정 토픽에 속한 페이로드를 수신하겠다고 MQTT 브로커에 미리 알려주는 행위는 **구독**(subscribe)이라고 합니다.

특정 토픽에 속한 페이로드가 MQTT 브로커로 발행되면, MQTT 브로커는 구독한 모든 클라이언트에게 그 내용을 전송해 줍니다. 이처럼 MQTT는 아주 단순한 약속으로 이루어진 프로토콜입니다. 만약 좀 더 정교하게 사용자와 토픽과의 관계를 통제하고 싶으면 브로커의 ACL(Access Control List) 파일에 정의하면 되는데, 이것은 보다 전문적인 기능이라 이 책에서 설명하지는 않습니다.

서비스 품질

메세지를 송수신할 때 어느 정도의 통신 서비스 품질을 유지할지 정하게 되는데, 그 수준을 **서비스 품질**(QoS, Quality of Service)이라고 합니다. QoS는 0, 1, 2의 세 가지 레벨이 있습니다. 레벨이 높아질수록 통신량은 많아지고 데이터 처리 부담도 늘어납니다.

- 0 : 많아야 한 번, at most once
- 1 : 적어도 한 번, at least once
- 2 : 꼭 한 번, exactly once

QoS가 0이면 한 번 보내고 잊어버리는 방식으로, 가장 낮은 수준의 QoS입니다. 최악의 경우 데이터가 도착하지 않을 수도 있습니다.

QoS가 1이면 보내고 나서 수신 측에서 보내는 응답 플래그(flag)를 기다리게 되는데, 응답 플래그가 도착하지 않으면 반복해서 데이터를 보내게 됩니다. 이 과정에서 한 번 이상 데이터가 전달될 수도 있습니다.

QoS가 2이면 네 번이나 정보가 오가면서 꼭 한 번 데이터가 전달되도록 보증합니다. 대개의 MQTT 브로커나 클라이언트가 QoS 1까지는 지원하지만 QoS 2는 선택적입니다. 본인이 사용하는 클라이언트나 브로커의 QoS 중에서 낮은 레벨로 적용이 됩니다.

최종 값 보관

데이터를 발행할 때 **보관**(retained) 여부를 정하게 됩니다. 보관으로 지정되어 발행된 데이터는 그 최종 정보가 브로커에 보관되고, 후에 구독하고 접속하는 클라이언트에게 그 내용이 전달됩니다. 보관 설정 여부는 MQTT를 사용하는 디바이스 프로그램의 로직에 영향을 미치므로 그 용도를 정확히 이해하고 있어야 합니다. 예를 들어 보관된 내용이 특정 명령를 수행하도록 되어 있으면, 다시 접속할 때 그 명령이 중복해서 실행되므로 문제가 될 수 있습니다.

유언

통신 이상 등의 이유로 특정 클라이언트와 브로커 간의 접속이 끊어질 때, 브로커가 자동으로 발행할 토픽과 페이로드를 **유언**(last will and testament)이라고 합니다. 유언은 클라이언트가 브로커에 접속할 때 지정하게 됩니다. 만약 통신 연결이 끊어진 것을 브로커가 알게 되면 유언을 구독한 모든 클라이언트에게 그 유언을 전송하게 됩니다. 유언은 특정 클라이언트의 접속이 끊어지면 별도의 처리가 필요한 경우에 유용합니다.

유언을 통해 기기가 접속 해제되는 것은 알 수 있지만, 기기가 접속되는 것은 알 수가 없습니다. 그래서 디바이스가 MQTT 서버에 접속할 때 유언에서 지정한 토픽으로 접속되었다는 페이로드를 발행하면, 기기의 접속과 해제를 한꺼번에 모니터링할 수 있습니다.

SECTION

10.2 Mosquitto 시작하기

MQTT 브로커로 널리 사용되고 있는 오픈 소스 패키지 소프트웨어는 Mosquitto입니다. 이 소프트웨어는 거의 모든 운영체제(OS)에 설치할 수 있습니다. 개인의 PC나 노트북에도 설치할 수 있지만, 권장하는 방식은 라즈베리 파이와 같은 소형 기기에 설치하는 것입니다. MQTT 브로커의 특성상 항상 전원을 넣어 가동 상태로 두어야 하기 때문에 저전력 소형 기기가 유리합니다. 이 책에서는 학습의 편의를 위해 Windows PC에 Mosquitto를 설치해 사용합니다.

웹 페이지 **라즈베리 파이를 이용한 IoT 서버 구축**

PC에 MQTT를 설치해 학습할 수도 있지만 라즈베리 파이에 IoT용 서버를 운용하면 사용하기가 훨씬 편합니다. 하단 주소 또는 우측 QR 코드를 통해 접속한 웹 페이지에서 라즈베리 파이에 IoT용 서버를 구성하는 방법을 설명합니다. MQTT 설치 방법뿐만 아니라 11장에서 공부할 Node-RED를 설치하는 방법도 함께 설명합니다.

https://iotmaker.kr/iotbook-raspberrypi/

이제부터 Mosquitto를 PC에 설치하고 사용하기 위한 절차를 살펴보겠습니다.

01 Mosquitto 다운로드 및 설치하기

Windows PC에 Mosquitto를 설치하는 방법을 소개합니다. 설치할 때 관리자(Administrator) 계정에서 작업하면 중간에 발생할 수 있는 오류를 피하기 쉽습니다.

Mosquitto 다운로드하기

❶ https://mosquitto.org/download를 방문하면 Mosquitto를 다운로드할 수 있는 페이지가 나옵니다. ❷ 설치된 Windows의 종류에 맞는 프로그램의 링크를 클릭해 프로그램을 다운로드합니다. 여기에서는 Windows가 64비트이므로 x64 설치 파일을 선택합니다.

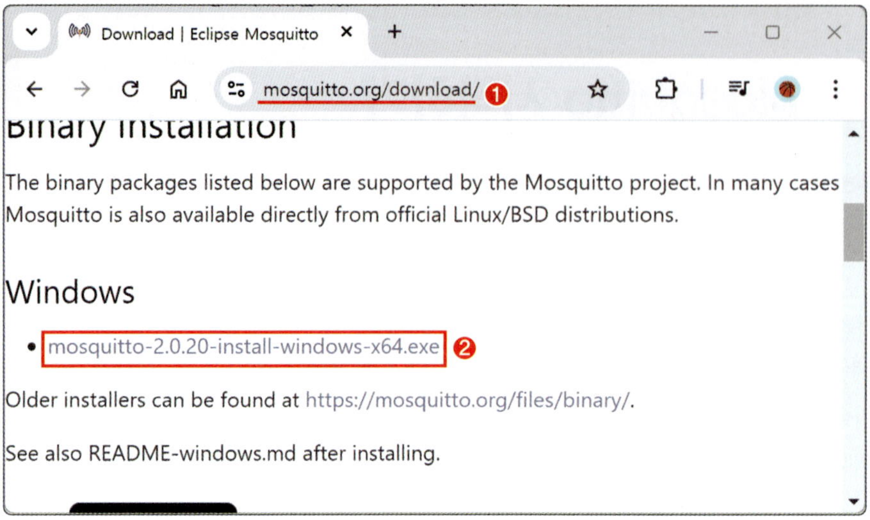

[그림 10-2] MQTT 다운로드 페이지

Mosquitto 설치하기

다운로드가 완료되면 해당 파일을 클릭해 Mosquitto 설치를 시작합니다. 보안 경고가 나온다면 ❶ **[추가 정보]** 버튼을 클릭합니다.

[그림 10-3] Mosquitto 설치 화면 1

알 수 없는 게시자에서 ❷ **[실행]** 버튼을 클릭합니다.

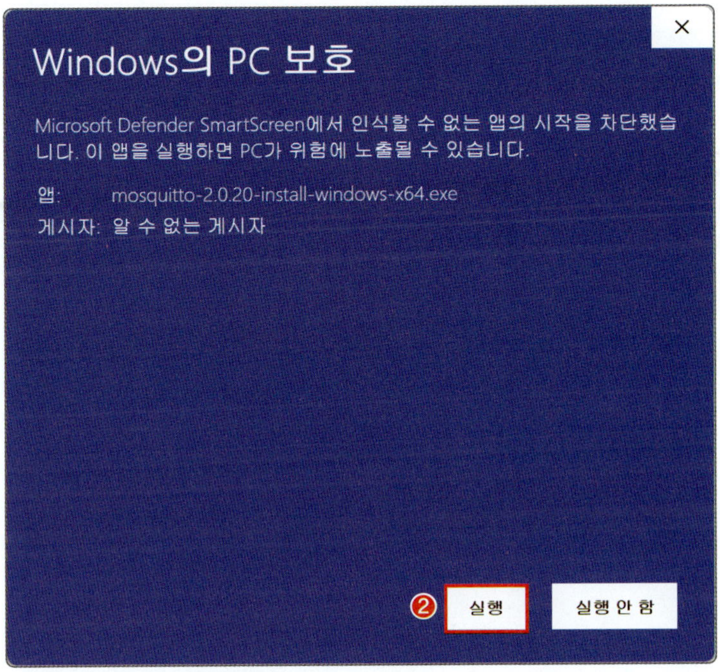

[그림 10-4] Mosquitto 설치 화면 2

이 앱이 디바이스 변경을 허용하도록 ❸ **[예]** 버튼을 클릭합니다.

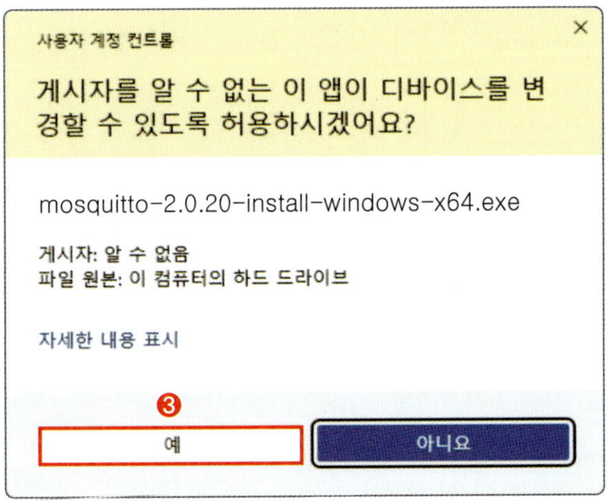

[그림 10-5] Mosquitto 설치 화면 3

❹ [Next] 버튼을 클릭해 설치를 시작합니다.

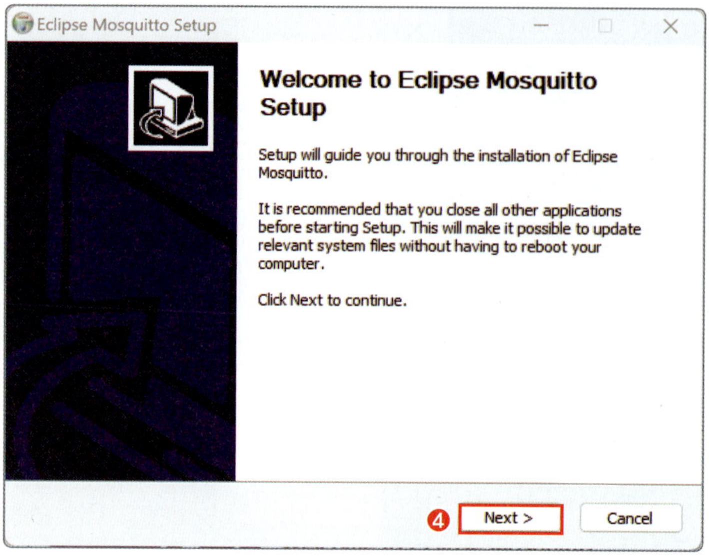

[그림 10-6] Mosquitto 설치 화면 4

〈Choose Compoents〉 화면에서도 ❺ [Next] 버튼을 클릭합니다.

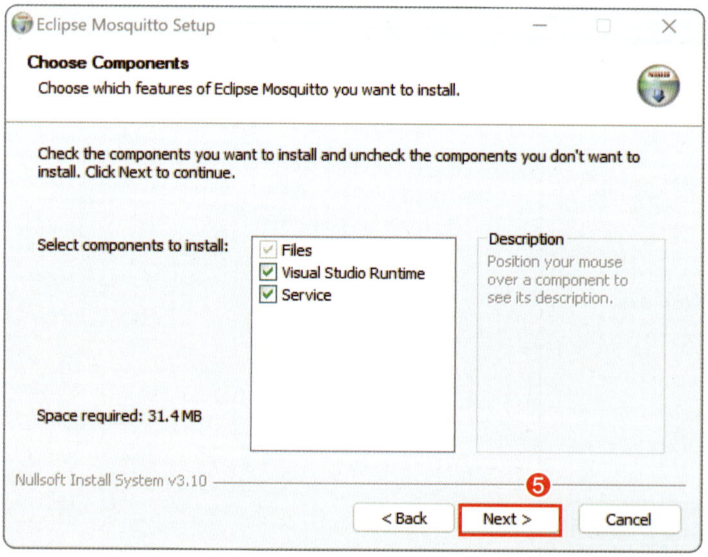

[그림 10-7] Mosquitto 설치 화면 5

〈Choose Install Location〉 화면의 정보도 그대로 두고 ❻ [Install] 버튼을 클릭합니다.

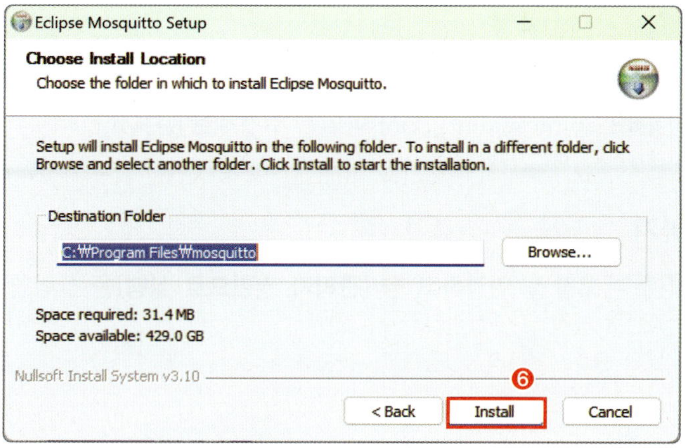

[그림 10-8] Mosquitto 설치 화면 6

설치 작업의 진도가 표시됩니다.

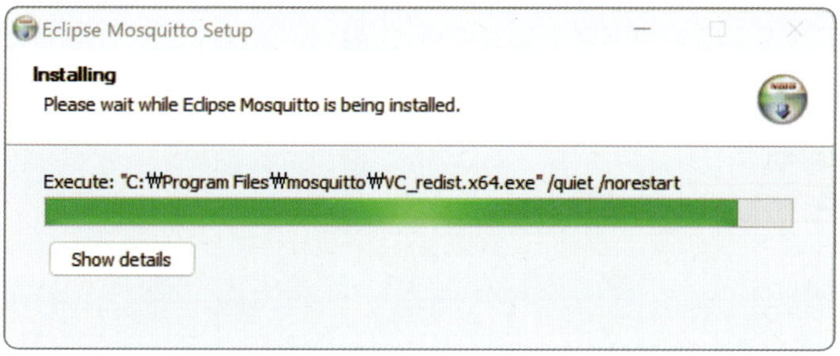

[그림 10-9] Mosquitto 설치 화면 7

설치 작업이 완료되면 ❼ [Finish] 버튼을 클릭해서 종료합니다.

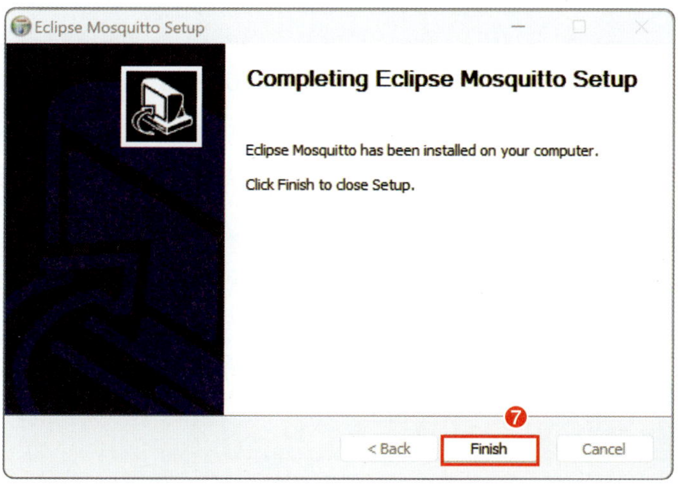

[그림 10-10] Mosquitto 설치 화면 8

02 | 접속 권한 설정하기

Mosquitto를 설치한 후에는 누구든지 접속할 수 있습니다. 유저네임(Username, 사용자 아이디)과 패스워드를 제시하는 사용자에게만 접속을 허용하도록 mosquitto.conf 파일을 수정해보겠습니다.

메모장을 관리자 권한으로 실행하기

윈도우 아이콘(▦)을 클릭해서 ❶ 검색 창에 '메모장'을 입력하고 ❷ **[관리자 권한으로 실행]**을 클릭합니다.

[그림 10-11] 메모장을 관리자 권한으로 실행하기

mosquitto.conf 열기

메모장에서 ❸ 'C:\Program Files\mosquitto' 폴더로 이동하고 ❹ '모든 파일(*.*)'을 지정합니다. 그리고 ❺ 'mosquitto.conf' 파일을 선택하고 ❻ **[열기]** 버튼을 클릭합니다. 원본 파일은 미리 복사해 두는 것이 좋습니다.

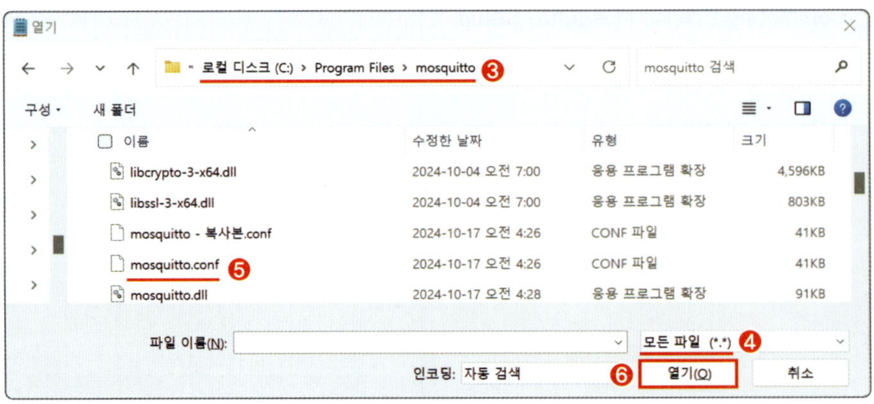

[그림 10-12] 메모장에서 mosquitto.conf 열기

mosquitto.conf 수정하기

메모장에 파일이 열리면, 화면을 스크롤해 [그림 10-13]과 같이 ❼ 'listener 1883'을 입력합니다. 이것은 PC의 포트 번호 1883을 통해 Mosquitto 서버에 접속하겠다는 의미입니다. 그리고 윈도우의 방화벽 설정에서 포트 번호 1883을 열어 두도록 설정해야 하는데, 이것은 이 절의 '03. 포트 열기'에서 설명합니다.

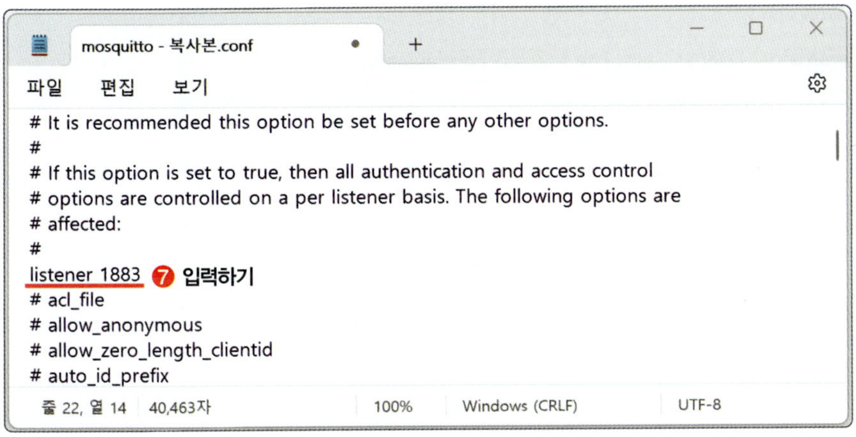

[그림 10-13] 사용할 포트 지정하기

[편집] 탭에서 **[찾기]**를 클릭하고 ❽ 검색 창에 'allow_anonymous'를 입력한 후 ❾ **[↓ ↑]** 버튼을 클릭해 위치를 찾습니다.

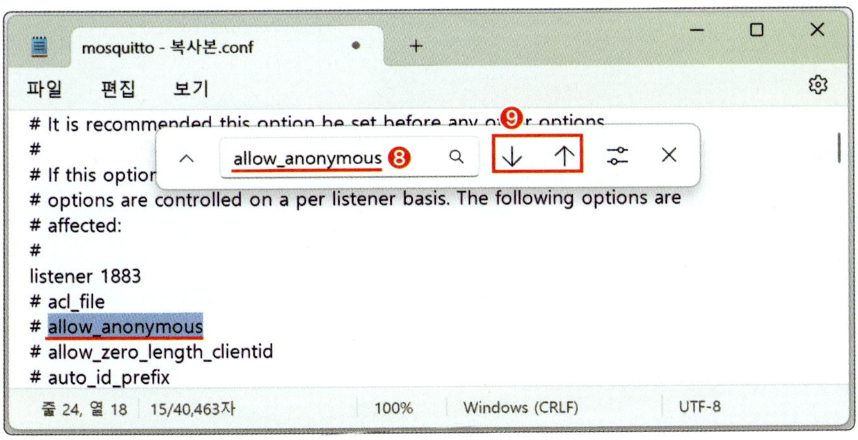

[그림 10-14] allow_anonymous 위치 찾기

⑩ 'allow_anonymous' 앞의 '#'을 지우고 뒤에 'false'를 추가합니다. 이 과정을 통해 유저네임과 패스워드를 제시하지 못하는 사람의 접속을 제한할 수 있습니다.

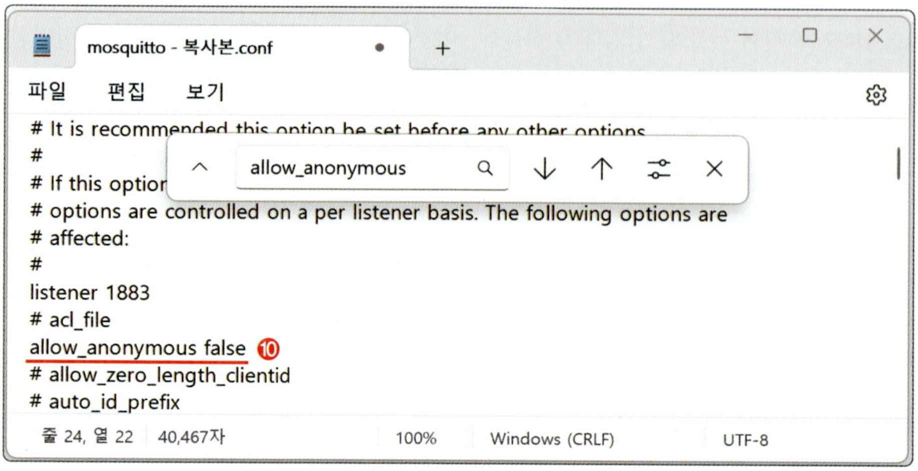

[그림 10-15] allow_anonymous 지정하기

이어서 ⑪ 검색 창에 'password_file'을 입력한 후 ⑫ [↓ ↑] 버튼을 클릭해 위치를 찾습니다.

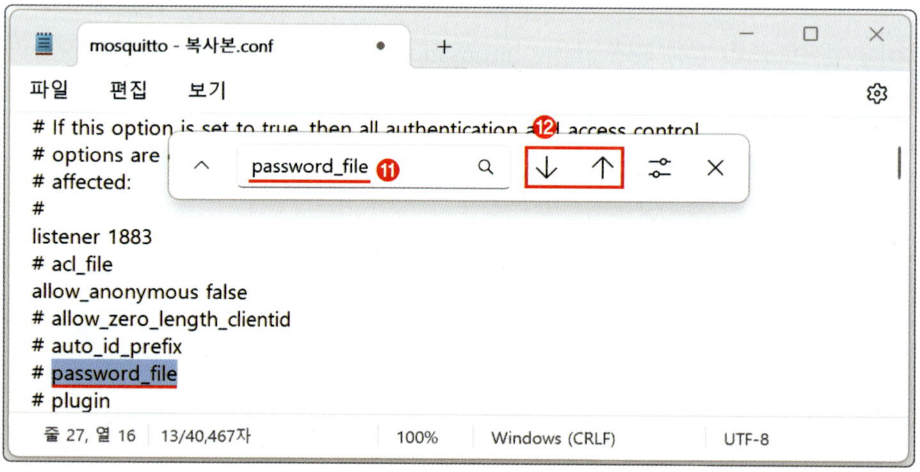

[그림 10-16] password_file 위치 찾기

⓭ 'password_file' 앞의 '#'을 지우고 뒤에 'pw.txt'를 추가합니다.[1]

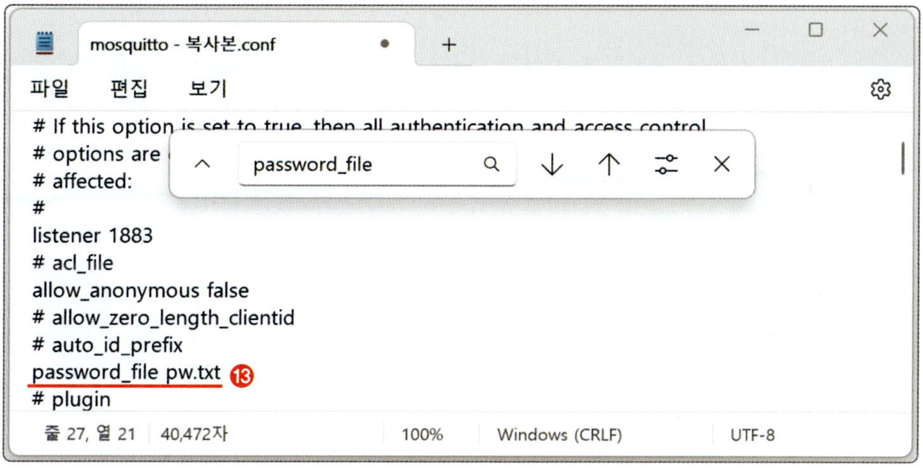

[그림 10-17] password_file 지정하기

수정이 끝났으므로 ⓮ **[파일]** 탭을 클릭한 후 ⓯ **[저장]** 버튼을 클릭합니다.

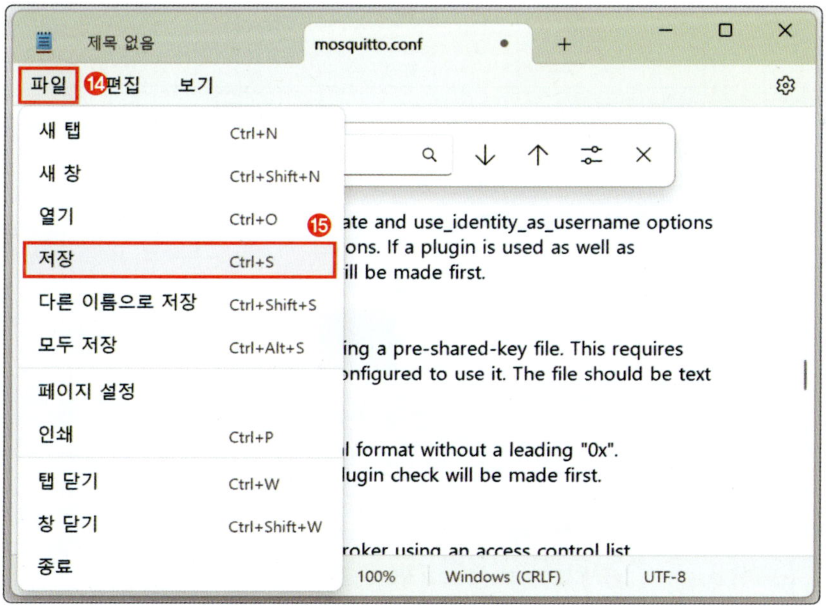

[그림 10-18] 파일 저장하기

1 'pw.tx' 파일을 만들어 접속을 허용할 유저네임, 패스워드를 설정하는 방법은 이 절의 '04. 명령 프롬프트에서 작업하기'의 'pw.txt 파일 만들기'에서 다루기로 합니다.

03 포트 열기

앞에서 Mosquitto의 포트로 1883을 사용하도록 지정했습니다. 그러나 윈도우 방화벽에 막혀서 외부에서 이 포트에 접속할 수 없으므로, 별도의 작업으로 이 포트를 개방해야 합니다.

웹 페이지 **Mosquitto용으로 포트 1883을 여는 방법 확인**

하단 주소 또는 우측 QR 코드를 통해 접속한 웹 페이지에서 Mosquitto용으로 포트 1883을 여는 방법을 안내합니다.

https://iotmaker.kr/iotbook-windows-port/

웹 페이지의 내용대로 작업을 완료한 후 윈도우 아이콘( )을 클릭하고, ❶ 검색 창에 'cmd'를 입력해 '명령 프롬프트'가 나타나면 ❷ **[관리자 권한으로 실행]**을 클릭합니다. 이후에도 '명령 프롬프트(cmd)'를 실행해야 할 때는 이 방법대로 실행하면 됩니다.

명령 프롬프트를 실행할 때 '**이 앱이 디바이스를 변경할 수 있도록 허용하시겠어요?**'라는 경고 문구가 나오면 **[예]** 버튼을 클릭합니다.

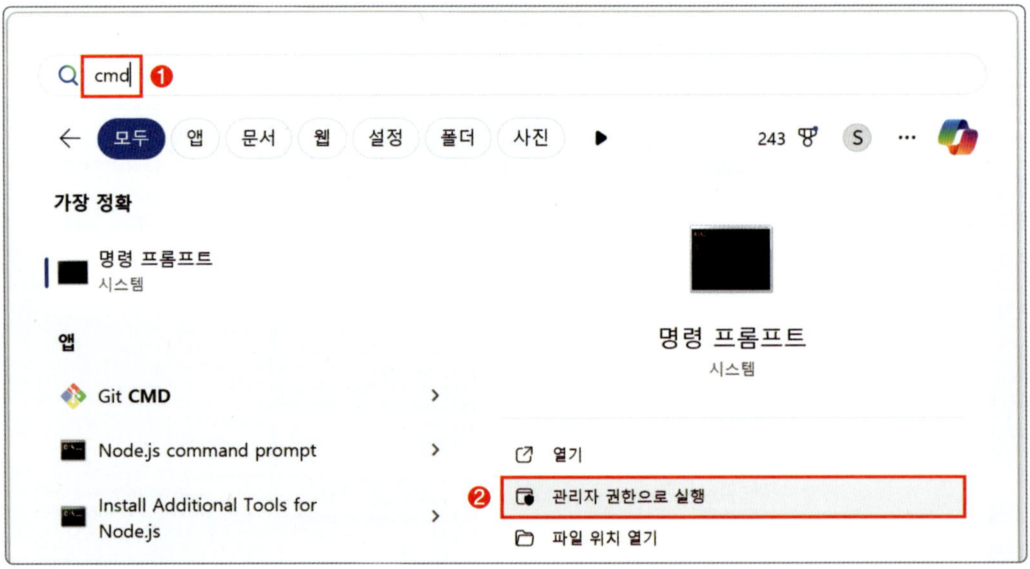

[그림 10-19] 명령 프롬프트 열기

❸ cmd 화면에서 'netstat –a'를 입력합니다.

[그림 10-20] netstat 명령어 입력하기

출력 내용을 스크롤해 다음 항목이 발견되면 포트가 제대로 열린 것입니다.

[그림 10-21] 열린 포트 확인하기

04 명령 프롬프트에서 작업하기

명령 프롬프트 실행하기

[그림 10-19]와 같이 명령 프롬프트를 관리자 권한으로 실행합니다.

[그림 10-22] 관리자 권한으로 실행한 명령 프롬프트

mosquitto 디렉토리로 이동하기

명령 프롬프트에 'cd C:\Program Files\mosquitto'를 입력해 Mosquitto가 설치된 디렉토리로 이동합니다.

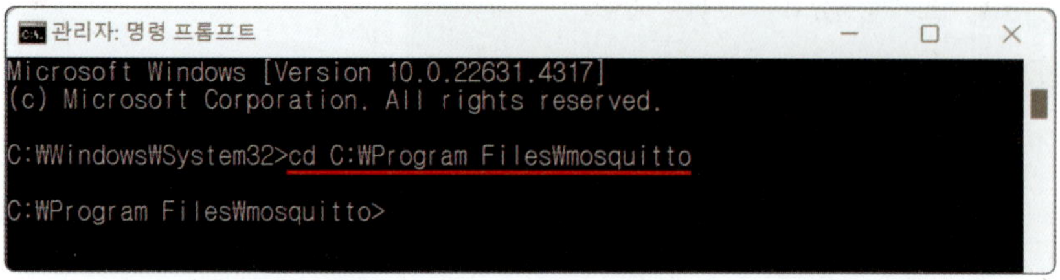

[그림 10-23] Mosquitto 설치 디렉토리로 이동

pw.txt 파일 만들기

다음 명령어를 사용해 패스워드 파일을 만듭니다. 이때는 첫 사용자의 유저네임을 지정합니다. 여기서는 첫 사용자의 유저네임을 FIRST_USER라고 지정했지만 실제로는 본인이 원하는 유저네임을 지정하면 됩니다.

```
mosquitto_passwd -c pw.txt FIRST_USER
```

첫 사용자의 패스워드 **입력 프롬프트**와 **확인 프롬프트**가 연달아 나타납니다. 이때 입력한 패스워드는 별도로 기억해 두어야 합니다. 패스워드 파일에는 암호화되어 보관되므로 원래의 패스워드를 알 수가 없기 때문입니다.

두 번째 사용자부터는 유저네임과 패스워드를 함께 지정합니다. 이 과정은 반복할 수 있습니다.

```
mosquitto_passwd -b pw.txt SECOND_USER SECOND_PASSWORD
```

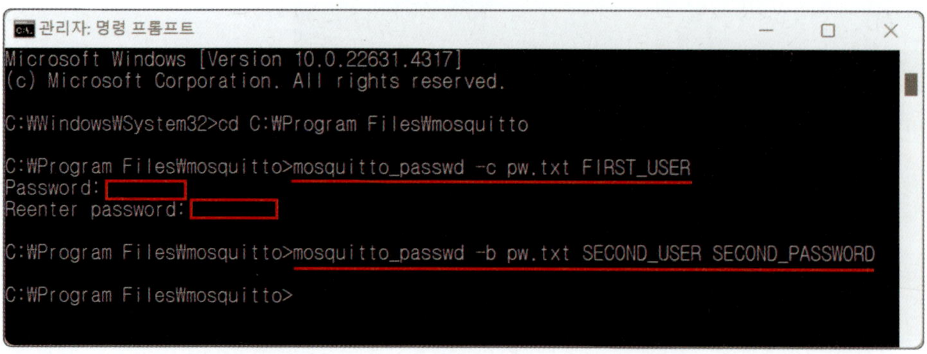

[그림 10-24] 패스워드 파일 만들기

'dir' 명령어를 입력하면, pw.txt 파일이 생성된 것을 확인할 수 있습니다.

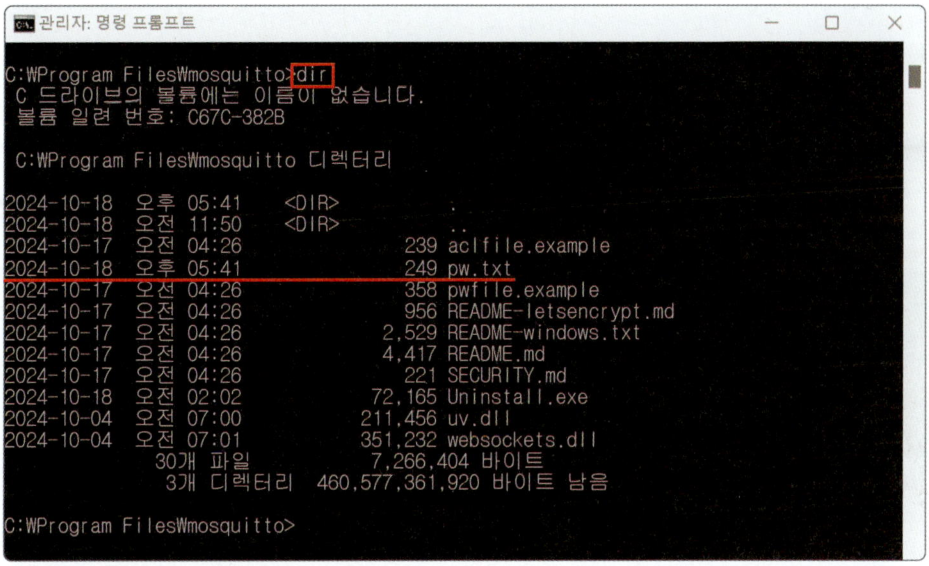

[그림 10-25] pw.txt 파일 확인하기

명령 프롬프트에 'type pw.txt'를 입력하면 내용이 나타나는데, 앞서 말한 바와 같이 암호화되어 있어서 원래 패스워드를 알 수 있는 방법은 없습니다. 그러므로 패스워드는 꼭 별도로 기록해 두기 바랍니다.

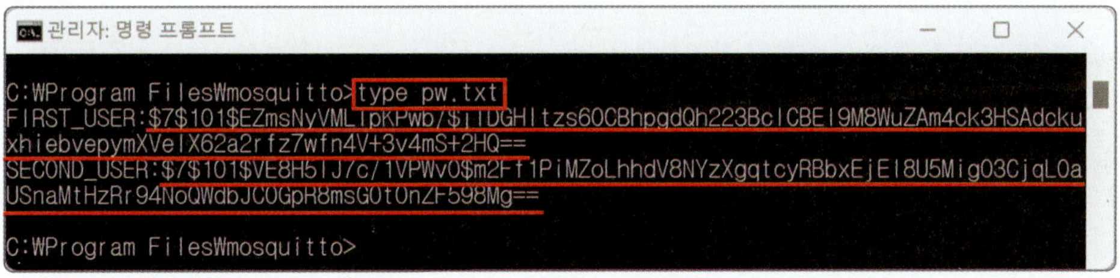

[그림 10-26] 암호화되어 있는 pw.txt 파일

Mosquitto 시작하기

Mosquitto가 설치된 디렉토리에서 다음 명령어로 Mosquitto를 시작합니다. 이때 적용할 .conf 파일도 지정합니다.

```
mosquitto -c mosquitto.conf -v
```

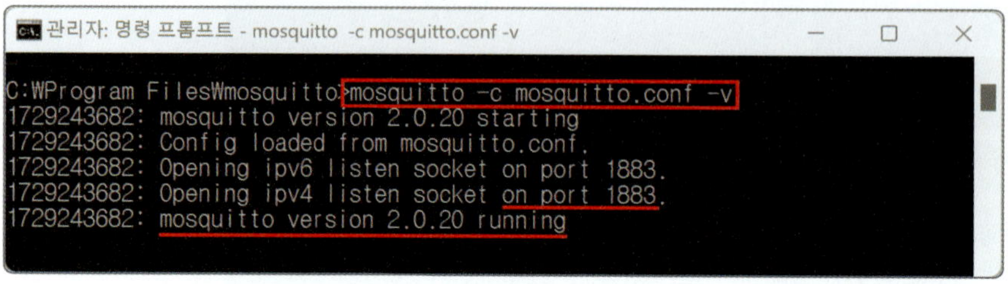

[그림 10-27] 실행된 Mosquitto

제대로 설치가 되었다면 실행 정보가 계속해서 나타납니다. 화면의 어디라도 마우스를 잘못 눌러 반전된 곳이 있으면 실행 정보가 표시되지 않습니다. 이때는 Enter 키를 누르면 됩니다. 화면에는 접속 정보나 데이터 송수신 상황이 계속 표시됩니다.

웹 페이지 **Mosquitto 관리**

하단 주소 또는 우측 QR 코드를 통해 접속한 웹 페이지에서 Mosquitto 실행을 중지하는 방법, 설치된 Mosquitto를 삭제하는 방법 등을 안내합니다.

https://iotmaker.kr/iotbook-windows-mosquitto-management

05 외부 클라우드 사용하기

Mosquitto를 직접 설치해 사용할 수도 있지만 외부의 클라우드를 사용하면 서비와 네트워크를 관리하는 부담을 덜 수 있습니다.

클라우드 MQTT 브로커는 Mosquitto를 직접 호스팅해 서비스를 제공하는 경우도 있고, 실시간 데이터 보관 서비스나 통계 분석 서비스를 추가해 MQTT 기능과 함께 제공하는 경우도 있습니다. MQTT를 학습하는 동안에는 클라우드 MQTT 서비스의 무료 계정을 이용하는 것도 좋은 선택이 될 수 있습니다.

웹 페이지 **클라우드 MQTT 브로커 사용**

하단 주소 또는 우측 QR 코드를 통해 접속한 웹 페이지에서 대표적인 MQTT 클라우드 서비스의 가입 및 사용 방법에 대해 안내합니다.

https://iotmaker.kr/iotbook-mqtt-clouds

SECTION
10.3 MQTT 테스트하기

MQTT Explorer는 MQTT 테스트에 사용되는 툴입니다. MQTT 서버의 모든 토픽을 계층적으로 파악할 수도 있고, 특정 토픽을 구독하거나 발행할 수도 있습니다

01 MQTT Explorer 다운로드 및 설치하기

Windows PC에 MQTT Explorer를 설치하는 방법을 소개합니다.

MQTT Explorer 다운로드하기

❶ https://mqtt-explorer.com을 방문하면 MQTT Explorer를 다운로드할 수 있는 페이지가 나옵니다. ❷ 설치된 Windows의 종류에 맞는 프로그램의 링크를 클릭해 프로그램을 다운로드합니다.

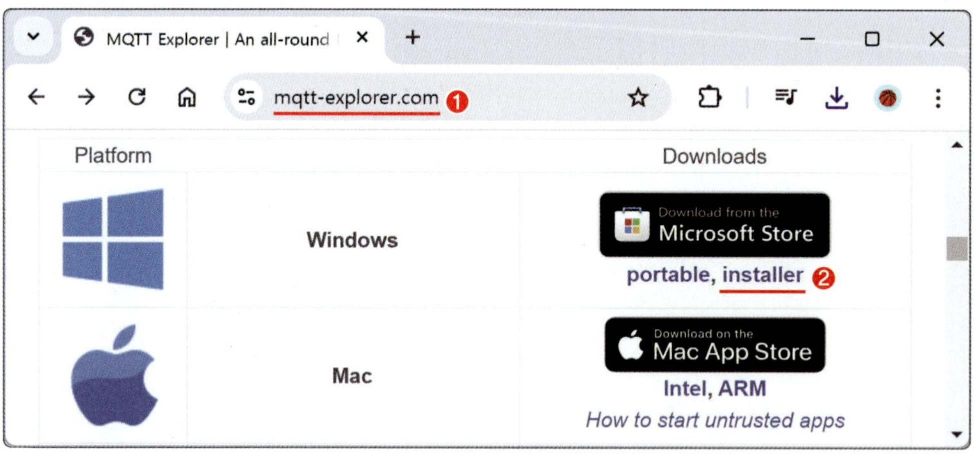

[그림 10-28] MQTT Explorer 다운로드하기

MQTT Explorer 설치하기

다운로드가 완료되면 해당 파일을 클릭해 MQTT Explorer 설치를 시작합니다. 보안 경고가 나온다면 ❶ **[추가 정보]** 버튼을 클릭합니다.

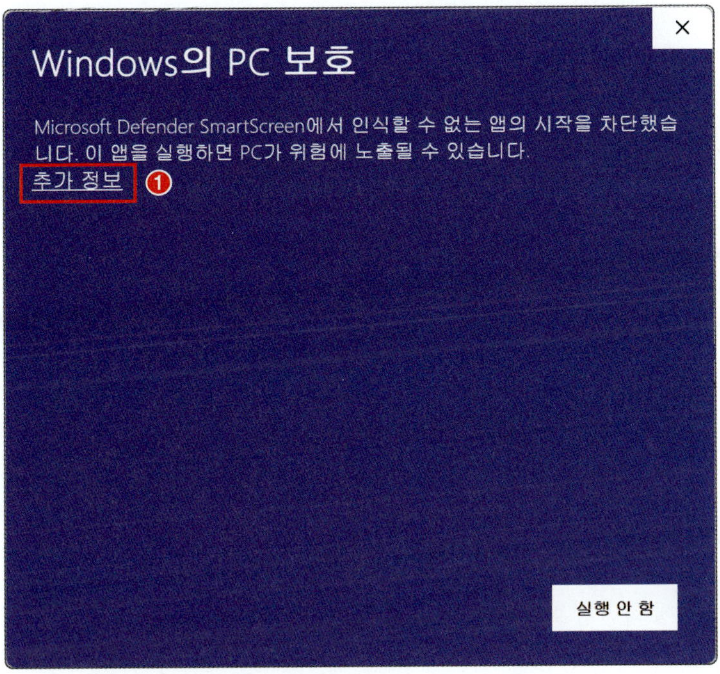

[그림 10-29] MQTT Explorer 설치 화면 1

알 수 없는 게시자에서 ❷ **[실행]** 버튼을 클릭합니다.

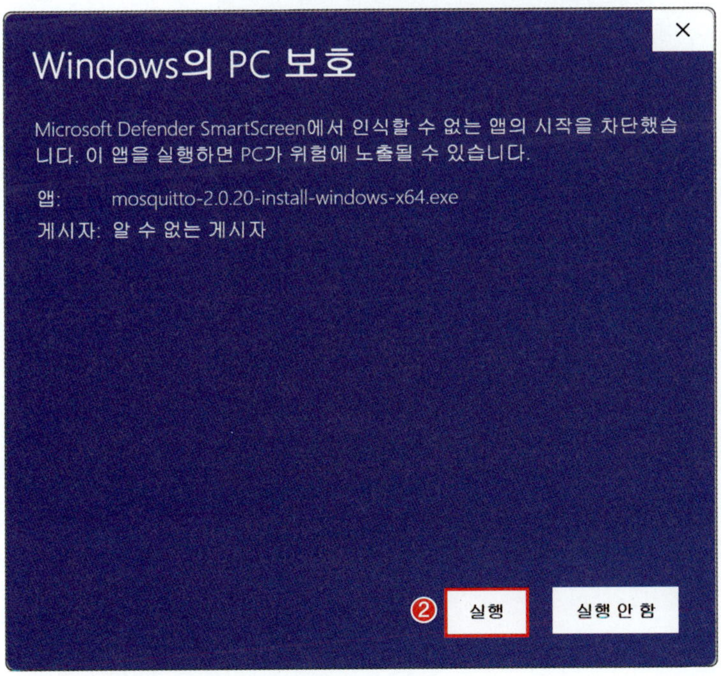

[그림 10-30] MQTT Explorer 설치 화면 2

설치 작업의 진도가 표시됩니다.

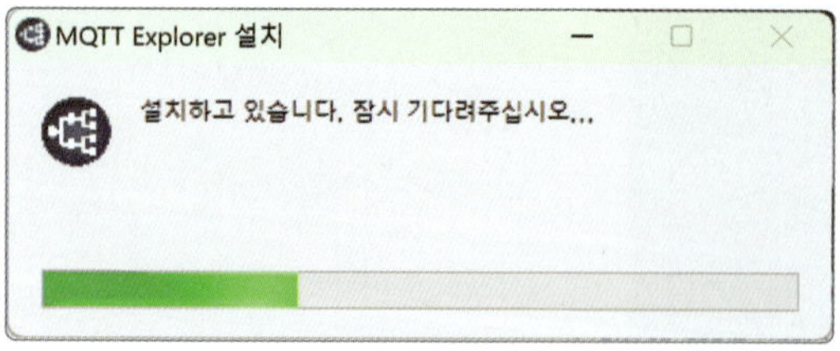

[그림 10-31] MQTT Explorer 설치 화면 3

02 서버 접속하기

MQTT Explorer의 설치가 완료되면 실행 화면이 보입니다.

PC의 IP 주소 확인하기

명령 프롬프트에서 'ipconfig'를 입력해 네트워크에 연결된 PC의 IP 주소를 확인합니다.

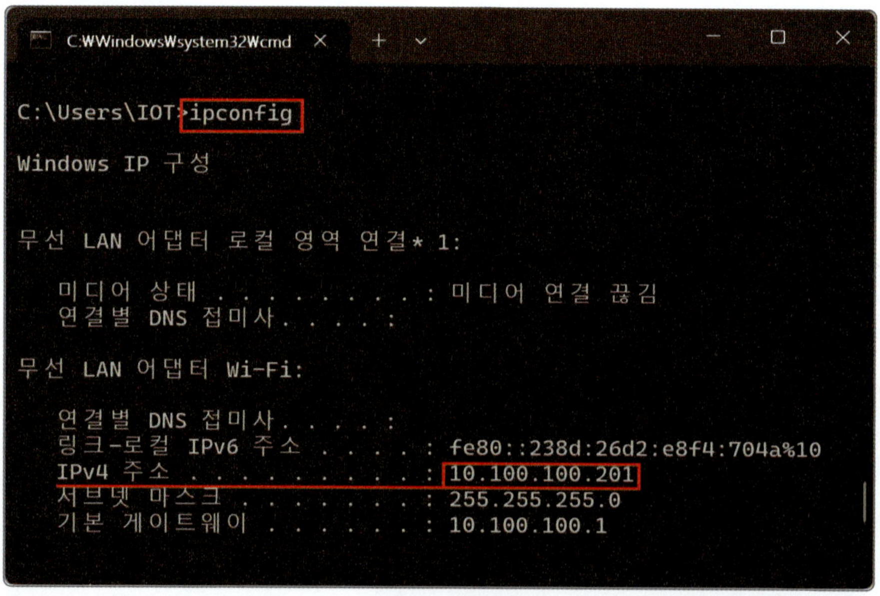

[그림 10-32] IP 주소 확인하기

여기서는 IP 주소가 10.100.100.201입니다. 통상적으로 192.168.xxx.xxx 형식이 많지만 공유기의 설정에 따라 달라집니다. IP 주소는 접속한 네트워크에 따라 달라집니다.

서버 접속 정보 입력하기

MQTT Explorer를 사용하기 위해서는 먼저 **서버 연결 정보**(Connections)를 만들어야 하는데, 그 순서는 다음과 같습니다.

❶ 플러스 아이콘(+)을 클릭하면 새롭게 입력할 필드가 나타납니다.

❷ Name에는 '서버 연결 정보'의 이름을 적습니다. 여기서는 '노트북 MQTT'라고 지정했습니다.

❸ Host에는 MQTT 서버의 IP 주소를 입력합니다. 앞에서 'ipconfig' 명령으로 확인한 IP 주소를 입력하면 됩니다. 만약 MQTT 서버가 같은 PC에 설치되어 있다면 'localhost' 또는 '127.0.0.1'을 입력해도 됩니다. 이 주소들은 같은 PC의 IP 주소라는 의미입니다.

❹ Port에는 mosquitto.config에서 'listener 1883'으로 지정했으므로 그 번호를 기입합니다.

❺ Username에는 'mosquitto_passwd' 명령어로 지정한 유저네임을 지정합니다.

❻ Password에는 'mosquitto_passwd' 명령어로 지정한 패스워드를 지정합니다.

❼ [SAVE] 버튼을 클릭하면 '서버 연결 정보'가 등록됩니다.

앞으로 사용할 때는 '노트북 MQTT'를 선택하고, [CONNECT] 버튼을 클릭하면 됩니다.

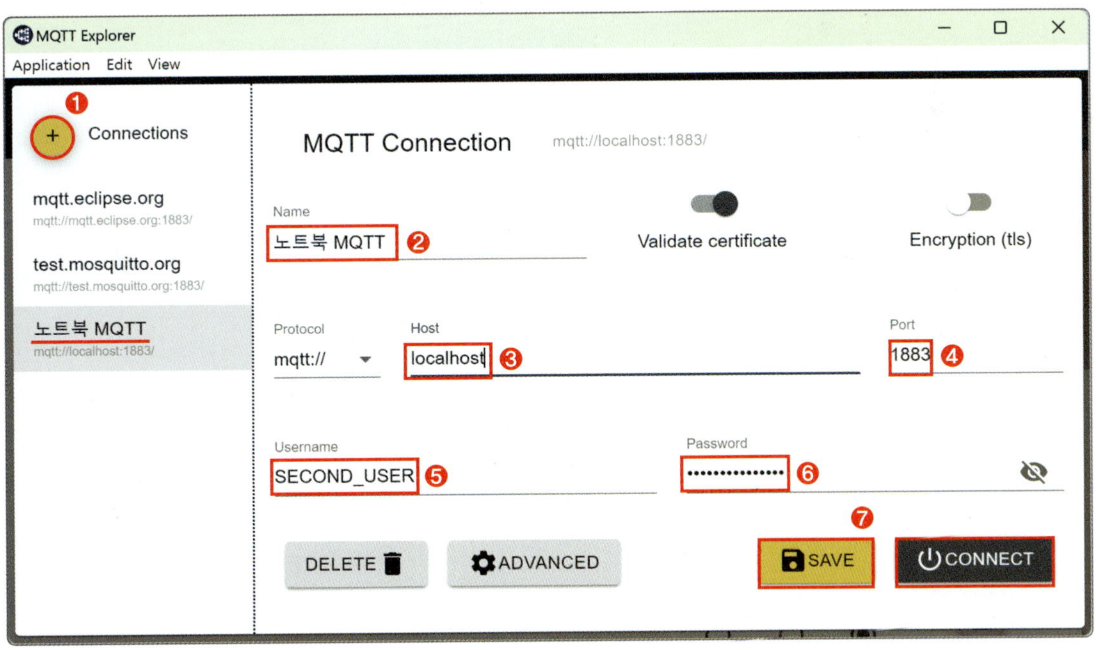

[그림 10-33] 서버 연결 정보 만들기

토픽과 페이로드 발행하기

앞 화면에서 [CONNECT] 버튼을 클릭하면 [그림 10-34]와 같은 화면이 나옵니다.

이 서버에는 아직 토픽이 발행된 적이 없으므로 왼쪽 토픽 란에 정보가 없습니다. $SYS 토픽은 시스템 내부적으로 사용하는 토픽입니다. 다음과 같이 토픽과 페이로드를 발행해보겠습니다.

❶ 토픽은 'tele/ESP32-01/LWT'로 하고 ❷ 평문(raw) 형식으로 ❸ 'Online'이라는 페이로드로 설정합니다. 그리고 ❹ 서비스 품질(QoS)을 '1'로 하고 ❺ '최종 값 보관(retain)'을 선택하고 ❻ [PUBLISH] 버튼을 클릭해 발행합니다.

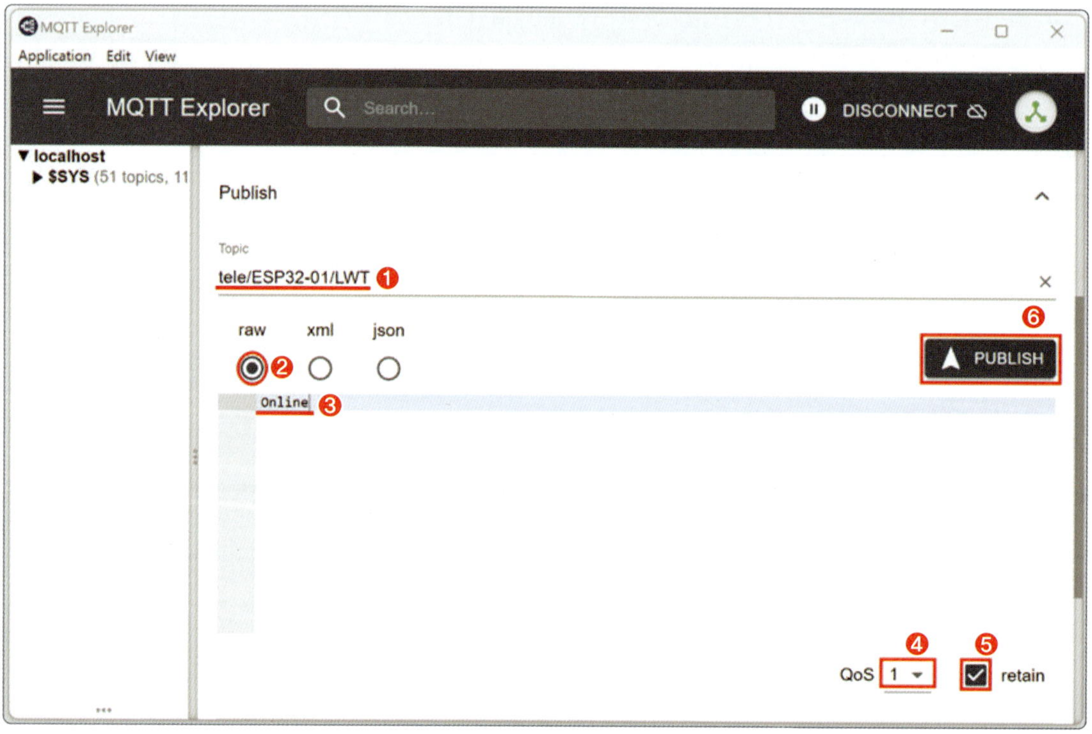

[그림 10-34] 토픽과 페이로드 발행하기

토픽과 페이로드 확인하기

토픽과 페이로드를 발행(publish)하면 그 정보가 왼쪽에 목록으로 나타납니다. 토픽은 계층구조로 나타나고, 맨 마지막 계층을 클릭하면 페이로드가 나타납니다.

[그림 10-35] 발행된 정보

왼쪽 토픽 부분의 ❶ tele, ❷ ESP32-01, ❸ LWT를 차례대로 클릭하면 ❹ 'Online'이라는 페이로드가 나타납니다. ❺ **[History]** 버튼을 클릭하면 ❻ 해당 토픽에 대한 히스토리가 시간과 함께 표시됩니다.

이처럼 MQTT Explorer를 사용해 토픽과 페이로드에 관한 현재 상황과 과거의 히스토리까지 알 수 있습니다. 이 도구는 MQTT와 관련된 프로그램 테스트에 유용하게 사용됩니다.

SECTION
10.4 MQTT 통신 라이브러리

01 MQTT 통신에 필요한 라이브러리

아두이노 디바이스가 MQTT 브로커에 접속해 작동하기 위해서는 다음과 같은 기능을 수행하는 통신 관련 코드가 필요합니다.

- 디바이스를 와이파이 네트워크에 연결합니다.
- 와이파이 네트워크를 이용해 디바이스를 MQTT 브로커에 연결합니다.
- 디바이스에서 수집된 센서 데이터를 MQTT 브로커로 전송합니다.
- MQTT 브로커에서 수신된 명령 데이터에 따라 디바이스를 제어합니다.

이러한 기능을 수행하기 위해서는 2개의 통신용 클래스가 필요합니다.

- **WLAN** : 와이파이 접속에 사용합니다.
- **MQTTClient** : 와이파이에 연결된 후 MQTT 접속을 위한 라이브러리입니다.

02 와이파이 접속하기

WLAN 클래스는 무선 네트워크 인터페이스를 제어하고 Wi-Fi AP 또는 STA로 동작하도록 설정할 수 있습니다. 이 책에서는 STA로 작동하도록 합니다. AP 모드는 ESP32가 SSID를 가지게 되고, 서버 역할을 할 때 사용합니다. 여기서는 서버에 연결되는 클라이언트 역할이므로 STA 모드로 접속합니다.

[프로그램 10-1]은 다음은 와이파이에 접속하는 전형적인 사례입니다. 공유기는 2.4GHz와 5GHz를 구분해 SSID를 제공하는데, **ESP32는 2.4GHz로만 접속됩니다.**

프로그램 10-1 10_1_connect_wi_fi.py

```python
import network
import time

# Wi-Fi 설정 정보
SSID = 'your_ssid'
SSID_PASS = 'your_password'

# Wi-Fi 연결 함수
def connect_wi_fi():
    wlan = network.WLAN(network.STA_IF)  # STA 모드 활성화 (Station)
    wlan.active(True)  # Wi-Fi 기능 켜기
    wlan.connect(SSID, SSID_PASS)  # Wi-Fi 네트워크에 연결

    # 연결 완료될 때까지 대기
    while not wlan.isconnected():
        print('Wi-Fi 연결 중...')
        time.sleep(1)

    # 연결 완료 시 IP 정보 출력
    print('Wi-Fi 연결 완료:', wlan.ifconfig())

# 프로그램 실행
connect_wi_fi()
```

실행 결과

```
Wi-Fi 연결 중...
Wi-Fi 연결 중...
Wi-Fi 연결 완료: ('192.168.0.207', '255.255.255.0', '192.168.0.1', '61.41.153.2')
```

[프로그램 10-1] 해설

```
010 | wlan = network.WLAN(network.STA_IF)  # STA 모드 활성화 (Station)
011 | wlan.active(True)  # Wi-Fi 기능 켜기
012 | wlan.connect(SSID, SSID_PASS)  # Wi-Fi 네트워크에 연결
```

WLAN의 인스턴트를 만들 때 동작 모드를 AP 또는 STA에서 선택합니다. 여기서는 일반적인 연결 방식인 STA 모드를 선택하고, 이어서 와이파이 기능을 켠 후 SSID에 접속을 시도합니다.

```
while not wlan.isconnected():
    print('Wi-Fi 연결 중...')
    time.sleep(1)
```

와이파이 접속에는 시간이 걸리므로 접속이 될 때까지 기다립니다. 와이파이가 접속 여부는 isconnected( ) 메소드로 알 수 있습니다.

```
print('Wi-Fi 연결 완료:', wlan.ifconfig())
```

접속된 와이파이에 대한 정보는 ifconfig( )에 나타납니다. 이 메소드는 IP 주소, 서브넷 마스크, 게이트웨이, DNS 서버 등의 정보를 튜플로 반환합니다.

AI 프롬프트 활용 **네트워크 용어 구분하기**

10-1 ifconfig( ) 메소드에 나타나는 IP 주소, 서브넷 마스크, 게이트웨이, DNS 서버에 대해 설명해 줘.

03 | MQTT 서버에 접속하기

와이파이에 연결된 후에는 MQTT 서버에 접속할 수 있습니다. MQTT 서버에 접속되면 준비 절차를 거쳐서 데이터를 송수신할 수 있습니다. MQTT에 접속하기 위해서 필요한 최소한의 설정 정보는 다음과 같습니다.

- **client_id** : MQTT 서버에 접속하는 디바이스를 구분하기 위한 것으로, 중복이 되면 안 됩니다. 그래서 디바이스에 있는 맥 어드레스(MAC address)와 같은 고유 정보를 이용해서 만들면 됩니다.
- **server** : MQTT 서버의 IP 주소입니다.
- **port** : 보통은 1883, 보안을 적용하는 경우에는 8883을 사용하지만, 서버 설정에 따라 달라질 수 있습니다.
- **user** : pw.txt에 등록해 둔 유저네임입니다. 이 정보는 여러 디바이스에 중복해서 사용될 수 있습니다.
- **password** : pw.txt에 등록해 둔 비밀번호입니다.
- **callback** : 구독해 둔 토픽 정보가 수신되었을 때 호출되는 함수인데, 서버에서 보낸 명령에 따라 실행하는 코드가 옵니다.

[프로그램 10-2]는 MQTT 서버에 접속해 주기적으로 숫자를 1씩 증가시켜 전송하고, 서버로부터 시간값이 수신되면 전송 시간 간격을 조절하는 프로그램입니다.

프로그램 10-2 10_2_mqtt_send_rcv.py

```
import network
from umqtt.simple import MQTTClient
import json
import binascii
import time

# 디바이스 설정
DEVICE     = 'ESP32-01'

# Wi-Fi 설정
SSID       = 'your_ssid'          # 본인의 것
SSID_PASS = 'your_password'      # 본인의 것

MQTT_SERVER = '192.168.24.175'  # 본인의 것
MQTT_PORT    = 1883
MQTT_USER    = 'SECOND_USER'      # pw.txt에 등록된 것
MQTT_PASSWORD    = 'SECOND_PASSWORD' # pw.txt에 등록된 것

MQTT_CLIENT_ID = binascii.hexlify(machine.unique_id()).decode()

print('MQTT_CLIENT_ID:',MQTT_CLIENT_ID)
wlan = None
client = None

# Wi-Fi 연결 함수
def connect_wi_fi():
    global wlan

    wlan = network.WLAN(network.STA_IF)
    wlan.active(True)
    if not wlan.isconnected():
        print('Wi-Fi 연결 중...')
        wlan.connect(SSID, SSID_PASS)
        while not wlan.isconnected():
            time.sleep(1)
    print('Wi-Fi 연결 완료:', wlan.ifconfig())

# MQTT 메시지를 받으면 실행되는 콜백 함수
def sub_callback(in_topic, in_msg):
    topic = in_topic.decode()
    msg = in_msg.decode()

    print(f'메시지 수신> topic:{topic}, msg:{msg}')
```

```
    if topic == f'cmnd/{DEVICE}/TELEPERIOD':
        sensor_timer.set(period=int(msg)*1000)
        print(f'TELEPERIOD가 {msg}초로 변경되었습니다.')

# MQTT 클라이언트 설정 및 연결
def connect_mqtt():
    global client
    client = MQTTClient(client_id=MQTT_CLIENT_ID, server=MQTT_SERVER,
             port=MQTT_PORT, user=MQTT_USER, password=MQTT_PASSWORD)
    client.set_callback(sub_callback)
    client.connect()
    print('MQTT 서버 연결 완료')

    return client

# 메시지 발행 함수
ser = 0
def send_sensor():
    global ser
    ser += 1
    data = {
        'ser': ser
    }
    temperature = 25  # 임의의 온도 데이터
    client.publish(f'tele/{DEVICE}/SENSOR', json.dumps(data))
    print(f'데이터 발행됨',data)

# 메인 프로그램

from timerrun import TimerRun
sensor_timer = TimerRun(period=10*1000)
sensor_timer.add(send_sensor)

# 1. Wi-Fi 연결
connect_Wi-Fi()

# 2. MQTT 연결
client = connect_mqtt()

# 3. 토픽 구독
client.subscribe(f'cmnd/{DEVICE}/#')
print(f"cmnd/{DEVICE}/# 토픽 구독 중...")

def main():
```

```

    # 4. 주기적으로 메시지 발행 및 메시지 수신 대기
    while True:
        sensor_timer.run()
        client.check_msg()  # 비동기적으로 메시지 수신 확인

# 프로그램 시작
if __name__ == "__main__":
    main()
```

실행 결과

```
MQTT_CLIENT_ID: dc5475e1c188
Wi-Fi 연결 완료: ('192.168.24.207', '255.255.255.0', '192.168.24.177', '192.168.24.177')
MQTT 서버 연결 완료
cmnd/ESP32-01/# 토픽 구독 중...
데이터 발행됨 {'ser': 1}
메시지 수신> topic:cmnd/ESP32-01/TELEPERIOD, msg:5
TELEPERIOD가 5초로 변경되었습니다.
데이터 발행됨 {'ser': 2}
```

[프로그램 10-2] 해설

```
# 디바이스 설정
DEVICE    = 'ESP32-01'

# Wi-Fi 설정
SSID      = 'your_ssid'          # 본인의 것
SSID_PASS = 'your_password'      # 본인의 것

MQTT_SERVER = '192.168.24.175'  # 본인의 것
MQTT_PORT   = 1883
MQTT_USER   = 'SECOND_USER'      # pw.txt에 등록된 것
MQTT_PASSWORD   = 'SECOND_PASSWORD' # pw.txt에 등록된 것

MQTT_CLIENT_ID = binascii.hexlify(machine.unique_id()).decode()

print('MQTT_CLIENT_ID:',MQTT_CLIENT_ID)
wlan = None
client = None
```

와이파이와 MQTT에 접속하기 위해 필요한 설정 정보를 준비하고 있습니다. 여기서 주목할 부분은 client_id를 만드는 과정입니다. machine.unique_id()는 6바이트로 된 bytes 자료형의 맥 어드레스입니다. binascii.hexlify()는 맥 어드레스를 12개의 16진수 문자로 바꿉니다.

```
from umqtt.simple import MQTTClient

client = None

# MQTT 클라이언트 설정 및 연결
def connect_mqtt():
    global client
    client = MQTTClient(client_id=MQTT_CLIENT_ID, server=MQTT_SERVER,
              port=MQTT_PORT, user=MQTT_USER, password=MQTT_PASSWORD)
    client.set_callback(sub_callback)
    client.connect()
    print('MQTT 서버 연결 완료')

    return client

client = connect_mqtt()
client.subscribe(f'cmnd/{DEVICE}/#')
```

클래스 MQTTClient의 인스턴스인 client를 만들고, 이에 속한 메소드를 보여주고 있습니다. client를 전역 변수로 선언해 두고, 함수 안에서 global로 지정한 후 값을 부여하고 있습니다.

메소드 set_callback()에는 서버로부터 수신된 토픽을 처리하는 함수의 이름을 지정합니다. 메소드 connect()를 실행하면 서버에 접속을 시작합니다. 여기서는 MQTT 서버에 정상적으로 접속되는 경우를 상정하고 있지만, 만약 접속되지 않으면 오류로 처리되어 프로그램이 종료됩니다. 그래서 실제 환경에서는 접속되지 않는 경우에 대비한 오류 처리 루틴이 있어야 합니다.

```
from timerrun import TimerRun
sensor_timer = TimerRun(period=10*1000)
sensor_timer.add(send_sensor)

# 1. Wi-Fi 연결
connect_wi_fi()

# 2. MQTT 연결
client = connect_mqtt()

```

```
# 3. 토픽 구독
client.subscribe(f'cmnd/{DEVICE}/#')
print(f"cmnd/{DEVICE}/# 토픽 구독 중...")

def main():

    # 4. 주기적으로 메시지 발행 및 메시지 수신 대기
    while True:
        sensor_timer.run()
        client.check_msg()  # 비동기적으로 메시지 수신 확인

# 프로그램 시작
if __name__ == "__main__":
    main()
```

프로그램의 전체 흐름을 보여주고 있습니다.

함수 connect_mqtt()를 실행해 MQTT 서버에 접속이 되면, 메소드 subscribe()를 사용해 수신할 토픽을 구독합니다. 이때 개별 토픽을 여러 번 지정하는 것보다 와일드 문자(+ 또는 #)를 사용해 한꺼번에 지정하는 것이 좋습니다. 여기서는 'cmnd/ESP32-01/'로 시작하는 토픽을 구독하고 있습니다.

메소드 subscribe의 형식은 다음과 같습니다.

```
client.subscribe(topic, qos=0}
```

함수 main()에는 반복 요소를 지정하고 있습니다. 10초 간격으로 함수 send_ser()이 호출됩니다. 메소드 check_msg()는 수신된 토픽이 있으면 함수 sub_callback()을 호출합니다.

```
ser = 0
def send_sensor():
    global ser
    ser += 1
    data = {
        'ser': ser
    }
    temperature = 25  # 임의의 온도 데이터
    client.publish(f'tele/{DEVICE}/SENSOR', json.dumps(data))
    print(f'데이터 발행됨',data)
```

주기적으로 ser을 1씩 증가시켜 서버로 발행하고 있습니다. 여기서는 단순히 ser을 1씩 증가시키고 있지만, 실제 환경에서는 여러 개의 센서를 읽고 그 값을 1개의 딕셔너리로 만들어서 발행합니다. 메소드 json.dumps( )는 딕셔너리를 bytes형의 JSON 문자로 바꿉니다.

메소드 publish의 형식은 다음과 같습니다.

```
client.publish(topic, payload, retain=False, qos=0}
```

```
def sub_callback(in_topic, in_msg):
    topic = in_topic.decode()
    msg = in_msg.decode()

    print(f'메시지 수신> topic:{topic}, msg:{msg}')
    if topic == f'cmnd/{DEVICE}/TELEPERIOD':
        sensor_timer.set(period=int(msg)*1000)
        print(f'TELEPERIOD가 {msg}초로 변경되었습니다.')
```

수신된 토픽이 있으면 이 함수가 호출되고, 이 함수의 매개변수로 토픽(in_topic)과 페이로드(in_msg)가 옵니다. 매개변수의 자료형이 bytes이므로, 사용하기 전에 decode( )를 사용해 str형으로 바꿉니다.

이 함수는 구독한 토픽이 호출될 때마다 공통으로 호출되므로, 여러 토픽을 구독한 경우에 대비해 수신된 토픽을 구분해 코드를 만들어야 합니다.

여기서는 수신된 토픽이 'cmnd/ESP32-01/TELEPERIOD'이면 페이로드 값을 정수로 바꾸어서 sensor_timer.set( )로 함수 send_ser( )의 실행 간격을 조절합니다. 이것은 서버로부터 명령을 수신해 실행하는 전형적인 예입니다.

AI 프롬프트 활용 MQTT 관련 메소드 구분하기

10-2 클래스 MQTTClient에 속한 메소드를 열거하고, 그 사용법을 설명해 줘.

SECTION 10.5

MQTT 표준 라이브러리

01 MQTT 표준 라이브러리의 필요성

MQTT를 사용하는 경우에 와이파이 통신에 문제가 생기거나 MQTT 서버에 문제가 생기면 다양한 ExceptionError가 생기게 됩니다. 이러한 예외사항을 모두 감안하면 코드가 상당히 길어지고, 로직도 복잡하게 보입니다. 여기서는 이러한 복잡성을 극복하기 위해 클래스 UseMQTTClient를 사용합니다

02 클래스 UseMQTTClient 개요

UseMQTTClient 클래스는 와이파이 접속과 MQTT 접속을 모니터링하고, 통신에 이상이 있으면 자동으로 재접속을 합니다. 그래서 사용자는 테이터 처리에만 집중할 수 있습니다.

이 클래스의 주요 기능은 다음과 같습니다.

- **와이파이에 연결 :** 디바이스를 와이파이 네트워크에 연결합니다. 와이파이가 끊기더라도 문제가 해결되면 다시 자동으로 연결합니다.
- **MQTT 브로커에 연결 :** 와이파이가 정상적이면 MQTT 브로커에 연결이 됩니다. 만약 MQTT 브로커와의 연결이 해제되면, 30초마다 재접속을 시도합니다.
- **MQTT 브로커에 연결될 때 실행**
  - 유언 등록 : 토픽 'tele/{device}/LWT', 페이로드 'Offline'으로 등록합니다.
  - 기기 연결 등록 : 토픽 'tele/{device}/LWT', 페이로드 'Online'으로 발행합니다.
  - 명령 토픽 구독 : 토픽 'cmnd/{device}/#'을 구독합니다.
  - 추가 함수 실행 : 인스턴스를 만들 때 on_connect로 지정한 함수를 실행합니다. 이 함수에서는 주로 TELEPERIOD와 같은 정보를 발행합니다.
- **실행 감시 :** while 안에 메소드 run( )을 두어야 하며, 통신 상태를 모니터링하고, 수신된 토픽이 있으면 인스턴스를 만들 때 callback으로 지정한 함수를 호출합니다.

이 클래스를 사용하기 위해서 준비해야 하는 정보와 함수를 [표 10-1]에 정리해 두었습니다.

[표 10-1] UseMQTTClient 메소드

메소드	설명
UseMQTTClient(client,device,ssid,ssid_pass,callback,on_connect=None)	client : MQTTClient()의 인스턴스 device : 고유한 디바이스 ID ssid : 와이파이 SSID ssid_pass : 와이파이 비밀번호 callback : 수신 토픽 callback 함수 on_connect() : 서버에 접속될 때 실행할 함수
subscribe(topic, qos=0)	topic : 구독할 토픽. 실행 내용이 출력됨
publish(topic, msg, retain=False, qos=0)	topic : 발행할 토픽 msg : 자료형을 자동 변환해 줌. 실행 내용이 출력됨
run()	while 루프 안에 두는 메소드

03 클래스 UseMQTTClient 활용하기

[프로그램 10-3]은 **[프로그램 10-2] 10_2_mqtt_send_rcv.py**를 클래스 UseMQTTClient를 사용해 다시 쓴 것입니다.

프로그램 10-3 10_3_usemqttclient_send_rcv.py

```
from umqtt.simple import MQTTClient
import ujson as json

from timerrun import TimerRun
from usemqttclient import UseMQTTClient
import config as C

def on_connect():
    print('on_connect() called')
    msg = {'TELEPERIOD': 10}
    mqtt.publish(f'tele/{C.DEVICE}/INFO', msg, retain=True)

def callback(in_topic,in_msg):
    topic = in_topic.decode()
    msg   = in_msg.decode()

    print(f'RCV> {topic}, |{msg}|')

```

```
    if topic == f'cmnd/{C.DEVICE}/TELEPERIOD':
        sensor_timer.set(period=int(msg)*1000)
        tele_msg = {'TELEPERIOD': msg}
        mqtt.publish(f'stat/{C.DEVICE}/TELEPERIOD', msg, retain=True)
        mqtt.publish(f'tele/{C.DEVICE}/INFO', tele_msg, retain=True )
        print(f'TELEPERIOD가 {msg}초로 변경되었습니다.')

ser = 0
def send_sensor():
    global ser
    ser += 1
    data = {
        'ser': ser
    }
    mqtt.publish(f'tele/{C.DEVICE}/SENSOR',json.dumps(data))

client = MQTTClient(C.MQTT_CLIENT_ID, C.MQTT_SERVER,port=C.MQTT_PORT,
                    user=C.MQTT_USER, password=C.MQTT_PASS,keepalive=60)
mqtt = UseMQTTClient(client,C.DEVICE,C.SSID,C.SSID_PASS,callback,
                    on_connect)

from timerrun import TimerRun
sensor_timer = TimerRun(period=10*1000)
sensor_timer.add(send_sensor)

def main():

    while True:
        mqtt.run()
        sensor_timer.run()

if __name__ == '__main__':
    main()
```

실행 결과

```
connect_Wi-Fi> Wi-Fi 시작(your_ssid)...
connect_Wi-Fi> Wi-Fi 연결 완료: ('192.168.24.207', '255.255.255.0', '192.168.24.177',
'61.41.153.2')
connect_mqtt> MQTT 연결 시작
LWT> tele/ESP32-01/LWT, ¦Offline¦, retain=True
connect_mqtt> MQTT 연결 완료
pub> tele/ESP32-01/LWT, ¦Online¦, retain=True, qos=0
```

```
sub> cmnd/ESP32-01/#, qos=0
on_connect() called
pub> tele/ESP32-01/INFO, ¦{"TELEPERIOD": 10}¦, retain=True, qos=0
pub> tele/ESP32-01/SENSOR, ¦{"ser": 1}¦, retain=False, qos=0
RCV> cmnd/ESP32-01/TELEPERIOD, ¦5¦
pub> stat/ESP32-01/TELEPERIOD, ¦5¦, retain=True, qos=0
pub> tele/ESP32-01/INFO, ¦{"TELEPERIOD": "5"}¦, retain=True, qos=0
TELEPERIOD가 5초로 변경되었습니다.
pub> tele/ESP32-01/SENSOR, ¦{"ser": 2}¦, retain=False, qos=0
```

[프로그램 10-3] 해설

config.py에 설정에 관한 정보가 모두 담겨 있습니다. 실제로는 본인의 정보로 수정해야 합니다. 이 파일은 개발 보드에 설치되어 있어야 합니다.

```
# config.py
  DEVICE = 'ESP32-01'

SSID      = 'your_ssid'         # 본인의 것
SSID_PASS = 'your_password'     # 본인의 것
MQTT_SERVER = '192.168.24.175' # 실제 값으로 변경

MQTT_PORT = 1883
MQTT_USER = 'user'
MQTT_PASS = 'passwd'

import binascii
import machine

MQTT_CLIENT_ID = binascii.hexlify(machine.unique_id()).decode()
```

다음은 UseMQTTClient의 전체 흐름을 보여줍니다.

```
from umqtt.simple import MQTTClient
from usemqttclient import UseMQTTClient
import config as C

client = MQTTClient(C.MQTT_CLIENT_ID, C.MQTT_SERVER,port=C.MQTT_PORT,
                    user=C.MQTT_USER, password=C.MQTT_PASS,keepalive=60)
mqtt = UseMQTTClient(client,C.DEVICE,C.SSID,C.SSID_PASS,callback,on_connect)
```

```
def main():

    while True:
        mqtt.run()
        sensor_timer.run()

if __name__ == '__main__':
    main()
```

클래스 MQTTClient의 인스턴스인 client를 만들었습니다.

client는 클래스 UseMQTTClient의 인스턴스인 mqtt를 만들 때 인자로 전달이 됩니다. mqtt의 메소드인 run( )을 while 루프 안에 두기만 하면 됩니다.

클래스 MQTTClient의 인스턴스인 client를 만들어서 클래스 UseMQTTClient에 전달해 줍니다. run( ) 메소드를 while loop에서 실행하기만 하면 됩니다.

```
def on_connect():
    print('on_connect() called')
    msg = {'TELEPERIOD': 10}
    mqtt.publish(f'tele/{C.DEVICE}/INFO', msg, retain=True)
```

MQTT 브로커에 연결이 될 때 일련의 작업이 자동으로 실행되는데, 특별히 이 프로그램에서 실행할 내용을 이 함수에 지정합니다. 여기서는 센서의 실행 간격을 나타내는 TELEPERIOD를 MQTT에 알려주는 역할을 합니다.

```
def callback(in_topic,in_msg):
    topic = in_topic.decode()
    msg   = in_msg.decode()

    print(f'RCV> {topic},   | {msg}  |  ')

    if topic == f'cmnd/{C.DEVICE}/TELEPERIOD':
        sensor_timer.set(period=int(msg)*1000)
        tele_msg = {'TELEPERIOD': msg}
        mqtt.publish(f'stat/{C.DEVICE}/TELEPERIOD', msg, retain=True)
        mqtt.publish(f'tele/{C.DEVICE}/INFO', tele_msg, retain=True)
        print(f'TELEPERIOD가 {msg}초로 변경되었습니다.')
```

수신된 토픽이 있으면 이 함수가 호출되고, 이 함수의 매개변수로 토픽(in_topic)과 페이로드(in_msg)가 옵니다. 매개변수의 자료형이 bytes이므로, 사용하기 전에 decode( )를 사용해 str형으로 바꿉니다.

이 함수는 구독한 토픽이 호출될 때마다 공통으로 호출되므로, 여러 토픽을 구독한 경우에 대비해 수신된 토픽을 구분해 코드를 만들어야 합니다.

여기서는 수신된 토픽이 'cmnd/ESP32-01/TELEPERIOD'이면 페이로드 값을 정수로 바꾸어서 sensor_timer.set( )로 함수 send_ser( )의 실행 간격을 조절합니다.

명령 토픽에 대응해 실행 결과 토픽인 'stat/{C.DEVICE}/TELEPERIOD'를 발행하고, 정보가 변경된 것을 알려 주기 위해서 토픽인 'tel/{C.DEVICE}/INFO'를 발행합니다.

이 callback 함수가 호출되기 위해서는 MQTT Explorer에서 토픽 'cmnd/ESP32-01/TELEPERIOD'를 발행하면 됩니다.

[그림 10-36]은 MQTT Explorer에서 명령 토픽은 'cmnd/ESP32-01/TELEPERIOD'로 하고, 페이로드는 '5'로 해 발행하는 예입니다.

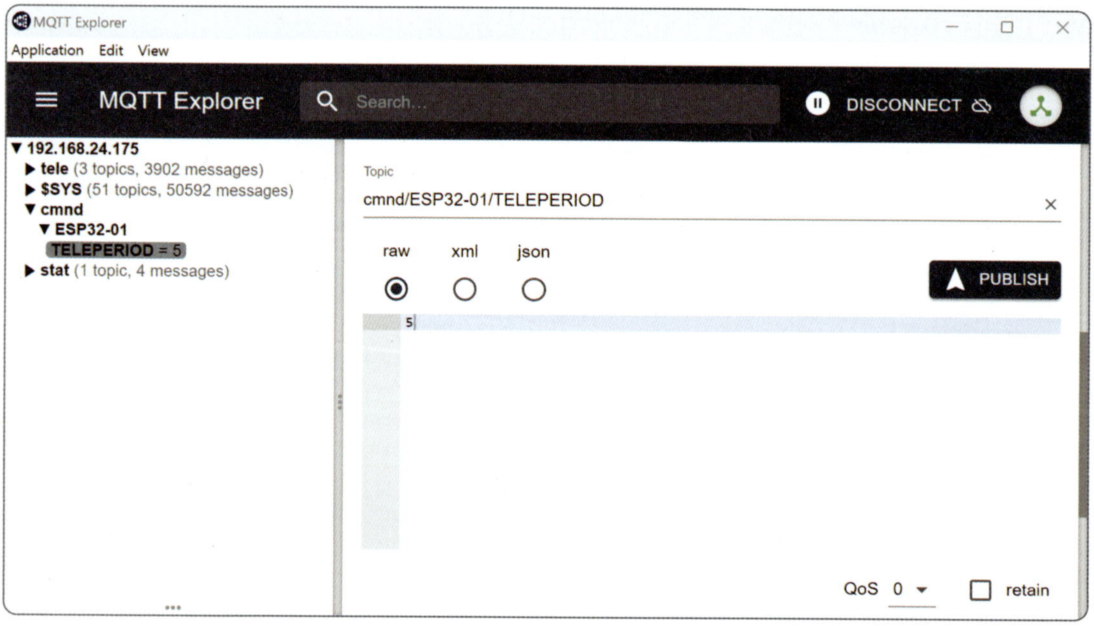

[그림 10-36] 명령 토픽 발행하기

CHAPTER

10 연습문제

10.1 IoT에서 사용되는 통신 프로트콜의 종류를 열거하고 설명하세요.

10.2 IoT에서 사용되는 무선 통신 방식에 대해 설명하세요.

10.3 [프로그램 9-5]를 다음 조건에 따라 개선하세요.

- 조도 값을 10초 단위로 MQTT 서버에 전송합니다.
- 서버에 센서값을 보내는 주기(teleperiod)를 토픽 cmnd/디바이스/TELEPERIOD를 사용해 수정할 수 있어야 합니다.

10.4 토픽 구조 방식 중 'TASMOTA'에서 채택한 방식을 토픽 종류별로 설명하세요.

CHAPTER

11

Node-RED 서버 만들고 활용하기

학습목표

- Node-RED의 역할을 이해합니다.
- PC에 Node-RED를 설치하고 실행합니다.
- Node-RED의 코딩 방법을 익힙니다.
- MQTT와 대시보드 노드를 이용해 플로우를 작성합니다.

이 장의 실습 준비물

부품 이름	대체품	수량	용도
S3 mini / S2 mini	ESP32 계열의 보드	1	마이크로컨트롤러
USB-C 케이블		1	보드와 PC 연결

PREVIEW

Node-RED는 IoT 시스템에서 중앙통제 기능을 하는 대시보드를 구성하기에 적합한 개발 로우코드 플랫폼입니다. 오픈되어 있는 수많은 노드를 활용해 다양한 IT 기술을 결합한 IoT 시스템의 개발이 쉽게 이루어집니다. 이 장에서는 MQTT 노드와 대시보드 노드를 이용해 실제로 IoT 대시보드 역할을 하는 플로우를 만들어봅니다.

SECTION 11.1

Node-RED 개요

01 Node-RED란?

Node-RED는 IBM사에서 만든 프로그래밍 도구이며 오픈 소스로 공개되어 있습니다. 처음부터 IoT를 위해서 만들어졌기 때문에, IoT 기기나 API(응용 프로그램 인터페이스) 또는 여러 서비스를 시각적으로 쉽게 연결할 수 있습니다.

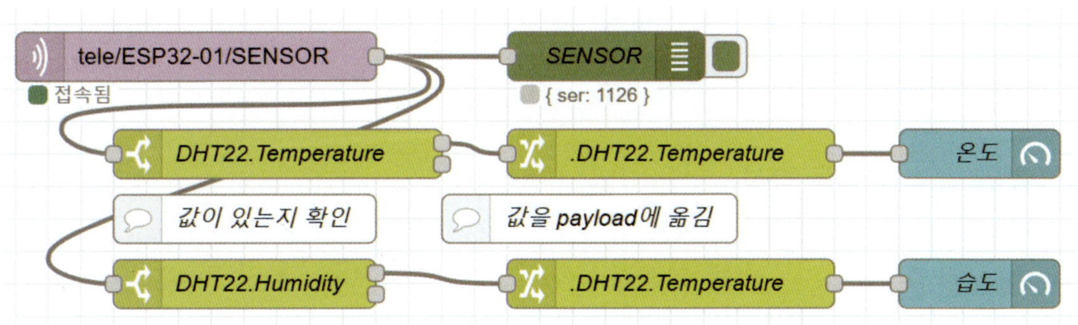

[그림 11-1] Node-RED 플로우

Node-RED는 이름에서 알 수 있듯이 노드(node)를 기본으로 하고, 각 노드를 선으로 연결해서 플로우를 만드는 방식입니다. 노드는 특정 기능을 수행하는 프로그램 묶음을 말합니다. 기본으로 제공하는 노드 외에도 오픈 소스 방식으로 만들어진 수많은 노드가 있으므로 Node-RED로 할 수 있는 일이 대단히 많습니다. 2024년 10월 기준으로 약 5,100여 개의 노드가 등록되어 있습니다.

세상에는 다양한 IT 기술과 환경이 존재하며 계속 발전하고 있습니다. 새로운 IT 기술이나 서비스를 위한 노드는 지속적으로 출현하고 있으므로 Node-RED로 할 수 있는 일은 계속 늘어날 것입니다.

IoT 시스템에는 다수의 기기들이 접속됩니다. 이 기기들은 많은 데이터를 발생시키는데, 이러한 정보는 보기 좋게 표시되고 공유되어야 합니다. 데이터는 축적되고 분석되어야 상황에 맞는 적절한 통제를 할 수 있기 때문입니다.

IoT 시스템의 중심에는 여러 기기들을 통제하는 컨트롤러가 있어야 합니다. 컨트롤러의 주요 역할은 디바이스 통제, 외부 시스템 연계, 그리고 대시보드 기능입니다.

컨트롤러를 구현하는 데 가장 적합한 개발 환경이 Node-RED입니다. Node-RED는 그 자체의 기능도 중요하지만, Node-RED 생태계에 계속해서 추가되는 노드의 확장성에 주목해야 합니다.

02 로우코드와 이벤트 드리븐

로우코드 개발 방법

Node-RED는 로우코드(low-code) 개발 플랫폼인데, 코드를 적게 작성하고도 응용 시스템을 빠르게 만들 수 있는 개발 환경을 제공합니다. 로우코드 개발 방법에서는 데이터 모델이나 논리의 흐름, 그리고 사용자 인터페이스를 시각적인 방식으로 블록을 연결해 만들게 됩니다. 복잡한 코딩 작업이 줄어들고 비교적 쉬워서 소프트웨어 전문가가 아닌 사람도 자신의 전문 지식을 기반으로 응용시스템 개발에 참여할 수 있게 되었습니다.

이벤트 드리븐 작동 방식

마이크로파이썬 프로그램을 작성할 때는 실행 순서를 따져서 차례대로 논리를 구현합니다. 그러나 이러한 방식에서는 동시 다발적으로 일어나는 여러가지 상황을 프로그래밍하려면 코드가 너무 복잡해집니다.

반면에 Node-RED에서는 여러 이벤트(상황)가 발생하는 노드를 몇 개든지 나열할 수가 있습니다. 어느 이벤트가 먼저랄 것도 없고, 단지 이벤트 발생 후의 처리 단계와 이벤트 사이의 관계만 정의하면 됩니다. 그래서 Node-RED에서는 동시 다발적으로 일어나는 여러 이벤트를 처리하는 것이 별로 어렵지 않습니다. 이러한 작동 방식을 이벤트 드리븐(Event-driven)이라고 합니다.

03 | 작동 환경

인터넷 브라우저에서는 동적인 정보를 표현하기 위해서 자바스크립트(javascript)라는 인터프리터 언어를 사용합니다. 인터넷 브라우저인 크롬의 자바스크립트 런타임 엔진을 브라우저가 아닌 일반적인 컴퓨터에서 작동하도록 한 것이 Node.js인데, Node-RED는 Node.js 환경에서 작동합니다. 그래서 Node.js를 먼저 설치하고 다음에 Node-RED를 설치하면 됩니다. Node-RED는 대부분의 OS에서 작동합니다.

Node-RED 편집기는 인터넷 브라우저를 사용하면 되고, Node-RED로 구현한 대시보드도 인터넷 브라우저를 이용해서 접속하면 됩니다.

개인이나 소규모 조직에서 IoT 기기 제어용으로 Node-RED를 사용하는 경우에는 라즈베리 파이에 Node-RED를 설치하는 것이 좋습니다. 기기 제어용으로 사용하기 위해서는 Node-RED를 항상 가동해야 하는데, 전력 사용량이나 구매 가격을 고려할 때 라즈베리 파이가 경제적이기 때문입니다. 다만, 이 책에서는 학습의 편의상 Windows에 Mosquitto와 Node-RED를 설치해 사용합니다.

SECTION

11.2 Node-RED 설치하기

Node-RED를 설치하기 전에 먼저 Node.js와 npm(Node.js package manager)을 설치해야 합니다. 여기서는 윈도우 11에 설치하는 방법을 설명합니다.

웹 페이지 **라즈베리 파이에서 Node-RED 활용**

PC에 Node-RED를 설치하는 것보다, 라즈베리 파이와 같은 소형 컴퓨터에 Node-RED를 설치하고 항상 켜 두는 것이 훨씬 편리합니다. 라즈베리 파이에 Mosquitto와 Node-RED를 설치하는 방법은 하단 주소 또는 우측 QR 코드를 통해 접속한 웹 페이지에서 안내합니다.

https://iotmaker.kr/iotbook-raspberrypi

01 Node.js 다운로드 및 설치하기

Node.js 다운로드하기

❶ https://nodejs.org/에 접속한 후, ❷ [Download Node.js (LTS)] 버튼을 클릭해 다운로드합니다.

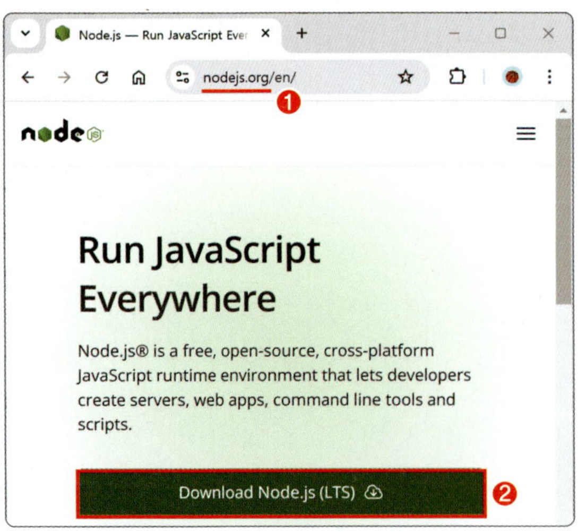

[그림 11-2] Node.js 다운로드 페이지

Node.js 설치하기

다운로드가 완료되면 해당 파일을 클릭해 Node.js 설치를 시작합니다. 첫 화면이 나오면 **[Next]** 버튼을 클릭해 설치를 진행합니다. 이후의 화면에서도 계속 **[Next]** 버튼을 클릭해 설치를 마치면 됩니다. **〈라이선스 조건 동의〉** 화면에서는 'I accept the terms in the License Agreement' 앞의 체크박스를 선택해야 합니다.

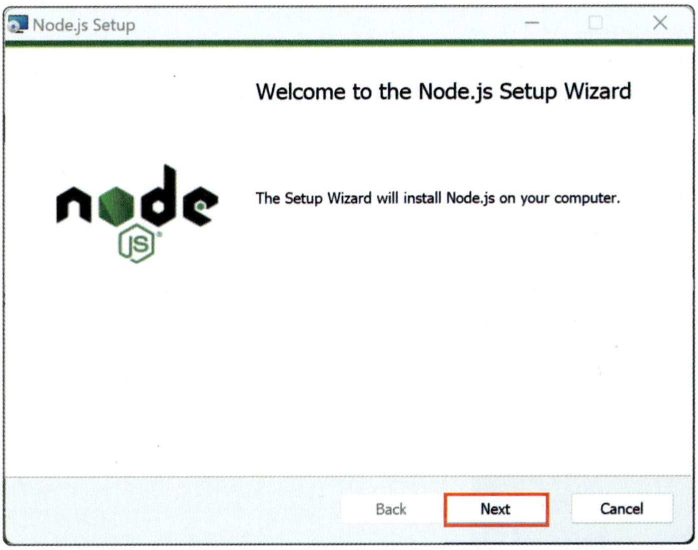

[그림 11-3] Node.js 설치 화면

웹 페이지 **Node.js 설치**

Node.js는 기본 값으로 설치해도 되기 때문에, 설치 과정이 번거롭지 않습니다. 설치 과정에 대한 자세한 정보는 하단 주소 또는 우측 QR 코드를 통해 접속한 웹 페이지에서 안내합니다.

https://iotmaker.kr/install-nodejs/

Node.js 설치 확인하기

설치가 완료되었으면 Node.js와 npm이 제대로 설치되었는지 확인해봅시다. npm은 Node.js 패키지를 관리하는 클라이언트 소프트웨어입니다. 이 소프트웨어는 패키지 정보가 등록된 온라인 데이터베이스와 연동되어 Node.js 패키지 관리를 쉽게 할 수 있게 합니다.

키보드에서 ⊞ + R을 누르면 'cmd'가 입력되어 있는 **〈실행〉** 화면이 나옵니다. ❶ **[확인]** 버튼을 클릭하면 명령 프롬프트가 실행됩니다.

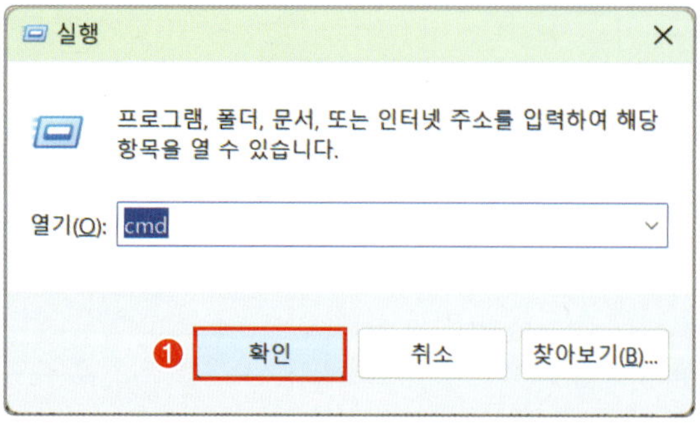

[그림 11-4] 〈실행〉 화면

명령 프롬프트에서 ❷ 'node –v'를 입력했을 때 버전 정보가 출력되면 Node.js가 제대로 설치된 것입니다. ❸ 'npm –v'를 입력했을 때 버전 정보가 출력되면 npm이 제대로 설치된 것입니다.

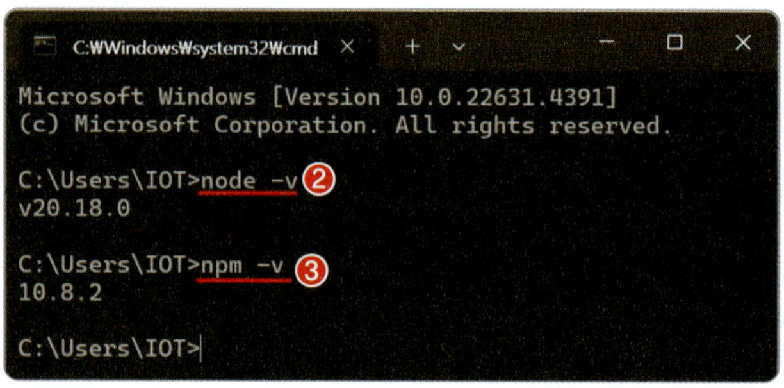

[그림 11-5] Node.js와 npm 설치 확인

02 Node-RED 설치하기

키보드에서 ⊞ + Ⓡ을 눌러 명령 프롬프트를 실행하고, 다음 명령어를 입력하면 설치가 완료됩니다.

```
npm install -g --unsafe-perm node-red
```

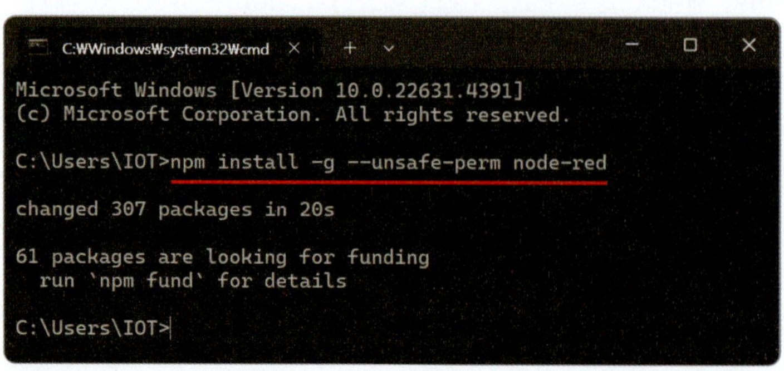

[그림 11-6] Node-RED 설치 화면

03 Node-RED 서버 실행하기

명령 프롬프트에서 다음 명령어로 Node-RED를 실행할 수 있습니다.

```
node-red
```

만약 명령어가 실행되지 않으면 Node-RED 설치 디렉토리(폴더)로 이동해 다시 명령어를 실행하면 됩니다. Node-RED는 사용자의 홈 디렉토리 아래의 .node-red 디렉토리에 설치되어 있습니다.

```
cd .node-red
node-red
```

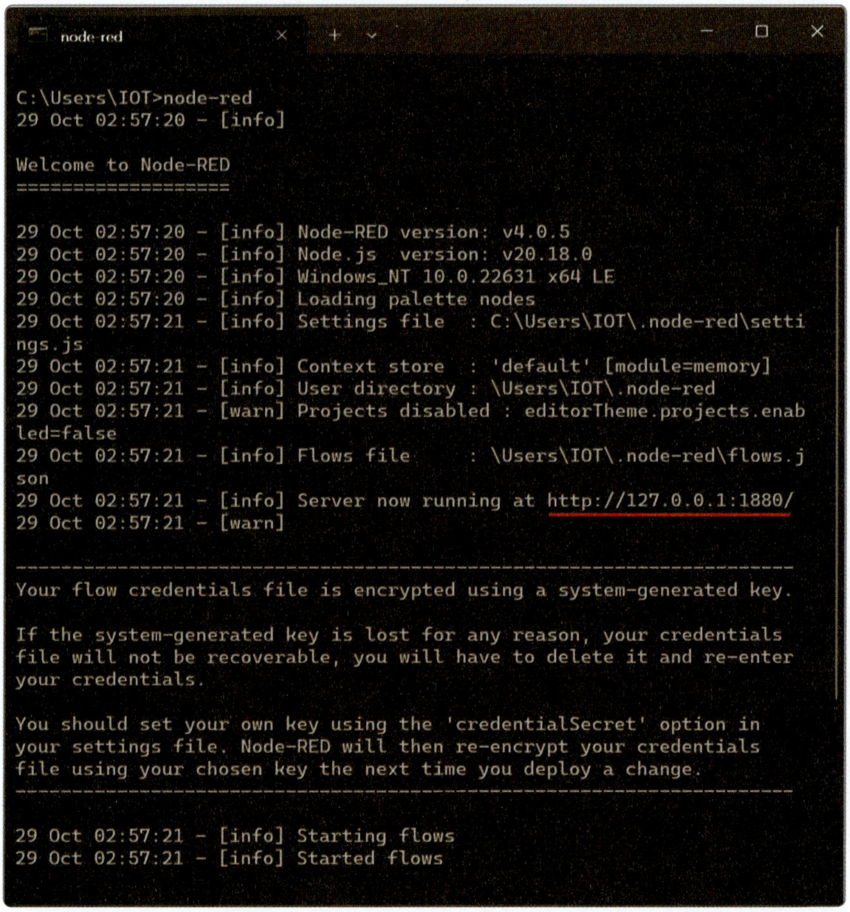

[그림 11-7] Node-RED 실행 화면

[그림 11-7]과 같이 Node-RED가 정상적으로 실행되었습니다. Node-RED가 기동되면 명령 프롬프트 화면은 닫지 말고 그대로 두어야 합니다. 명령 프롬프트 화면의 맨 아래를 제외하고 다른 곳에 마우스를 잘못 눌러 반전 표시된 곳이 있으면 안 됩니다.

열려 있는 명령 프롬프트를 닫으면 Node-RED가 종료되므로 주의해야 합니다.

화면 중간 http://127.0.0.1:1880에서 Node-RED 서버가 실행 중이라는 정보가 보입니다. 여기서 IP 주소 127.0.0.1은 **루프백(Loopback)** 또는 **로컬호스트(Localhost)** 주소라고 하는데, 브라우저와 Node-RED가 동일한 PC에서 실행 중이면 이 주소를 사용하면 됩니다.

브라우저에 'http://127.0.0.1:1880' 또는 'http://localhost:1880'을 입력해 [그림 11-8]과 같은 화면이 나오면 Node-RED를 사용할 준비가 제대로 된 것입니다.

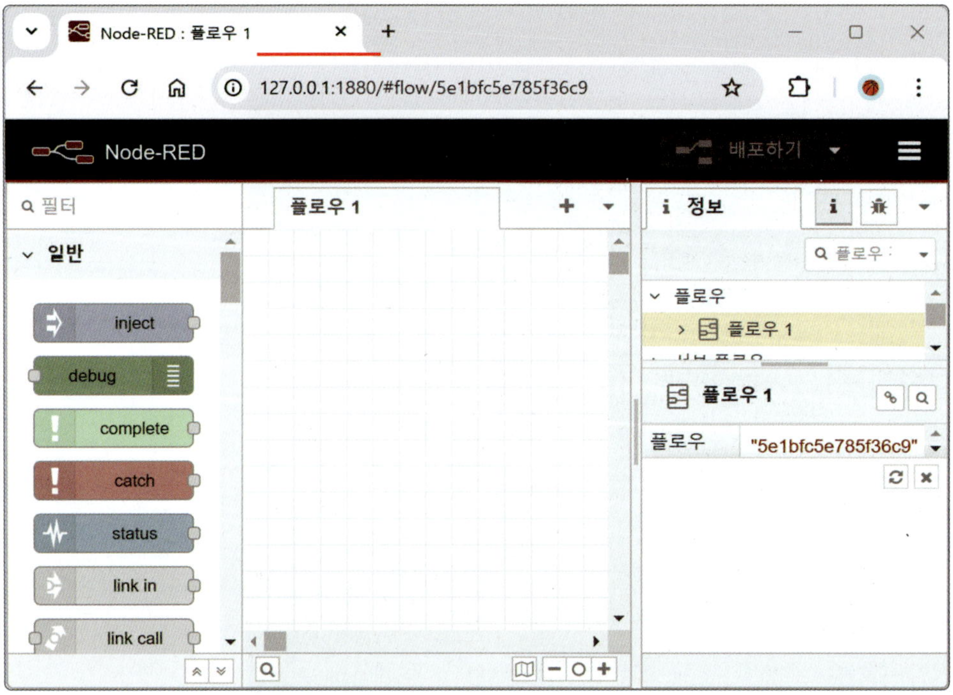

[그림 11-8] Node-RED 편집 화면

04 설정 파일에서 보안 적용하기

.node-red 폴더

Node-RED를 설치하면 사용자의 홈 디렉토리 아래에는 **.node-red**라는 폴더가 생기고, 그 아래에 설정 정보, 설치한 모듈, 작성한 플로우가 저장됩니다.

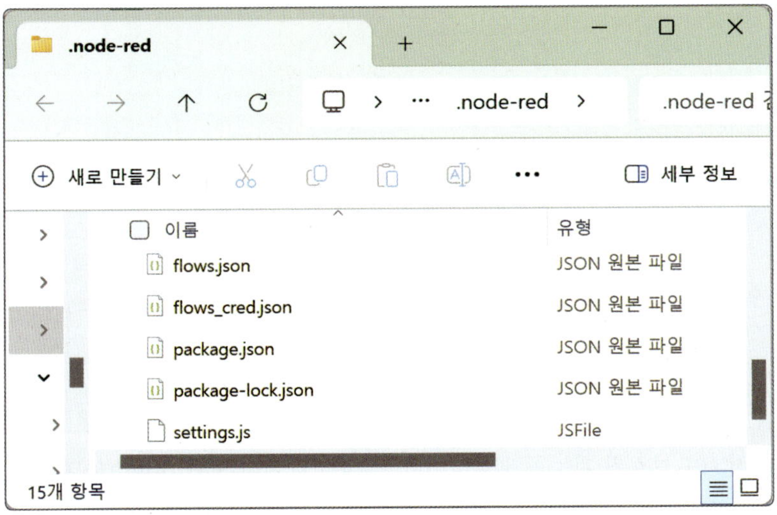

[그림 11-9] Node-RED 사용자 디렉토리

Node-RED 설정 파일(settings.js)

Node-RED의 설정 정보는 settings.js 파일에 보관됩니다. 아직 이 파일을 수정하지 않았기 때문에 Node-RED는 기본적인 모드로 수행됩니다. 보안이 전혀 설정되지 않은 상태이므로 외부 네트워크에 노출되면 곤란합니다. 충분한 보안 설정이 되지 않은 상태에서는 방화벽 안쪽의 로컬 상태에서만 사용해야 합니다. 설정 파일인 settings.js를 설정하는 방법은 다음에 나오는 웹 페이지에서 안내합니다.

웹 페이지 **Node-RED 보안 설정**

Node-RED를 설치하고 포트가 열려 있으면, 동일 네트워크 내에서는 누구든지 접속할 수 있습니다.
그래서 다음과 같은 보안 설정이 필요합니다.

- 유저네임과 패스워드를 제시해야 접속되도록 합니다.
- SSL/TLS를 설정해 외부에서도 안전하게 접속되도록 합니다.

하단 주소 또는 우측 QR 코드를 통해 접속한 웹 페이지에서 ❶ 유저네임과 패스워드를 설정하고, ❷ SSL/TLS를 설정하는 방법을 안내합니다.

https://iotmaker.kr/node-red-security/

웹 페이지 **안전하게 원격 접속하는 방법 안내**

이 책에서는 MQTT 브로커인 Mosquitto와 대시보드 용도인 Node-RED를 PC에 설치해 사용합니다. 그러나 원격에서 안전하게 접속하기 위해서는 추가 작업이 필요합니다.

학습을 위해서는 이 책에서 제시되는 내용을 익히면 되지만, IoT 시스템을 실제로 사용할 때는 적절한 보안 사항을 적용해야 합니다. 하단 주소 또는 우측 QR 코드를 통해 접속한 웹 페이지에서 원격으로 접속할 때 필요한 보안 절차를 안내합니다.

https://iotmaker.kr/remote-connect

05 클라우드 Node-RED 서비스 이용하기

Node-RED를 직접 설치해 사용할 수도 있지만 외부의 클라우드를 사용하면 서버와 네트워크를 관리하는 부담을 덜 수 있습니다.

클라우드 Node-RED 서비스는 Node-RED를 직접 호스팅해 서비스를 제공하는 경우가 대부분입니다. 사용 편의성을 높이기 위해 MQTT 브로커 기능을 제공하거나, 실시간 데이터 보관 서비스를 제공하는 경우도 있습니다. 클라우드 Node-RED의 경우에는 서비스 특성상 설치할 수 있는 Node-RED 라이브러리가 제한되는 경우가 있습니다.

Node-RED를 학습하는 동안에는 클라우드 Node_RED 서비스의 무료 계정을 이용하는 것도 좋은 선택이 될 수 있습니다.

웹 페이지 **클라우드 Node-RED 사용**

하단 주소 또는 우측 QR 코드를 통해 접속한 웹 페이지에서 대표적인 Node-RED 클라우드 서비스를 안내합니다.

https://iotmaker.kr/node-red-clouds/

SECTION
11.3 Node-RED 플로우 편집하기

01 Node-RED 편집 화면

인터넷 브라우저를 열어서 주소창에 'localhost:1880'을 입력하면 Node-RED 편집 화면이 나타납니다.

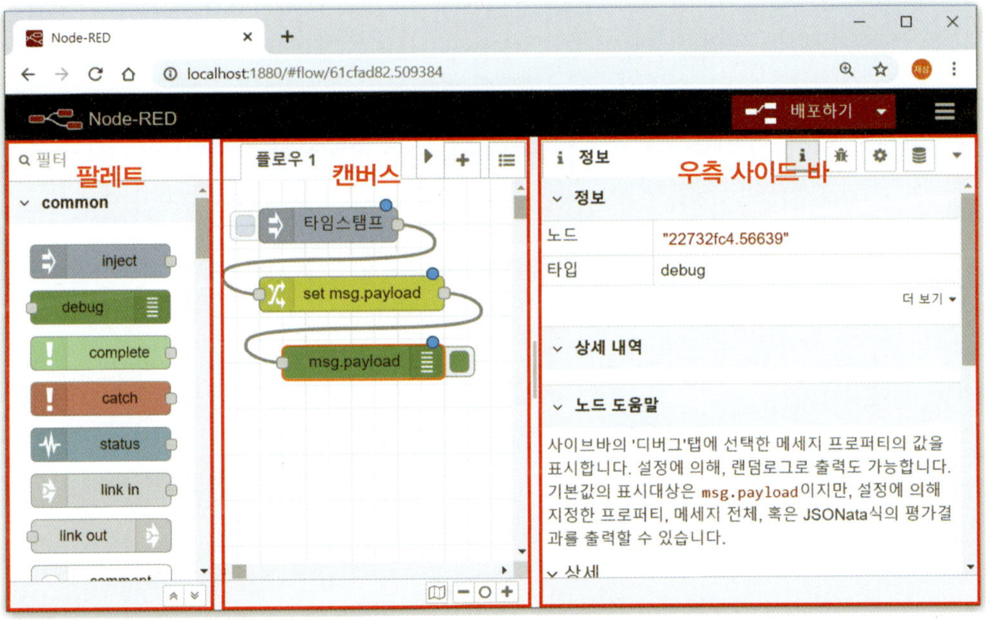

[그림 11-10] Node-RED 화면 구성

팔레트

화면의 좌측 부분이며, 이미 설치된 노드가 표시됩니다. 여기에 있는 노드를 끌어서 캔버스에 가져오면 됩니다. 노드는 용도별로 구분이 되어 있는데 각각 펼치거나 접을 수 있습니다. 위쪽의 필터에 검색어를 입력해 필요한 노드를 표시할 수도 있습니다. 화면 중앙 캔버스와의 경계에 마우스를 대면 팔레트에 숨겨져 있는 화살표 아이콘이 나오고, 이 아이콘을 클릭하면 팔레트가 사라집니다. 다시 좌측 경계에 마우스를 대면 팔레트를 확장할 수 있는 아이콘이 나타납니다. 이 아이콘을 클릭해서 팔레트를 다시 표시하면 됩니다.

[표 11-1] 기본 노드 그룹

노드 그룹	내용
일반(common)	플로우의 기본 기능을 수행함
기능(function)	노드의 중간에서 값을 바꾸는 기능을 함
네트워크(network)	MQTT, HTTP, 웹소켓 등의 통신을 담당함
순서(sequence)	플로우를 합치거나 분기하고, 값을 정렬하는 기능을 함
파서(parser)	데이터를 다른 형식으로 변환하거나, 특정 데이터를 추출함
저장(file)	외부 데이터 저장소를 관리함

캔버스

화면의 가운데 부분이며, **노드**와 **와이어**를 이용해서 **플로우**를 그리는 곳입니다. 플로우는 캔버스에서 탭으로 표시됩니다. 탭의 이름을 클릭하면 플로우 정보를 편집할 수 있는 팝업 화면이 나옵니다. + 탭을 클릭해서 새로운 플로우를 만들 수 있습니다.

플로우를 편집하면 위쪽의 **[배포하기]** 버튼이 활성화되는데, 이 버튼을 클릭해야만 수정된 내용이 보관되고, 플로우가 초기화되어 다시 시작되게 됩니다. 결국 **[배포하기]** 버튼은 플로우의 실행 버튼이 되는 셈입니다.

캔버스 우측 아래쪽에 플로우의 크기를 조정할 수 있는 버튼 묶음이 있습니다. 플로우를 축소하면 한 화면에 더 많은 정보가 표시되므로 전체적인 흐름을 파악하기가 쉽습니다.

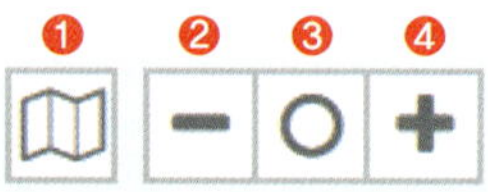

[그림 11-11] 플로우 크기 조정 버튼

❶ **[네비게이터] :** 전체 플로우와 확대된 플로우 부분을 한꺼번에 보여줍니다.

❷ **[축소] :** 플로우 크기를 축소합니다.

❸ **[초기화] :** 확대하거나 축소한 상태에서 처음 상태로 초기화합니다.

❹ **[확대] :** 플로우 크기를 확대합니다.

우측 사이드 바

캔버스의 우측 영역인데, 선택된 아이콘에 따라 여러 정보가 다양하게 표시되는 곳입니다.

[그림 11-12] 우측 사이드 바 버튼

❶ **[노드 정보] :** 플로우에서 선택한 노드의 정보를 나타냅니다.

❷ **[디버그 메시지] :** 디버그 노드에 입력되는 메시지를 출력합니다. 노드의 설정 내용에 따라 간단하게 출력되기도 하고, 오브젝트의 상세한 내용이 출력되기도 합니다.

❸ **[도움말] :** 선택된 노드의 상세한 사용법을 알려줍니다.

❹ **[설정] :** 특정 노드의 기본이 되는 정보를 지정하는 곳입니다. 예를 들면 외부에 접속하기 위한 DNS 정보나 비밀번호 등을 지정하는데, 그 내용은 노드에 따라 다릅니다.

❺ **[콘텍스트 데이터] :** 노드나 플로우 또는 Node-RED 전체에 공유할 정적 정보를 보여주는 곳입니다.

여기서 잠깐 **msg 오브젝트와 프로퍼티**

Node-RED에서는 노드와 노드 사이에 **msg**라는 이름을 가진 **오브젝트**를 전달합니다. 오브젝트에는 여러 데이터가 속할 수 있는데, 그 데이터를 **프로퍼티(property)**라고 합니다. 프로퍼티는 몇 개든지 만들어서 사용할 수 있습니다.

오브젝트와 프로퍼티는 .으로 연결합니다. 예를 들면 **msg** 오브젝트에 속한 temp(온도)라는 프로퍼티는 **msg.temp**와 같이 표현합니다.

msg 오브젝트에는 다음 3개의 프로퍼티가 기본으로 설정되어 있습니다.

- **msg._msgid**
  노드의 아이디가 들어 있는데, 사용자가 그 내용을 알 필요는 없습니다.
- **msg.topic**
  값이 비어 있는 경우가 많습니다. 만약 MQTT 관련 노드라면 여기에 MQTT의 토픽이 들어 있습니다.
- **msg.payload**
  노드 간에 전달되는 가장 중요한 데이터입니다. 대부분의 노드는 msg.payload를 기본적인 입력으로 처리합니다.

노드의 주된 기능은 입력된 **msg.payload** 값을 가공해 새로운 **msg.payload**로 만들어서 다음 노드에 전달하는 것입니다. 중간에 새로운 프로퍼티가 추가되기도 하고 삭제되기도 합니다.

02 첫 플로우 작성하기

Node-RED의 편집 창은 여러 개의 탭으로 이루어져 있고, 각 탭에는 노드를 연결한 묶음이 여러 개 있을 수 있습니다. 이때 탭 안에 있는 모든 묶음을 통칭해 플로우라고 합니다. 플로우는 JSON 형식으로 표현되며 별도 파일로 내보낼 수 있고, 파일로부터 불러들일 수도 있습니다.

웹 페이지 **플로우 다운로드**

Node-RED 플로우는 확장자 .json 형식의 텍스트 파일로 보관할 수 있습니다. 이 책에서 사용되는 플로우 파일은 하단 주소 또는 우측 QR 코드를 통해 접속한 웹 페이지에서 다운로드할 수 있습니다. 여러 종류의 파일이 한번에 다운로드되는데, 플로우 파일은 '\mpy_examples\flows' 폴더 아래에 있습니다.

https://iotmaker.kr/mpy-dwonload

이제 Node-RED 편집 창에서 [그림 11-13]과 같은 플로우를 만들어보겠습니다.

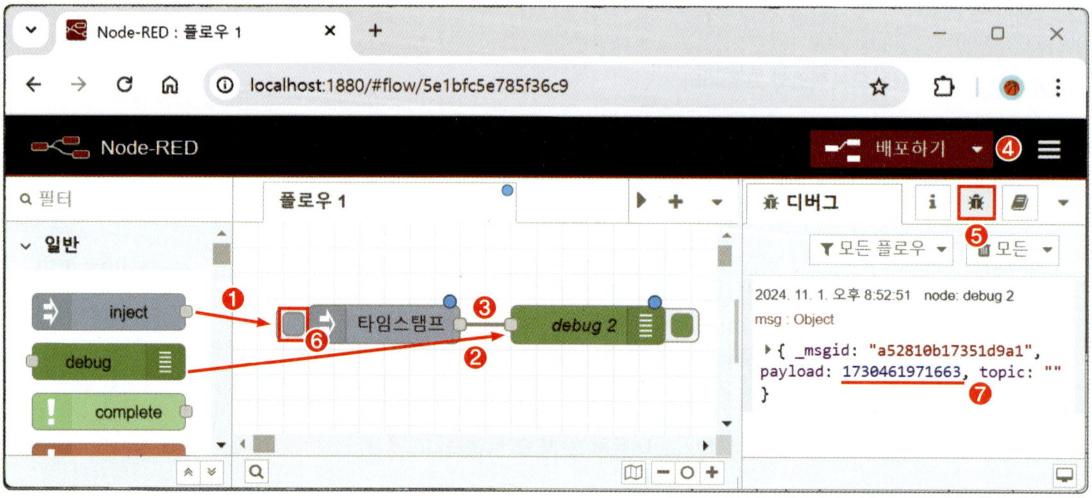

[그림 11-13] 첫 플로우 [파일명 : flows-11-1-inject-debug.json]

2개의 노드를 연결해 시간을 출력하는 간단한 플로우를 만들어봅시다.

❶ 입력 노드인 inject 노드를 캔버스에 끌어다 놓습니다.

❷ 출력 노드인 debug 노드를 캔버스에 끌어다 놓습니다.

❸ inject 노드의 출력 포트에 마우스를 클릭한 채 debug 노드의 입력 포트까지 끌면 두 노드가 와이어로 연결이 됩니다.

❹ **[배포하기]** 버튼을 클릭하면 플로우가 보관되고 실행 모드가 됩니다.

❺ 우측 사이드 바에서 버튼을 클릭해서 디버그 출력 모드로 바꿉니다.

❻ inject 노드의 좌측 버튼을 클릭합니다.

❼ 우측 사이드 바에 시간을 나타내는 숫자가 출력됩니다.

여기서 잠깐 **유닉스 기준 시간(UNIX Epoch)**

[그림 11-13] 플로우의 debug 노드에서 출력되는 숫자는 유닉스 시간(UNIX Epoch, 1970년 1월 1일) 기준으로 표시한 밀리초 단위의 시간 정보입니다. 우측 사이드 바에는 debug 노드에서 출력된 정보가 표시되는데, 마지막의 숫자 부분을 계속 클릭해보면 정수, 세계 표준 시간, 한국 시간, 16진수 정수로 바뀌어 나타납니다. 한국 시간은 UTC+9로 표시됩니다. 이때 UTC(Universal Time Coordinated)는 세계 표준 시간을 말하며 GMT(그리니치 평균 시간, Greenwich Mean Time)이라고도 합니다.

inject 노드

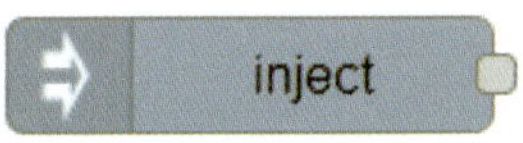

inject 노드는 데이터를 출력하는 기능을 수행합니다. 버튼을 클릭해 수동으로 데이터를 출력할 수도 있고, 정해진 시간 또는 주기적으로 데이터를 출력할 수 있습니다. 기본적으로는 현재 시간을 출력하지만 옵션에 따라 다양한 형식의 데이터를 출력할 수 있습니다. 이 노드는 플로우를 테스트할 때 빈번하게 사용됩니다.

inject 노드를 캔버스에 끌어 두면 첫 번째 모양으로 보이고, 노드를 수정하면 이름 뒤에 ^{1} 또는 반복 기호가 나타나기도 합니다.

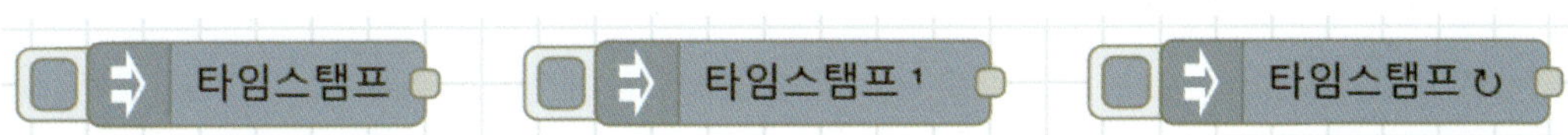

보통 상태 1회 실행 상태 반복 실행 상태

왼쪽의 버튼은 수동으로 데이터를 출력할 때 클릭하면 됩니다. 오른쪽 위의 파란 원은 수정된 내용이 있다는 것을 나타냅니다. 수정을 마친 후 **[배포하기]** 버튼을 클릭하면 수정 사항이 플로우에 업데이트되고 파란 원은 사라집니다. 이 노드를 더블 클릭하면 다음과 같은 편집 창이 나타납니다.

[그림 11-14] inject의 노드 수정 화면

inject 노드를 더블 클릭하면 [그림 11-14]와 같이 payload와 topic이라는 2개의 프로퍼티가 이미 생성되어 있습니다. 번호가 붙은 항목 중 ❶~⓬는 다른 노드와 공통인 기능을 나타내고, ⓭~⓯는 inject 노드에 국한된 기능을 나타냅니다. 각 항목별로 살펴보겠습니다.

❶ **[삭제] :** 노드를 삭제합니다.

❷ **[취소] :** 수정을 중단하고 나갑니다.

❸ **[완료] :** 수정 내용을 보관하고 나갑니다.

❹ **[이름] :** 편집 창에서 보이는 노드의 이름을 지정합니다. 생략하면 적절한 이름이 자동으로 부여됩니다. 이 노드의 경우 생략하면 '타임스탬프'라고 표시됩니다.

❺ **[위치 조정] :** 아래위로 끌어서 프로퍼티의 위치를 바꿉니다.

❻ **[이름 수정] :** 프로퍼티의 이름을 수정합니다.

❼ **[속성 지정] :** 프로퍼티의 속성을 지정합니다.

❽ **[부가 속성 지정] :** 속성이 timestamp일 때 부가 속성을 지정합니다.

❾ **[프로퍼티 삭제] :** 프로퍼티를 삭제합니다.

❿ **[프로퍼티 추가] :** 프로퍼티를 추가합니다.

⑪ **[노드 정보]** : 노드에 대한 사용법을 안내합니다.

⑫ **[사용가능]** : 누를 때마다 '사용가능'과 '사용불가능'으로 바뀝니다. 사용불가능 상태가 되면 편집 창에서 음영 처리가 되고, 이 노드는 실행이 되지 않습니다.

⑬ **[시작 옵션]** : 옵션을 선택하면, 플로우를 시작할 때 ⑭~⑮에서 지정한 조건으로 이 노드를 실행합니다. 이 옵션은 주로 플로우를 실행할 때 초기 값을 지정하는 데 사용합니다. 시작 옵션이 선택되고, 반복이 '없음'으로 되면 플로우가 실행될 때 1회 실행됩니다.

⑭ **[시작 시간]** : ⑬이 선택되었을 때, 플로우 실행 후 몇 초 후에 ⑮에서 지정한 조건으로 실행할지 지정합니다.

⑮ **[반복]** : 반복 방법을 지정합니다. '없음', '지정한 시간 간격', '지정한 시간 간격, 일시', '지정한 일시' 중에서 선택합니다. 반복 옵션이 선택되면 편집 창의 노드 이름 뒤에 원형으로 반복 표시가 나타납니다.

여기서는 msg.payload의 속성으로 timestamp 중에서 'milliseconds since epoch'를 지정했습니다. [표 11-2]에 속성의 내용과 특징을 정리했습니다.

[표 11-2] 프로퍼티에 지정할 수 있는 속성의 종류

항목	내용 및 특징
flow	동일 플로우 내에서 공유할 수 있는 context 데이터 (context 데이터는 노드의 실행이 끝나도 보존됨)
global	모든 플로우에 걸쳐서 공유할 수 있는 context 데이터
string	문자열
number	숫자
boolean	true 또는 false
JSON	JSON 형식의 데이터
buffer	비트 단위로 다룰 수 있는 데이터
timestamp	날짜와 시간 정보
J: expression	JSONata 형식의 데이터이며 연산 가능
env variable	환경 변수
msg	msg오브젝트의 프로퍼티

여기서 잠깐 JSONata 소개

JSONata는 JSON 데이터를 변환하고 필터링하는 강력한 표현식 언어로, 주로 **change 노드**와 **switch 노드**에서 JSON 데이터의 특정 값에 접근하거나 변환할 때 사용됩니다. 또한 JSONata에는 다양한 함수가 준비되어 있어서, 일반 데이터의 변환에도 유용하게 사용됩니다. JSONata 사용법은 다음과 같이 7가지로 요약할 수 있습니다.

1. **프로퍼티 표현** : msg.payload라는 프로퍼티는 payload, msg.payload, $.payload로 표현할 수 있습니다.
   다음 예의 &는 문자열 연결 연산자입니다.
   예 'msg.payload의 내용은 ' & payload & '입니다.'
2. **context 데이터 표현** : flow.value는 $flowContext('value') 표현하고,
   global.value는 $globalContext('value')로 나타냅니다.
3. **함수 사용** : $number( ), $round( ), $random( ) 등 많은 함수가 있습니다. JSONata 편집 창에 모든 함수가 나타납니다.
4. **산술 연산자** : +, −, *, /, %
5. **비교 연산자** : =, !=, <, <=, >, >= (==아니라 =임)
6. **논리 연산자** : and, or, not
7. **삼항 연산자** : 조건 ? 참일 때 값 : 거짓일 때 값

debug 노드

앞 노드에서 전달한 내용을 출력하는 노드입니다. 플로우를 테스트할 때는 점검이 필요한 노드에 debug 노드를 연결해 두고, 각 단계마다 변하는 값을 추적할 수 있습니다.

사용 상태

사용 중지 상태

이 노드의 오른쪽 버튼은 **사용 상태**로 되어 있지만, 버튼을 클릭하면 크기가 줄어들면서 **사용 중지 상태**로 바뀝니다. 실제로 사용할 때는 필요에 따라 ON/OFF 상태를 변경하면 됩니다.

debug 노드를 더블 클릭하면 [그림 11-15]의 화면이 나옵니다.

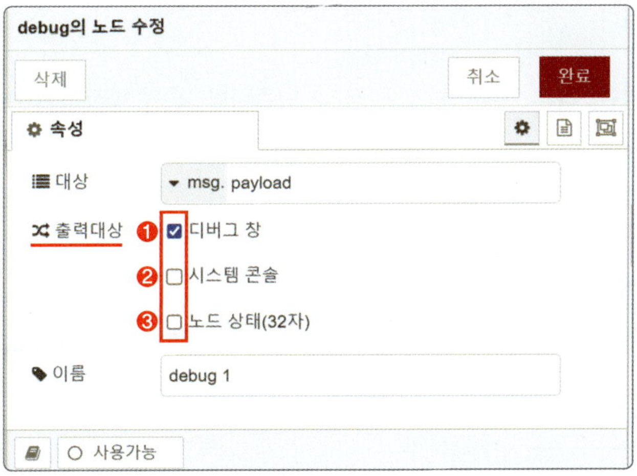

[그림 11-15] debug의 노드 수정 화면

[출력대상]은 어디에 출력할 것인지를 정하는 것인데 다음의 3가지 중에서 중복 선택할 수 있습니다.

❶ **디버그 창 :** 기본 값으로 선택이 되어 있는데, 우측 사이드 바의 디버그 창에 내용을 출력합니다. 특별한 이유가 없으면 이 방식을 사용하면 됩니다.

❷ **시스템 콘솔 :** Node-RED를 실행한 명령 프롬프트 화면에 나타납니다.

❸ **노드 상태(32자) :** 편집 창의 디버그 노드 아래에 표시됩니다. 간략한 데이터를 편집 창에서 확인할 수 있다는 장점이 있습니다. 노드 상태를 선택하면 출력 대상을 구분해 다시 지정할 수 있습니다.

[대상]은 무엇을 출력할지를 지정하는 것인데, 기본 값으로 msg.payload가 선택되어 있습니다. **[msg]** 버튼을 클릭하면 [그림 11-16]과 같이 드롭 다운 리스트가 나타납니다.

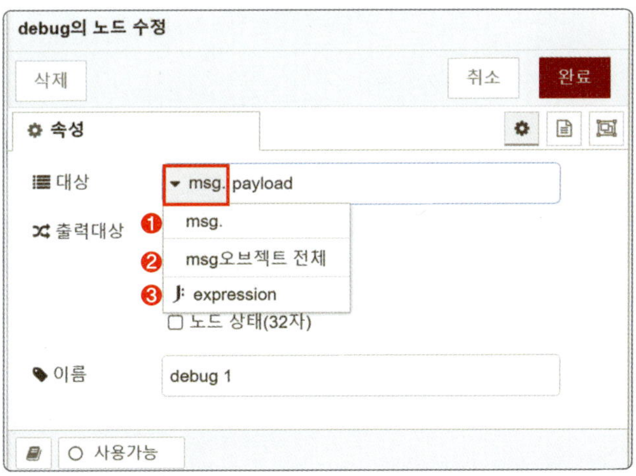

[그림 11-16] 대상의 드롭 다운 리스트

드롭 다운 리스트의 항목에 대해 알아보겠습니다.

❶ **msg :** 클릭하면 payload가 지정되어 있지만, 다른 프로퍼티로 바꿀 수 있습니다. 특정 항목만 구분해 확인할 때 유용합니다. 다음은 디버그 창에 msg.payload를 출력한 결과입니다.

```
msg.payload : number
1730540752985
```

❷ **msg오브젝트 전체 :** 모든 프로퍼티가 다 나타납니다. 디버깅 과정에서 가장 많이 사용하는 방식이며, 모든 프로퍼티와 오브젝트를 계층별로 확인할 수 있습니다. 다음은 디버그 창의 출력 결과입니다.

```
msg : Object
▸{ _msgid: "b2007209f90852d1", payload:
1730540875614, topic: "" }
```

❸ **J: expression :** 이후에 학습할 JSONata[1] 방식을 사용해, 항목을 원하는 방식으로 편집해 출력합니다. 다음과 같이 JSONata 명령어를 입력하면 편집된 내용이 출력됩니다. 여기서 &는 문자열을 연결하는 연산자입니다.

```
▾ J: '출력할 내용은 ' & payload & '입니다'  ···
```

```
msg : string[24]
"출력할 내용은 1730541428290입니다"
```

1 Jsonata는 JSON(JavaScript Object Notation) 데이터를 조회하고 변환하기 위한 경량의 함수형 표현식 언어인데, 간략한 구문으로 데이터를 변환할 수 있습니다.

SECTION

11.4 MQTT 제어하기

디바이스 프로그램에서 MQTT 서버에 데이터를 송수신하고, Node-RED 플로우에서 이 디바이스가 보낸 정보를 표시하고, 다시 디바이스에 명령 데이터를 보내어 제어하는 사례를 살펴보겠습니다.

01 디바이스 프로그램 실행하기 : usemqttclient.py

이 모듈은 mpy_examples\micropython\lib 폴더에 들어 있는데, 실행하면 내부의 예제 코드가 작동합니다. 이 프로그램에서는 설정 정보 파일인 config.py를 import하므로 이 파일을 개발 보드에 미리 설치해 두어야 합니다.

config.py

다음에서는 설정 정보의 예를 보여주고 있습니다. 본인의 실제 값으로 바꾸어서 개발 보드에 설치해야 합니다.

```
DEVICE = 'ESP32-01'

SSID = 'my-ssid'                # 실제 값으로 변경
SSID_PASS = 'my-ssid-pass'      # 실제 값으로 변경

MQTT_SERVER = '192.168.xxx.xxx' # 실제 값으로 변경
MQTT_PORT = 1883
MQTT_USER = 'SECOND_USER'
MQTT_PASS = 'SECOND_PASSWORD'

import binascii
import machine

MQTT_CLIENT_ID = binascii.hexlify(machine.unique_id()).decode()
```

MQTT 접속 시 실행되는 내용

다음은 디바이스를 실행할 때 출력된 내용의 예입니다. 실제 값은 실행 환경에 따라 다릅니다.

```
connect_Wi-Fi> Wi-Fi 시작(my-ssid)...
connect_Wi-Fi> Wi-Fi 시작(your_ssid)...
connect_Wi-Fi> Wi-Fi 연결 완료: ('192.168.24.207', '255.255.255.0', '192.168.24.177',
'61.41.153.2')
connect_mqtt> MQTT 연결 시작
LWT> tele/ESP32-01/LWT, ¦Offline¦, retain=True
connect_mqtt> MQTT 연결 완료
pub> tele/ESP32-01/LWT, ¦Online¦, retain=True, qos=0
sub> cmnd/ESP32-01/#, qos=0
on_connect() called
pub> tele/ESP32-01/INFO, ¦{"TELEPERIOD": 10}¦, retain=True, qos=0
pub> tele/ESP32-01/SENSOR, ¦{"ser": 1}¦, retain=False, qos=0
pub> tele/ESP32-01/SENSOR, ¦{"ser": 2}¦, retain=False, qos=0
pub> tele/ESP32-01/SENSOR, ¦{"ser": 3}¦, retain=False, qos=0
```

Wi-Fi에 접속하고, MQTT에 접속합니다. MQTT 서버에 접속하기 전후에 다음과 같은 절차를 실행하고, 이후에는 주기적으로 센서 정보를 송신합니다.

1 유언(LWT)

토픽 'tele/ESP32-01/LWT', 페이로드 'Offline'으로 지정되었습니다. keepalive가 기본이 60초로 되어 있는데, 이 시간 동안 디바이스에서 신호가 없으면 Offline으로 판단해 서버는 앞에서 정한 토픽과 페이로드로 발행합니다.

2 Online 상태 발행

토픽 'tele/ESP32-01/LWT', 페이로드 'Online'을 발행합니다. 디바이스가 연결될 때 서버가 알려 주지 않으므로 직접 발행해 Online 상태를 등록합니다. 토픽 'tele/ESP32-01/LWT'만 확인하면 디바이스의 연결 상태를 알 수 있습니다.

3 명령 토픽 구독

토픽 'cmnd/ESP32-01/#'을 구독하고 있습니다. 그래서 'cmnd/ESP32-01/'로 시작하는 모든 명령 토픽은 디바이스로 전송됩니다.

4 TELEPERIOD 발행

토픽 'tele/ESP32-01/INFO', 페이로드 '{"TELEPERIOD": 10}'을 발행해 설정되어 있는 타이머의 작동 간격 정보를 알려 줍니다.

5 센서 데이터 발행

토픽 'tele/ESP32-01/SENSOR', 페이로드 '{"ser": n}'으로 주기적으로 데이터를 발행합니다. 페이로드에 속한 n의 값은 발행할 때마다 1씩 증가합니다.

Node-RED에서 보낸 명령에 대한 디바이스의 실행 내용

다음은 Node-RED에서 토픽 'cmnd/ESP32-01/TELEPERIOD', 페이로드 '5'를 발행했을 때 디바이스가 그 토픽을 수신한 후 출력한 내용입니다.

```
RCV> cmnd/ESP32-01/TELEPERIOD, |5|
pub> stat/ESP32-01/TELEPERIOD, |5|, retain=True, qos=0
pub> tele/ESP32-01/INFO, |{"TELEPERIOD": "5"}|, retain=True, qos=0
TELEPERIOD가 5초로 변경되었습니다.
```

명령 토픽이 수신되면 디바이스는 다음과 같은 작업을 수행합니다.

1 발행 시간 변경

센서를 읽어서 발행하는 타이머의 작동 간격을 수신된 페이로드 값으로 변경합니다.

2 명령 실행 결과 발행

토픽 'stat/ESP32-01/TELEPERIOD', 페이로드 '5'로 발행합니다. 이 내용이 Node-RED에 전달되면 명령이 제대로 수행되었다고 판단할 수 있습니다.

3 TELEPERIOD 발행

토픽 'tele/ESP32-01/INFO', 페이로드 '{"TELEPERIOD": 5}'를 발행합니다.

02 플로우 작성하기

[그림 11-17]에 디바이스 프로그램 usemqttclient.py에 대응하는 Node-RED 플로우를 작성했습니다. 여기서는 4개의 토픽을 수신하고, 1개의 토픽을 발행하고 있습니다. 수신된 토픽의 내용을 debug 노드에서 출력하고 있습니다.

2개의 inject 노드에서는 TELEPERIOD 값을 지정해 발행하고 있으며, 이 정보는 디바이스로 전달될 것입니다.

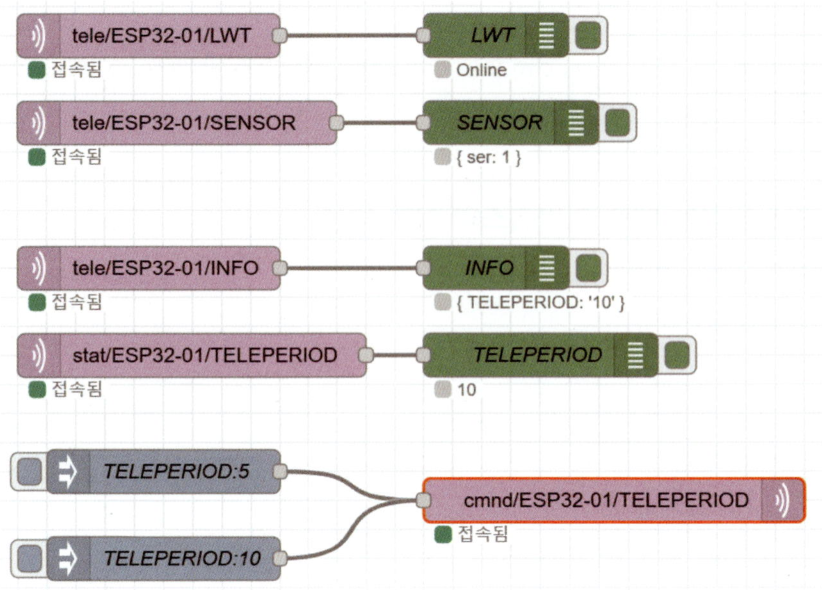

[그림 11-17] MQTT 구독과 발행 [파일명 : flows-11-2-mqtt-sub-pub.json]

mqtt in 노드와 mqtt out 노드

팔레트에서 다음과 같은 모양의 mqtt in, mqtt out 노드를 찾을 수 있습니다.

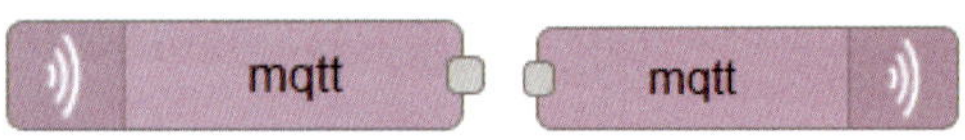

이 노드들을 캔버스에 끌어다 놓으면 다음과 같은 모양이 됩니다.

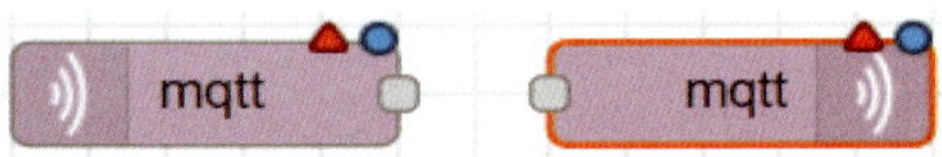

위쪽의 빨간 세모는 MQTT 서버 설정이 되지 않았다는 신호이고, 파란 원은 아직 **[배포하기]** 버튼을 클릭하지 않았다는 의미입니다.

mqtt-broker 정보와 mqtt in 노드 설정하기

'mqtt in' 노드나 'mqtt out' 노드를 캔버스에 끌어다 놓고, 더블 클릭하면 [그림 11-18]과 같은 화면이 나오는데, 서버에 대한 정보가 없으므로 작성해야 합니다. ❶ **[mqtt-broker의 노드타입 추가 …]**를 선택하고, ❷ + 버튼을 클릭합니다.

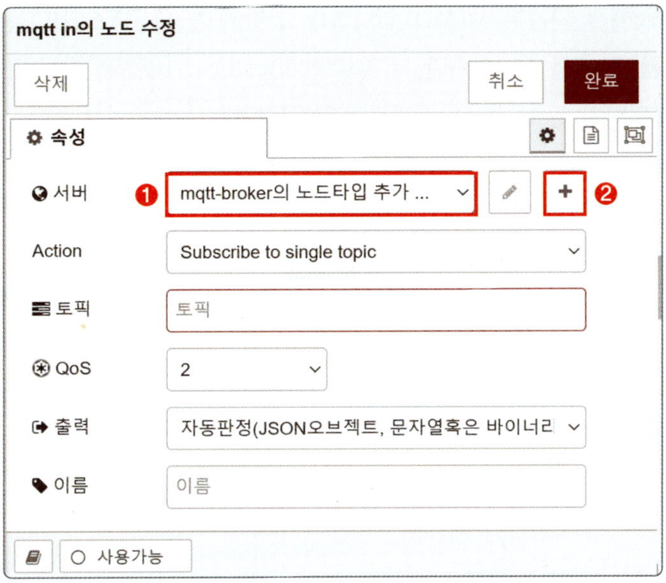

[그림 11-18] mqtt-broker 지정하기 1

mqtt-broker의 접속 정보를 [그림 11-19]와 같이 지정합니다. 먼저 ❸ 서버의 IP 주소를 지정하는데, 로컬 서버인 경우 'localhost' 또는 '127.0.0.1'을 지정합니다. ❹ 기본 포트 번호는 '1883'이지만, 보안 설정 등에 의해 달라질 수도 있습니다. ❺ **[세큐리티]** 탭을 클릭해서 추가로 지정을 계속합니다.

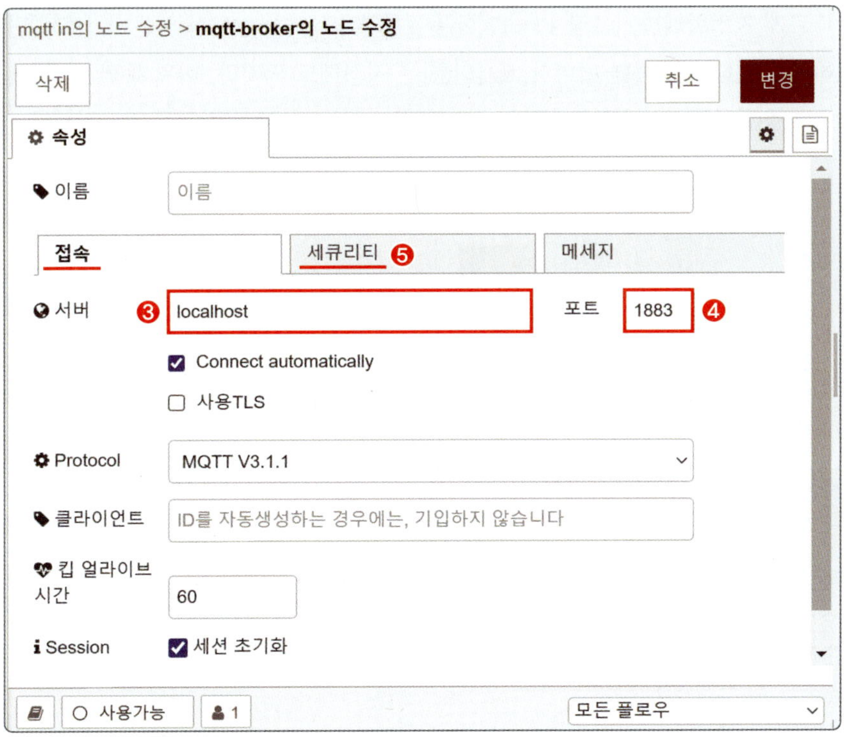

[그림 11-19] mqtt-broker 지정하기 2

[세큐리티] 탭에서 ❻ **[유저]**는 config.py에서 지정된 MQTT_USER를 입력하고, ❼ **[패스워드]**는 MQTT_PASS를 지정하면 됩니다. ❽ **[이름]**은 지정해도 되지만, 비워 두면 'localhost:1883'과 같이 자동으로 만들어 줍니다. ❾ **[변경]** 버튼을 클릭하면 mqtt-broker 지정이 완료됩니다.

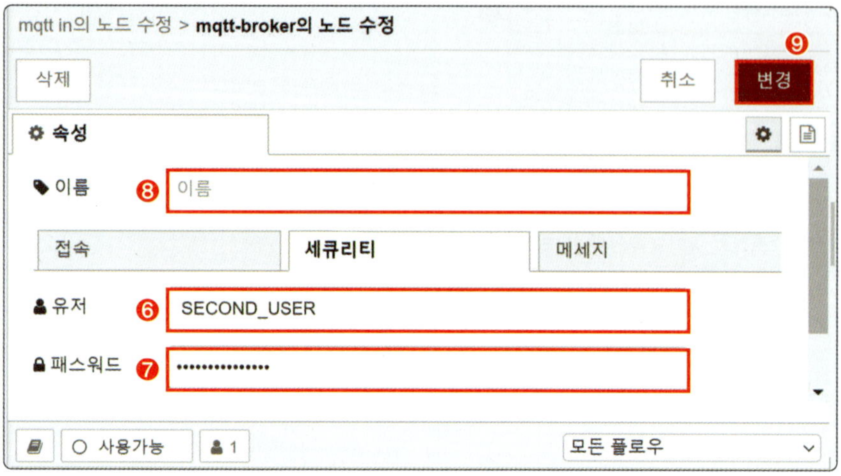

[그림 11-20] mqtt-broker 지정하기 3

이제는 맨 처음 화면으로 돌아왔는데, ❿ **[서버]**에서는 앞에서 작성한 'localhost:1883'을 선택합니다. 앞으로 모든 'mqtt in' 노드 또는 'mqtt out' 노드에서는 이 서버를 선택해 사용합니다.

⓫ **[토픽]**은 각 노드마다 다르게 지정합니다. [그림 11-17]에는 4개의 mqtt in 노드가 있는데, **[토픽]**만 바꾸고 다른 내용은 동일하게 지정해 작성하면 됩니다. ⓬ **[이름]**은 지정해도 되지만, 비워 두면 **[토픽]**에서 지정한 내용을 이름으로 사용합니다. ⓭ **[완료]** 버튼을 클릭하면 mqtt in 노드의 지정이 완료됩니다.

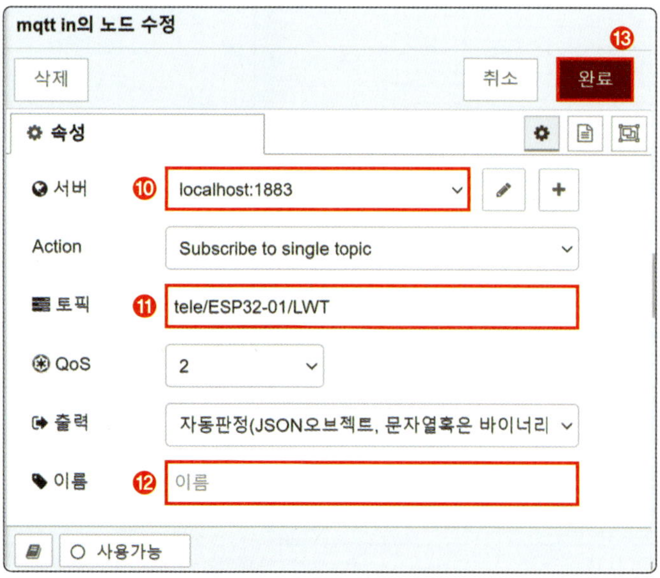

[그림 11-21] mqtt-broker 지정하기 4

mqtt in 노드 설정하기

이제 두 번째 mqtt in 노드를 설정하겠습니다. mqtt in를 캔버스에 끌어다 놓고 더블 클릭하면 [그림 11-22]와 같은 화면이 나타납니다. ❶ **[서버]**를 선택하고, ❷ **[토픽]**을 지정한 후, 나머지는 그대로 두고, ❸ **[완료]** 버튼을 클릭하면 노드 설정이 완료됩니다. 나머지 mqtt in 노드도 이와 같은 방법으로 지정하면 됩니다.

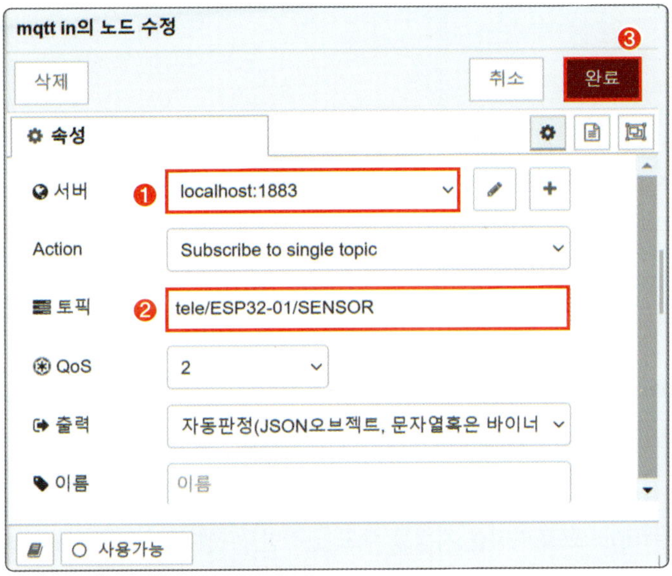

[그림 11-22] mqtt in의 노드 수정하기

debug 노드 설정하기

첫 번째 mqtt in 노드에 연결한 debug 노드를 더블 클릭하면 [그림 11-23]이 나옵니다. ❶ **[대상]**은 'msg.payload'를 선택하고, ❷ **[출력대상]**은 '디버그 창'과 '노드 상태(32자)'를 선택하고, ❸ **[이름]**으로 'LWT'를 지정한 후 ❹ **[완료]** 버튼을 클릭하면 노드 설정이 완료됩니다. **[출력대상]**으로 '노드 상태(32자)'를 선택하면 값의 변화를 편집 창에서 모니터링할 수 있으므로 편리합니다. 나머지 debug 노드도 같은 방식으로 **[이름]**만 바꾸어 지정합니다.

[그림 11-23] debug의 노드 수정하기

inject 노드에서 payload 지정하기

inject 노드 2개를 mqtt out 노드에 연결해, TELEPERIOD를 변경하고 있습니다. 첫 inject 노드를 더블 클릭하면 [그림 11-24]와 같은 화면이 나옵니다. 여기서는 payload 프로퍼티만 지정하기 위해서 나머지 프로퍼티는 모두 삭제했습니다. 물론 topic 프로퍼티를 지정할 수도 있지만, 뒤에 오는 mqtt out 노드에서 지정하기 위해서 여기서는 제외했습니다.

msg.payload 프로퍼티에서 ❶ **[데이터 형식(▾ az)]**을 클릭하면 드롭 다운 리스트가 나옵니다. ❷ **[number]**를 선택한 후 ❸ **[입력 필드]**에 '5'를 입력합니다. ❹ **[이름]**을 지정하고 ❺ **[완료]** 버튼을 클릭하면 노드 설정이 완료됩니다. 두 번째 inject 노드 설정에서는 숫자를 '10'으로 입력합니다.

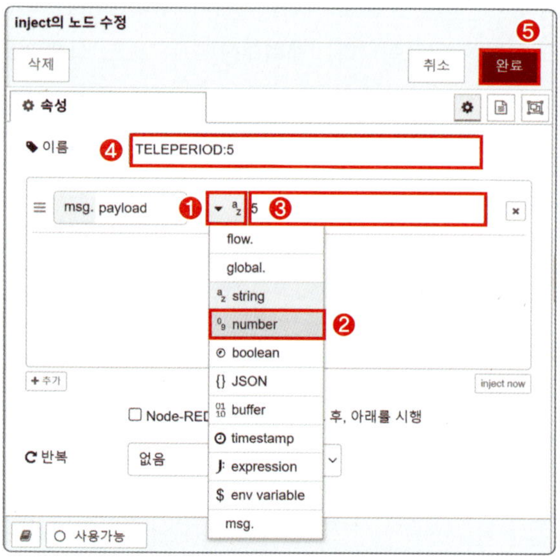

[그림 11-24] inject의 노드 수정하기

mqtt out 노드 설정하기

mqtt out 노드 앞에는 2개의 inject 노드가 있는데, 각각 페이로드로서 5와 10을 전달합니다. mqtt out 노드에서는 ❶ **[서버]**를 선택하고 ❷ **[토픽]**을 지정한 후 ❸ **[완료]** 버튼을 클릭하면 설정이 완료됩니다.

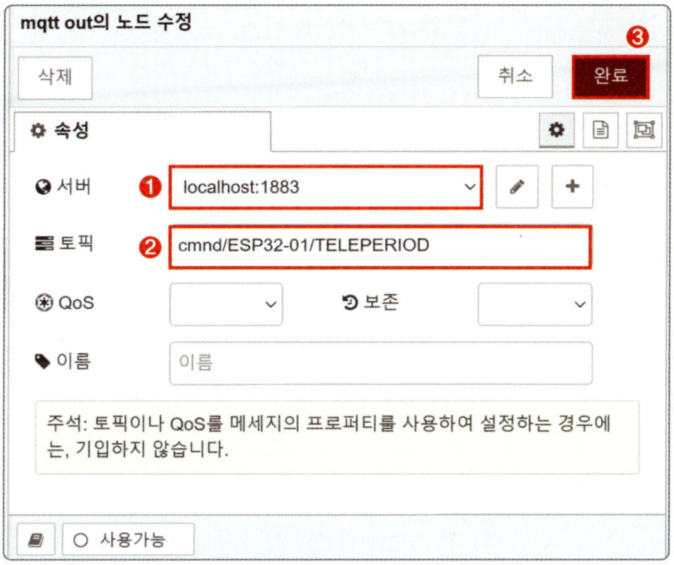

[그림 11-25] mqtt out의 노드 수정하기

TELEPERIOD 변경하기

2개의 inject 노드의 버튼을 번갈아 가면서 클릭해보면 TELEPERIOD의 값이 바뀌어서 디바이스로 전달됩니다. 그러면 디바이스에서는 다음의 작업을 실행합니다.

1. 토픽 'cmnd/ESP32-01/TELEPERIOD'와 페이로드를 수신합니다.
2. 센서 데이터 발행시간을 변경합니다.
3. 명령 실행 결과를 토픽 'stat/ESP32-01/TELEPERIOD'로 발행합니다.
4. 토픽 'tele/ESP32-01/INFO'로 TELEPERIOD의 값을 발행합니다.

Node-RED의 debug 노드의 출력 결과에 디바이스에서 보낸 페이로드 내용이 바뀌어서 보이면 플로우가 제대로 작동하는 것입니다.

SECTION

11.5 대시보드 만들기

대시보드(dashboard)는 Node-RED가 제공하는 사용자용 인터페이스입니다. 플로우의 편집 창이 로직을 구현하는 곳이라면, 대시보드는 플로우의 실행 결과나 과정이 별도 화면에 표시되는 곳입니다.

Node-RED의 기본 노드에는 대시보드용 노드가 포함되어 있지 않으므로 추가로 설치해야 합니다. 새로운 버전의 대시보드 이름은 '@flowfuse/node-red-dashboard'입니다.

01 팔레트에 대시보드 설치하기

편집 창의 우측 상단에서 **[메뉴(☰)]** → **[팔레트 관리]**를 선택하고 **〈사용자 설정〉** 창이 나오면 ❶ **[설치가능한 노드]** 탭을 클릭합니다. ❷ 검색 창에 '@flowfuse/node-red-dashboard'를 입력하면 여러 노드가 나타납니다. ❸ 그중에서 첫 번째 노드를 선택해 설치합니다.

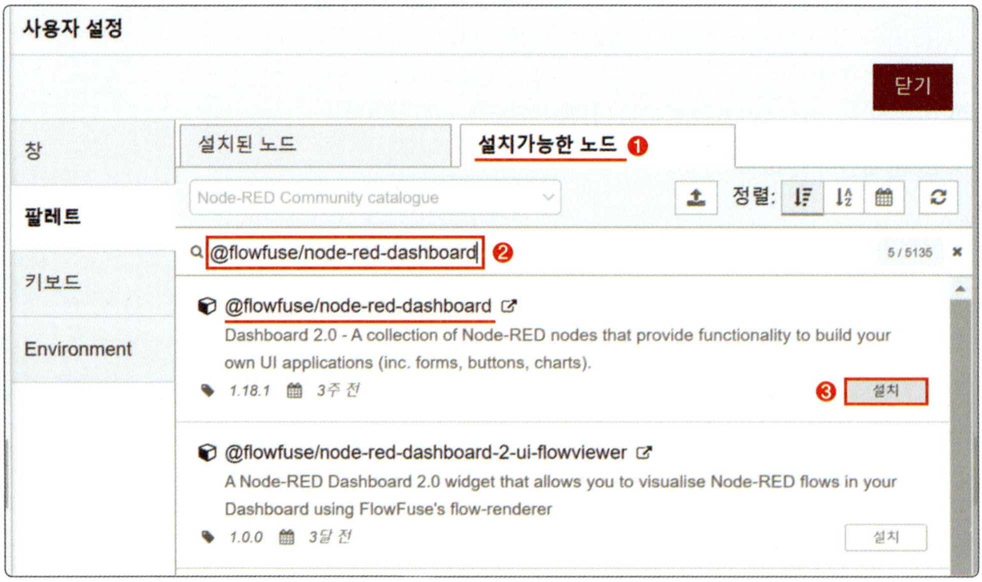

[그림 11-26] 대시보드 설치하기

설치 과정에서 다음과 같은 경고가 나오더라도 ❹ **[설치]** 버튼을 클릭해서 설치 작업을 마칩니다.

[그림 11-27] 설치 중 경고 메시지

대시보드 노드의 설치 작업이 완료되면 왼쪽 팔레트 영역에 'dashboard 2'라는 그룹명이 생기고 그 아래에 여러 노드가 나타납니다. 이 노드들을 캔버스에 끌어다 놓고 설정해 대시보드를 구성하게 됩니다.

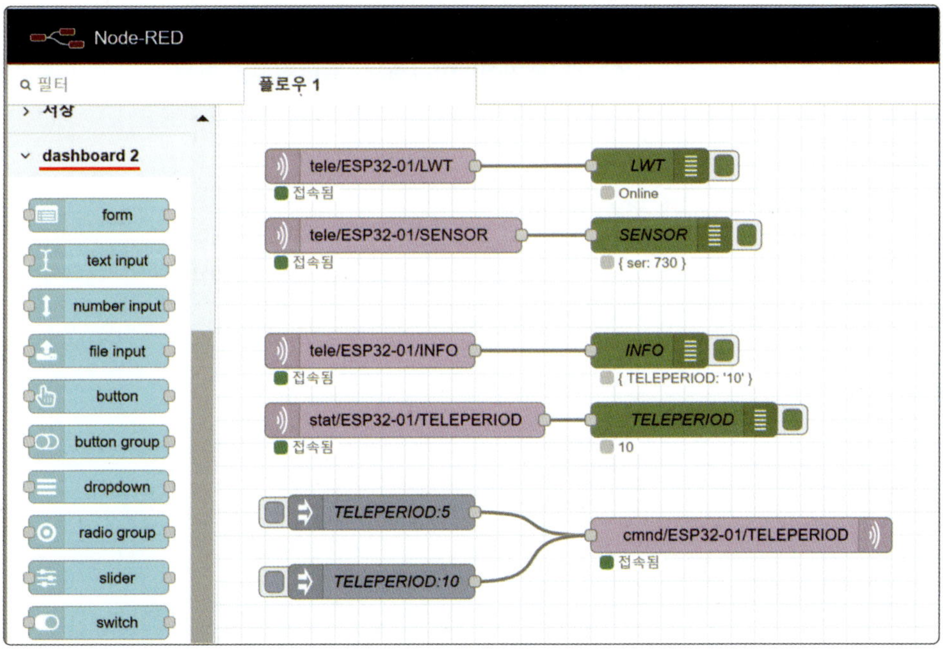

[그림 11-28] 설치된 dashboard 2

웹 페이지 **Dashboard 2.0 소개**

처음 Node-RED는 'node-red-dashboard'라는 노드를 사용했으나 해당 노드에 포함된 기술인 AngularJS의 개발이 2022년 1월부로 중단되었습니다. 그래서 Node-RED에서는 새로운 기반 기술로 Vue.js를 채택하고, 기능을 대폭 보강한 새로운 **Dashboard 2.0**을 만들게 되었는데, 그 결과가 [그림 11-28]의 팔레트에 있는 노드입니다. 이를 통해 정교하고 기능이 풍부한 IoT용 대시보드를 만들 수 있게 되었습니다. 하단 주소 또는 우측 QR 코드를 통해 접속한 웹 페이지에서 Dashboard 2.0에 대한 구체적인 내용을 소개합니다.

https://dashboard.flowfuse.com/about.html

02 대시보드 노드 추가하기

'@flowfuse/node-red-dashboard' 노드를 설치하면 [그림 11-28]과 같이 오른쪽 팔레트에 'dash board 2' 섹션이 나타납니다. 그 아래에 여러 노드가 있는데, text 노드는 다음과 같은 모양입니다.

이 노드를 캔버스에 끌어다 놓으면 다음과 같은 모양이 됩니다.

대시보드는 [그림 11-44]와 같이 **[페이지]-[그룹]-[위젯]**의 계층 구조를 갖습니다. 개별 노드는 **[위젯]**에 속하게 되는데, 위쪽의 빨간 세모는 대시보드의 **[페이지]**나 **[그룹]**이 설정되지 않았다는 신호이고, 파란 원은 아직 **[배포하기]** 버튼을 클릭하지 않았다는 의미입니다.

대시보드의 [Page]와 [Group] 설정하기

캔버스에 끌어다 놓은 text 노드를 더블 클릭하면 [그림 11-29]가 나타납니다. 이 노드는 어느 **[Group]**에도 속하지 않았기 때문에 ❶ **'ui-group의 노드타입 추가 …'**를 선택하고 ❷ + 버튼을 클릭합니다.

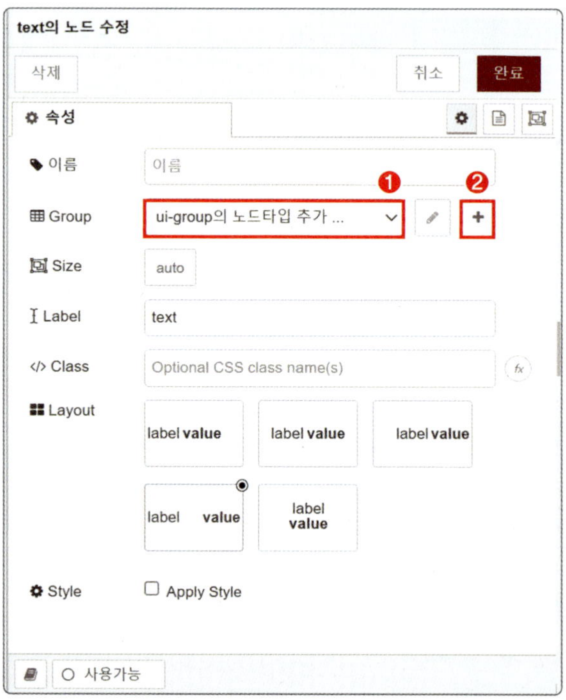

[그림 11-29] 대시보드 지정하기 1

'**ui-group의 노드타입 추가** …'를 선택하려고 하니, [Page]가 설정되어 있지 않습니다. ❸ '**ui-page의 노드타입 추가** …'를 선택하고, ❹ + 버튼을 클릭합니다.

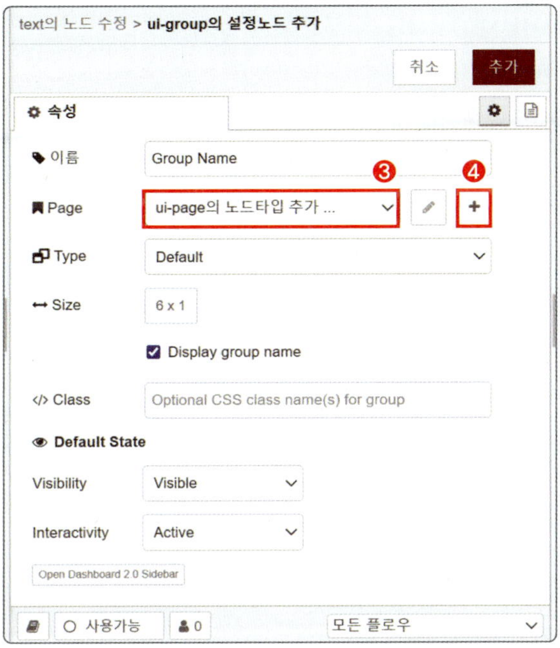

[그림 11-30] 대시보드 지정하기 2

아직 [Page]가 속할 [Base]가 정해지지 않았습니다. ❺ '**ui-base의 노드타입 추가** …'를 선택하고 ❻ + 버튼을 클릭하면, 드디어 [Base]를 설정할 수 있는 화면이 나옵니다.

[그림 11-31] 대시보드 지정하기 3

이제 가장 상위의 설정 화면에 왔습니다. 일단 여기서는 기본 값으로 설정하도록 하겠습니다. ❼ **[Base]**의 **[이름]**은 'UI name'으로 합니다. 여기서 **[Path]**가 '/dashboard'인데, 나중에 URL을 입력할 때 사용합니다. ❽ **[추가]** 버튼을 클릭하면 'ui-base'가 생성됩니다.

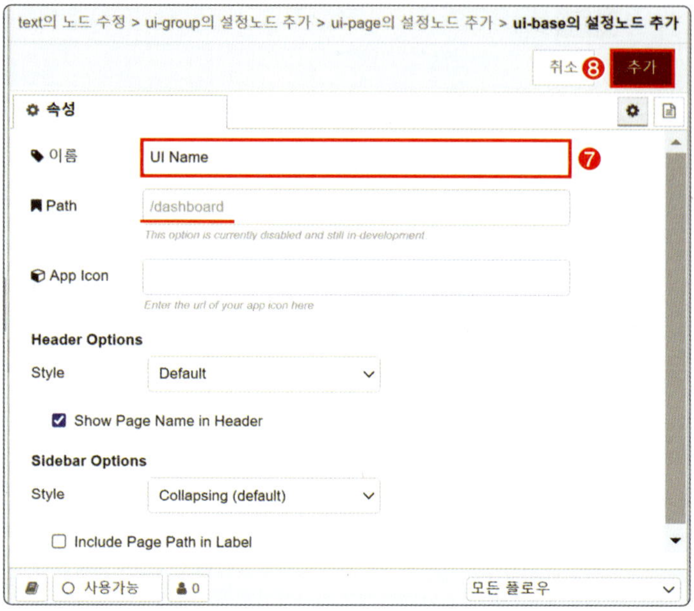

[그림 11-32] 대시보드 지정하기 4

다시 [그림 11-33]의 **[Page]** 설정 화면이 나옵니다. ❾ **[이름]**은 '페이지1'로 했습니다. ❿ **[Theme]**는 'Default Theme'로 지정했습니다. **[Layout]**은 'Grid'로 두었는데, 옵션 변화에 따라 페이지의 구성이 매우 달라지므로 자세한 내용은 앞에서 소개한 **'웹 페이지 : Dashboard 2.0 소개'**에서 확인하시기 바랍니다. ⓫ **[추가]** 버튼을 클릭해 완료합니다.

[그림 11-33] 대시보드 지정하기 5

다시 [그림 11-34]에서는 **[Group]**을 설정합니다. ⑫ **[이름]**은 '그룹1'로 했습니다. 페이지 전체 폭이 12이므로, **[Size]**를 기본 값인 '6×1'로 지정하면 이 **[Group]**의 폭은 페이지의 1/2이 됩니다. ⑬ **[추가]** 버튼을 클릭해 완료합니다.

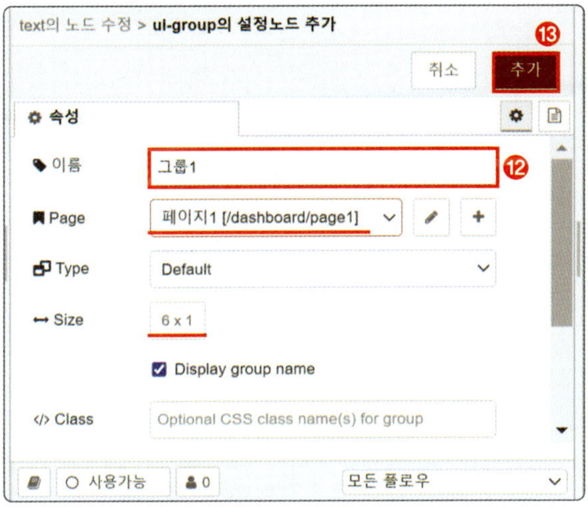

[그림 11-34] 대시보드 지정하기 6

이제 text 노드를 설정할 수 있습니다. ⑭ **[이름]**을 'LWT'로 했습니다. ⑮ **[Label]**은 '기기연결'로 한 후 ⑯ **[완료]** 버튼을 클릭해 설정을 마칩니다.

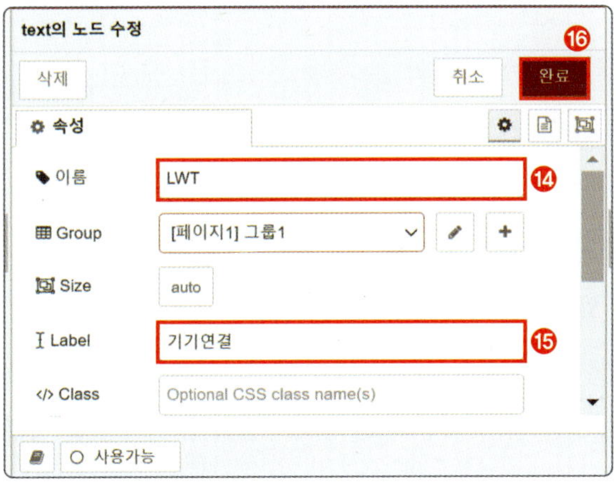

[그림 11-35] text의 노드 수정하기

대시보드 URL 사용하기

앞에서 지정한 text 노드를 mqtt in 노드와 연결하고, **[배포하기]** 버튼을 클릭합니다.

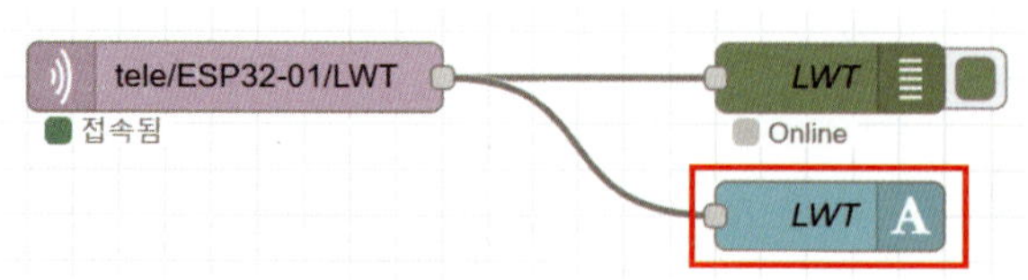

[그림 11-36] mqtt in 노드와 text 노드를 연결하기

새로운 브라우저 탭을 열어서 'http://localhost:1880/dashboard/page1'을 입력합니다. 다음은 처음으로 나타난 대시보드입니다.

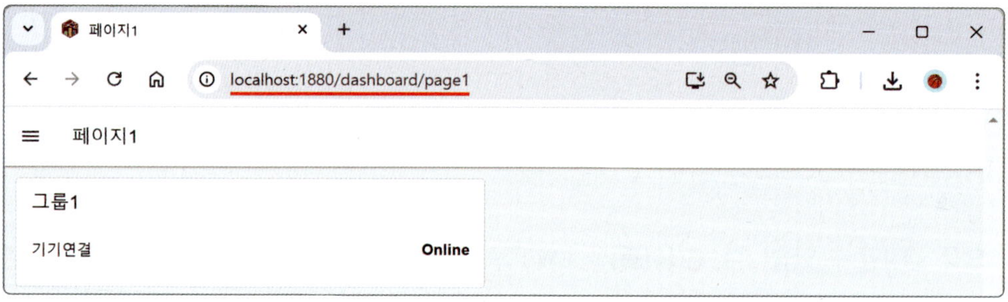

[그림 11-37] 별도 탭에 표시한 대시보드

03 대시보드 플로우 완성하기

다음 플로우는 [그림 11-17]의 플로우에 대시보드 노드를 추가해 다시 만든 것입니다. 여기서는 대시보드를 사용하기 위해 추가된 노드와 기능에 대해 설명합니다.

이 플로우는 그룹별로 바탕 색깔을 달리해 가독성을 높였습니다. 캔버스에서 여러 노드를 선택하고 **[메뉴(☰)]** → **[그룹]** → **[그룹 선택]**을 지정하면 선택한 노드들이 테두리 안에 나타납니다. 테두리를 더블 클릭한 후, 이름을 지정하고, Style-Fill로 배경 색을 선택합니다.

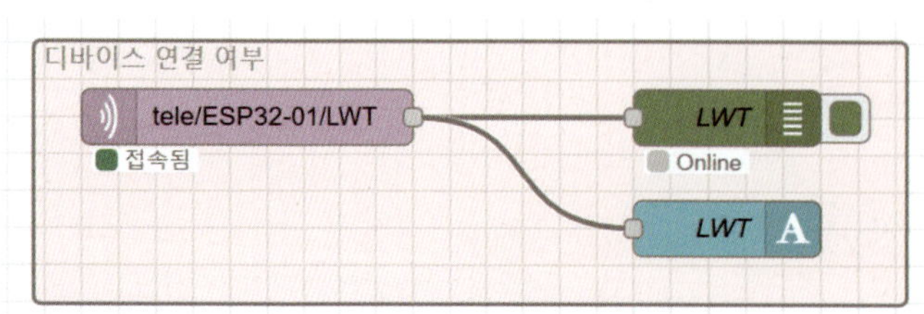

[그림 11-38] MQTT 정보를 대시보드에 연결하기 [파일명 : flows-11-3-mqtt-dashboard.json] (계속)

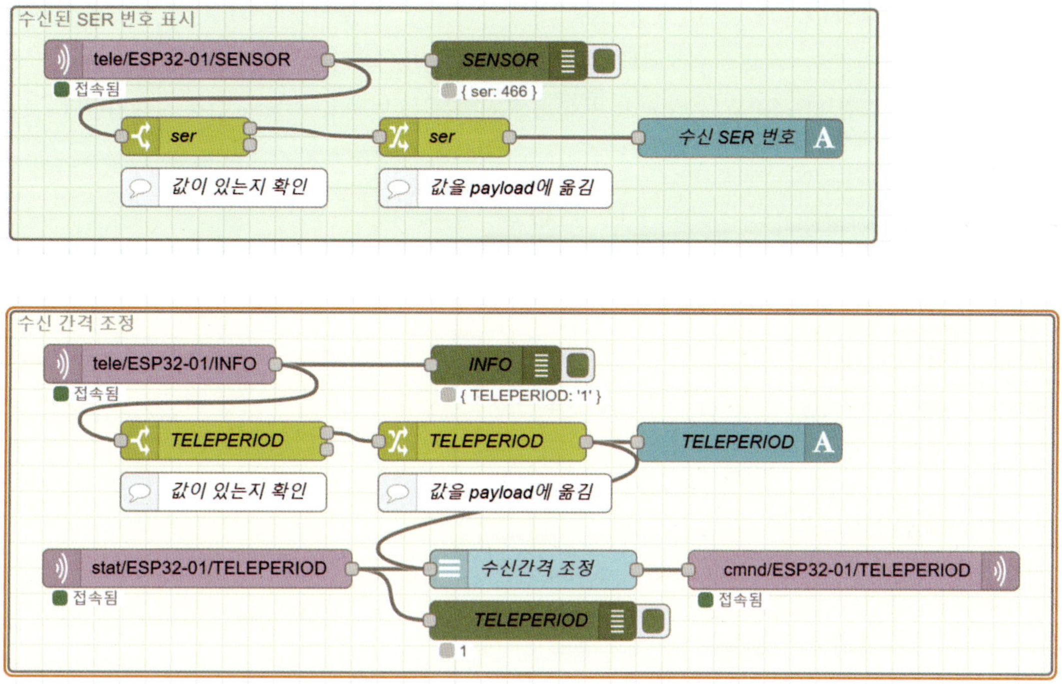

[그림 11-38] MQTT 정보를 대시보드에 연결하기 [파일명 : flows-11-3-mqtt-dashboard.json]

플로우에서 대시보드를 설정하면 브라우저의 별도 탭에서 대시보드를 확인할 수 있습니다.

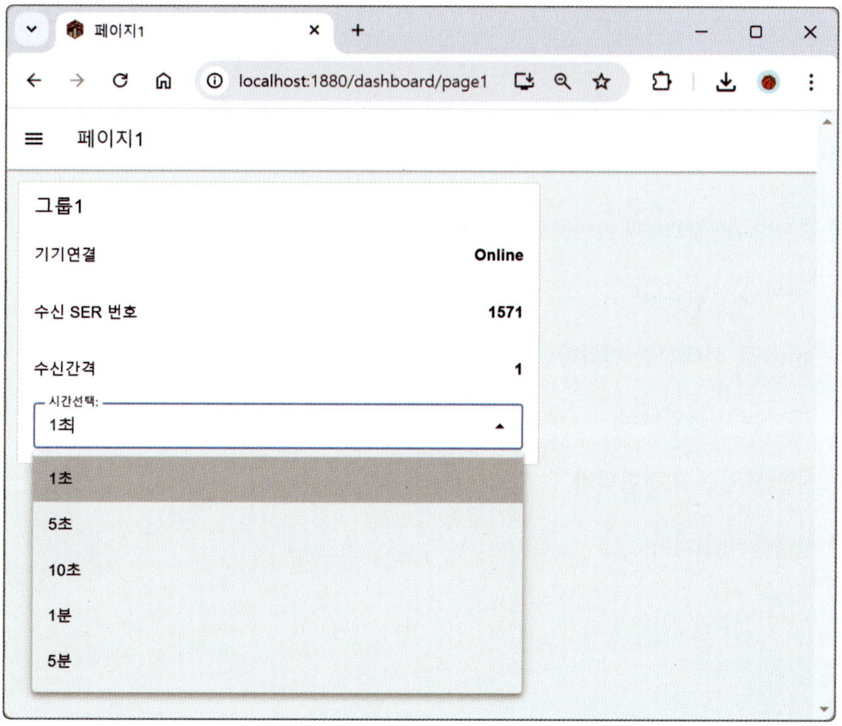

[그림 11-39] [그림 11-38]을 실행해 나타난 대시보드

text 노드 설정하기

대부분의 대시보드 노드는 msg.payload로 전달된 데이터를 표시합니다. 앞의 플로우에는 3개의 text 플로우가 있는데, [그림 11-40]은 '수신 SER 번호'를 표시하는 두 번째 text 노드 설정 사례입니다.

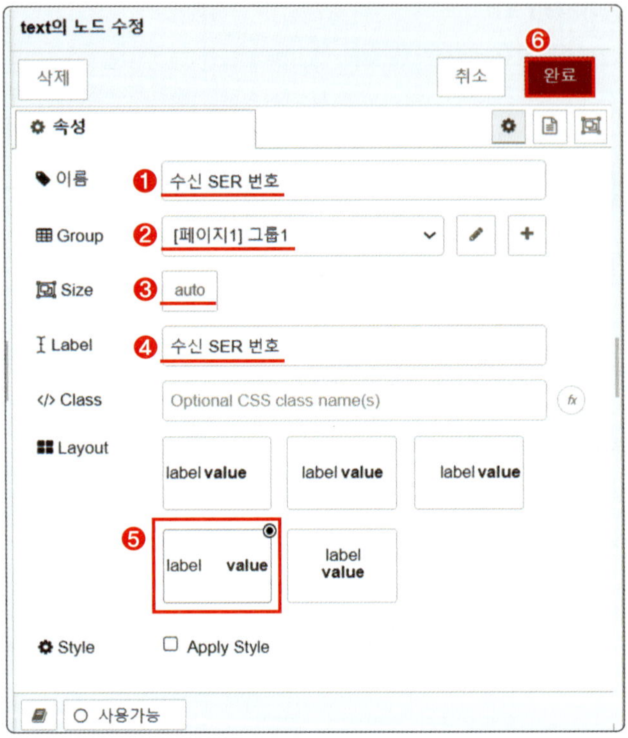

[그림 11-40] text의 노드 수정하기

이 노드의 설정 내용은 다음과 같습니다.

❶ **[이름] :** 대시보드 편집 창이나 대시보드 레이아웃에 표시되는 노드 이름을 지정합니다.

❷ **[Group] :** 지정해 둔 것 중에서 선택합니다.

❸ **[Size] :** 위젯은 대체로 'auto'로 선택하면 편리합니다.

❹ **[Label] :** 대시보드에 나타나는 이름입니다.

❺ **[Layout] :** 텍스트를 표시할 위치를 지정합니다.

❻ **[완료] :** 버튼을 클릭해 설정을 마칩니다.

switch 노드 설정하기

다음은 switch 노드의 기본 모양입니다.

switch 노드의 입력 포트 수는 1개이지만 출력 포트 수는 여러 개가 될 수 있습니다.

이 노드는 내부에 여러 개의 조건식을 두고, 차례대로 테스트해 참이 되면 해당 포트로 흐름을 연결합니다. 다음은 앞 플로우의 첫 번째 switch 노드인 'ser'의 사례입니다.

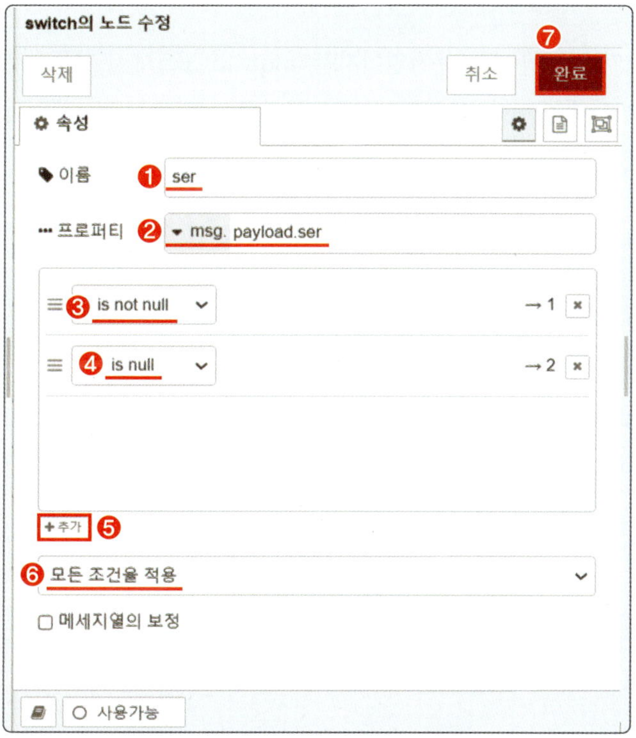

[그림 11-41] switch의 노드 수정하기

이 노드에는 토픽 'tele/ESP32-01/SENSOR'에서 수신된 payload가 전달됩니다. 실제 환경에서는 토픽 'tele/ESP32-01/SENSOR'에는 여러 종류의 센서 데이터가 모두 전송되기 때문에 필요한 데이터 형식인지 확인해야 할 필요가 있습니다.

이 노드의 설정 내용은 다음과 같습니다.

❶ **[이름] :** 대시보드 편집 창이나 대시보드 레이아웃에 표시되는 노드 이름을 지정합니다.

❷ **[프로퍼티] :** msg.payload.ser로 테스트 설정했습니다.

❸ **[is not null] :** 값이 있으면 1번 포트로 흐름을 연결합니다.

❹ **[is null] :** 값이 없으면 2번 포트로 흐름을 연결하지만, 후속 노드가 없으므로 흐름을 중단하는 효과입니다. 출력 포트가 2개 나타나는 것을 보이기 위해서 일부러 이 항목을 추가한 것으로, 이 항목은 없어도 됩니다.

❺ **[+추가] :** 테스트 조건을 추가합니다.

❻ **[모든 조건을 적용] :** 차례대로 모든 조건을 테스트해 참이 될 때마다 흐름을 연결합니다. 즉 복수 개의 흐름이 연결될 수 있습니다. [처음 맞는 조건으로 종료]를 선택하면 참이 되면 더 이상 테스트를 진행하지 않으므로 1개 이하의 흐름만 연결됩니다.

❼ **[완료] :** 버튼을 클릭해 설정을 마칩니다.

원래 MQTT 서버로 JSON 형식으로 데이터가 전송될 때는 문자열이지만, mqtt in 노드에서 자동으로 Node-RED가 인식할 수 있는 오브젝트로 변환해 줍니다. 그래서 MQTT 서버로 다음 형식으로 데이터가 전송되었다면, msg.payload.ser의 값은 123이 됩니다.

```
{
   "ser": 123
}
```

만약에 다른 형식으로 데이터가 전송되었다면 msg.payload.ser의 값은 null(없음)이 됩니다. 이 switch 노드에서는 msg.payload.ser의 값이 있으면(is not null) 정상적인 흐름으로 처리합니다.

change 노드 설정하기

다음은 change 노드의 기본 모양입니다.

change 노드에는 여러 개의 **[룰]**이 올 수 있고, **[룰]**은 위에서 아래로 실행이 됩니다. 그래서 앞에서 만든 프로퍼티를 뒤에서 입력으로 사용할 수도 있습니다.

각각의 **[룰]**에서는 입력된 정보를 기준으로 프로퍼티의 값을 대입, 치환, 삭제, 이동할 수 있습니다. 앞의 플로우에는 2개의 change 노드가 있는데 기능이 유사합니다. 즉 유효한 JSON 형식의 데이터가 오면, 필요한 프로퍼티를 찾아서 msg.payload로 만드는 역할을 합니다. change 노드에서 **[룰]**을 편집할 때 다음 4가지 기능 중에서 선택할 수 있습니다.

[표 11-3] 룰 편집 기능

기능	내용
값의 대입	위쪽 프로퍼티에 아래쪽의 값을 넣음(위쪽 프로퍼티는 새로 생성하는 것일 수도 있음)
값의 치환	제시된 프로퍼티에 속한 특정 값을 다른 값으로 치환함
값의 삭제	프로퍼티를 삭제함
값의 이동	위쪽 프로퍼티로 값을 이동하고 아래쪽 프로퍼티는 삭제함

다음은 'ser' change 노드의 설정 내용입니다.

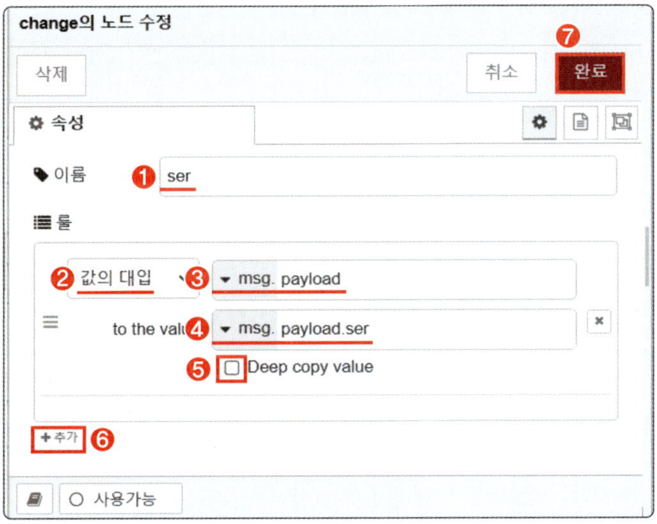

[그림 11-42] change의 노드 수정하기

이 노드의 설정 내용은 다음과 같습니다.

❶ **[이름] :** 대시보드 편집 창이나 대시보드 레이아웃에 표시되는 노드 이름을 지정합니다.

❷ **[값의 대입] :** ❸에 ❹의 값이 들어옵니다.

❸ **[값이 바뀔 프로퍼티] :** 이 프로퍼티로 값이 들어오며, msg.payload로 설정했습니다.

❹ **[값을 주는 프로퍼티] :** 이 프로퍼티의 값을 전달하며, msg.payload.ser로 설정했습니다.

❺ **[Deep copy value] :** 이 항목을 선택하면 원본과 분리된 새로운 값으로 복사해 오므로, 원본의 값이 바뀌더라도 영향을 받지 않습니다. 선택하지 않으면 이전 값의 연결 정보를 복사하므로, 가지가 많고 중간에 딜레이가 있는 복잡한 플로우에서는 원본 값이 변경되어 원하지 않는 값을 얻을 수도 있습니다.

❻ **[+추가] :** change할 항목을 추가합니다.

❼ **[완료] :** 버튼을 클릭해 설정을 마칩니다.

dropdown 노드 설정하기

다음은 dropdown 노드의 기본 모양입니다.

미리 등록해 둔 드롭 다운 리스트를 선택하면 값이 다음 노드로 전달됩니다. 다음은 '수신 간격 조정' dropdown 노드의 설정 내용입니다.

[Optons]는 표시할 드롭 다운 리스트를 말하는데, 하단의 [+option] 버튼을 클릭해서 몇 개든지 만들 수 있습니다.

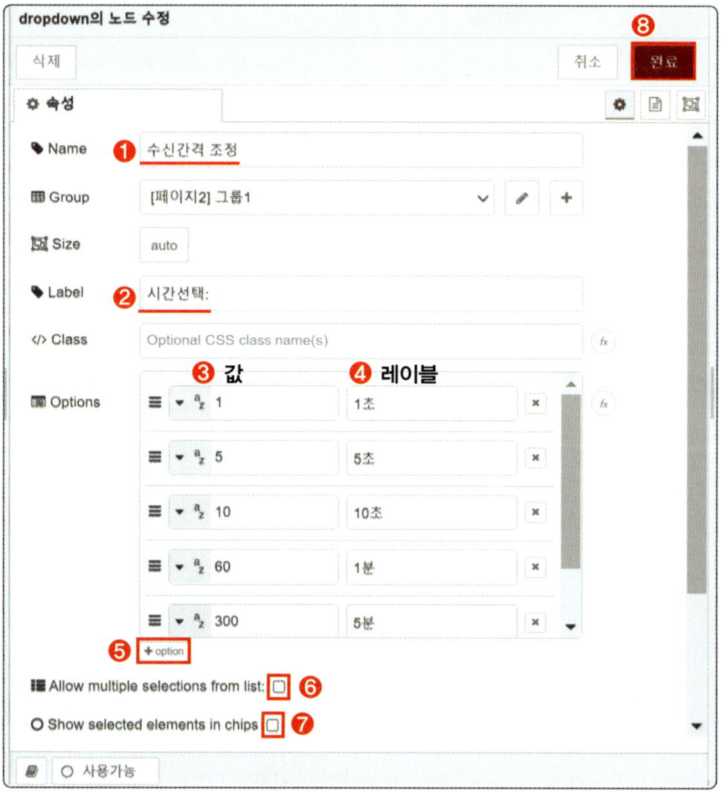

[그림 11-43] dropdown의 노드 수정하기

이 노드의 설정 내용은 다음과 같습니다.

❶ **[Name] :** 대시보드 편집 창이나 대시보드 레이아웃에 표시되는 노드 이름을 지정합니다.

❷ **[Label] :** 대시보드에 표시되는 텍스트입니다.

❸ **[값] :** 드롭 다운 리스트에 보이는 레이블을 선택하면 이 값이 msg.payload에 입력되어 다음 노드에 전달됩니다.

❹ **[레이블]** : 드롭 다운 리스트에 표시되는 텍스트입니다.

❺ **[+option]** : 드롭 다운 리스트 항목을 추가합니다.

❻ **[복수 선택]** : 이 항목을 체크하면 드롭 다운 리스트에서 여러 개를 선택할 수 있습니다.

❼ **[칩 모양으로 보이기]** : 이 항목을 체크하면 선택된 항목은 동그란 칩 모양으로 보입니다.

❽ **[완료]** : 버튼을 클릭해 설정을 마칩니다.

대시보드 레이아웃 조정하기

개별의 대시보드 노드는 페이지와 그룹에 속한 위젯으로 관리가 되는데, 대시보드 레이아웃 기능을 사용해 위젯을 이동하거나 편집 기능으로 표시 내용을 바꿀 수도 있습니다.

오른쪽 사이드 바에서 ❶ ▾ 버튼을 클릭하고, ❷ Dashboard 2.0을 선택하면 대시보드 전체를 계층별로 일람할 수 있습니다. ❸ 원하는 위젯을 선택한 후 끌어서 위치를 옮길 수도 있고, Edit 기능으로 표시 방식을 바꿀 수도 있습니다.

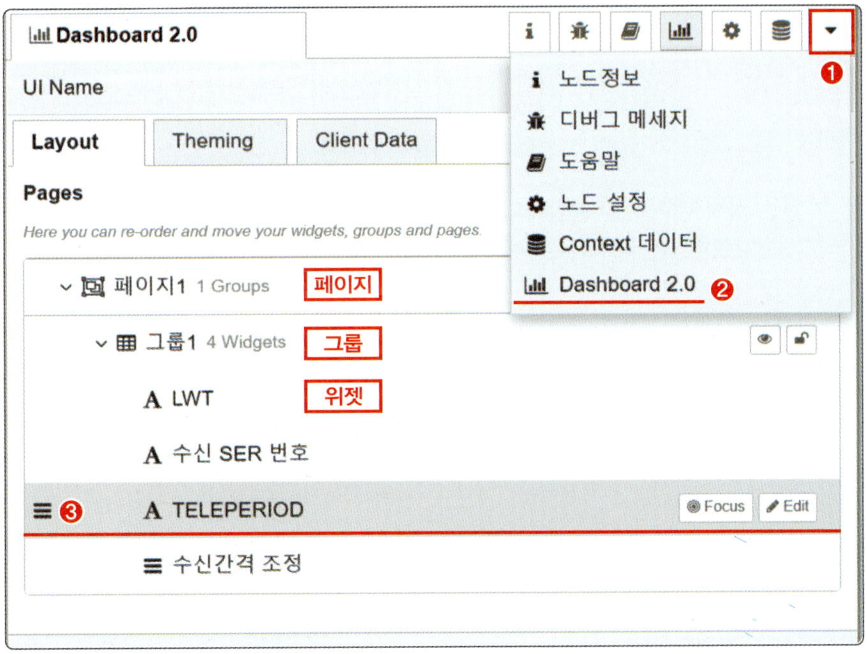

[그림 11-44] 대시보드 레이아웃 조정하기

SECTION

11.6 추가 노드와 확장 기능

01 context 데이터

연결되어 있는 노드는 msg 오브젝트를 통해 정보를 공유할 수 있습니다. 그러나 msg 오브젝트는 흐름이 끝나면 값을 잃어버립니다. 반면에 별도로 기록해 나중에도 사용할 수 있는 정적 데이터를 context 데이터라고 합니다.

플로우 context

동일한 플로우 내에서 공유할 수 있는 정적 데이터를 말합니다. change 노드 등에서는 flow.any_name과 같이 사용합니다.

글로벌 context

모든 플로우에서 공유할 수 있는 정적 데이터를 말합니다. change 노드 등에서는 global.any_name과 같이 사용합니다.

[그림 11-45]는 change 노드에서 플로우 context와 글로벌 context를 설정한 사례입니다.

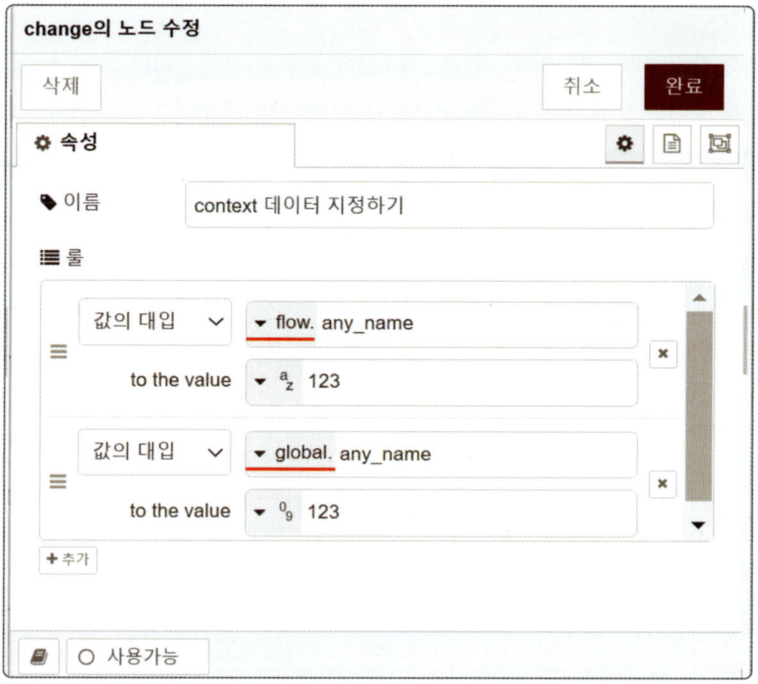

[그림 11-45] context 데이터 지정하기

다음은 context 데이터를 확인하는 방법에 대해 안내하겠습니다. ❶ **[context 데이터( )]** 버튼을 클릭하면 context 데이터 화면이 나옵니다. ❷ 플로우 context 데이터의 **[바꿈( )]** 버튼과 ❸ 글로벌 context 데이터의 **[바꿈( )]** 버튼을 클릭하면 각각의 최신 값이 나타납니다.

[그림 11-46] context 데이터 확인하기

02 | JSONata

JSONata는 JSON을 다루기 위한 간략한 언어 체계인데, Node-RED에 포함되어 있습니다. 다양한 함수를 사용해 JSON뿐만 아니라 일반 데이터의 가공도 상당한 수준으로 실행할 수 있습니다.

AI 프롬프트 활용 **JSONata 사용법 익히기**

11-1 Node-RED에 내장된 JSONata의 일반적인 기능에 대해 알려줘.

11-2 JSONata의 연산자에 대해 설명해 줘.

11-3 Node-RED의 change 노드에서 JSONata를 사용할거야. flow.value를 숫자로 바꾸어서 1을 더하는 구문을 만들어 줘.

03 | function 노드

JavaScript로 function 노드에서 코드를 작성할 수 있습니다. 이는 Node-RED를 가장 완벽하게 사용할 수 있는 방법이긴 하지만, JavaScript를 익혀야 합니다.

Node-RED 플로우 작성 시에 발생하는 대부분의 문제는 기존 노드와 JSONata를 사용해 해결할 수 있지만, function 노드를 사용하면 훨씬 간편하게 다룰 수 있는 문제도 많습니다. Node-RED의 고급 기능을 사용하려면 function 노드의 사용법을 익히는 것이 좋습니다.

웹 페이지 **function 노드 사용법 소개**

하단 주소 또는 우측 QR 코드를 통해 접속한 웹 페이지에서 JavaScript에 대한 기초와 Node-RED function 노드의 사용법에 대해 안내합니다.

https://iotmaker.kr/node-red-function-node/

04 | Node-RED에 파이썬 연결하기

function 노드에서는 코딩을 JavaScript로 해야 합니다. 그러나 파이썬 코드를 Node-RED에서 활용하는 방법이 있는데, 여기서는 다음의 2가지 노드를 소개합니다.

1 node-red-contrib-python-fuction-ps

원래의 function 노드와 유사한 방식으로 작동하며, 이 노드의 내부 코드는 파이썬으로 작성할 수 있습니다. 기능은 제한적이지만 파이썬 코드로 데이터를 다룰 수 있다는 장점이 있습니다.

2 node-red-contrib-pythonshell

별도로 만들어 둔 파이썬 프로그램을 실행시킨 후 결과를 돌려받는 노드입니다. 파이썬 코딩은 외부 환경에서 하고, 이 노드에서는 파이썬 코드 파일을 실행하는 데 필요한 환경 정보만 지정합니다. 외부에서 처리한 다양한 분석 정보를 Node-RED에 연결할 수 있는 방법입니다.

웹 페이지 **Node-RED에서 파이썬 활용**

하단 주소 또는 우측 QR 코드를 통해 접속한 웹 페이지에서 Node-RED에서 파이썬을 활용하는 방법을 안내합니다. 앞에서 언급한 2가지 방법을 위주로 설명하고, 추가적인 활용 방법도 안내합니다.

https://iotmaker.kr/node-red-python/

05 | 플로우 가져오기/내보내기

Node-RED의 플로우는 편집 창에서는 시각적으로 보이지만 JSON 형식의 텍스트로 표현할 수도 있습니다. 그래서 텍스트 형식으로 표현된 플로우의 전체 또는 일부분을 가져오거나 내보낼 수 있습니다. 파일로 보관할 때는 .json 확장자를 사용합니다. **[메뉴(☰)]** → **[가져오기]**를 선택해 플로우를 가져올 수 있고, **[메뉴(☰)]** → **[내보내기]**를 선택해 플로우를 클립보드나 파일로 내보낼 수 있습니다.

웹 페이지 **플로우 가져오기 / 내보내기**

하단 주소 또는 우측 QR 코드를 통해 접속한 웹 페이지에서 Node-RED 플로우를 가져오거나 내보내는 방법을 자세히 안내합니다.

https://iotmaker.kr/node-red-import-export-flows/

CHAPTER
11 연습문제

11.1 [그림 11-38]의 플로우와 [그림 11-39]의 대시보드로 푸는 문제입니다. [그림 11-38]의 플로우인 [파일명 : flows-11-3-mqtt-dashboard.json]에 다음 내용을 추가 또는 수정해 [파일명 : flows-exam-11-1-dashboard.json]으로 저장하세요.

- 10초 간격으로, 가상의 센서 데이터를 JSON 형식의 msg.payload로 만들어서, 토픽 'tele/ESP32-01/SENSOR'로 발행합니다.
- 가상 센서 데이터는 온도와 습도인데, 온도는 20~30 사이의 소수점 1자리 숫자이고, 습도는 40~60 사이의 정수입니다. 다음은 가상 센서 데이터의 JSON 형식입니다.

```
{
    "DHT22": {
        "Temperature": 임의의 수,
        "Humidity": 임의의 수
    }
}
```

- 토픽 'tele/ESP-01/SENSOR'를 수신해, 온도와 습도 값을 분리한 후 msg.payload로 만들어서, 대시보드 gauge 노드에 전달합니다.
- 다음은 추가되는 플로우입니다.

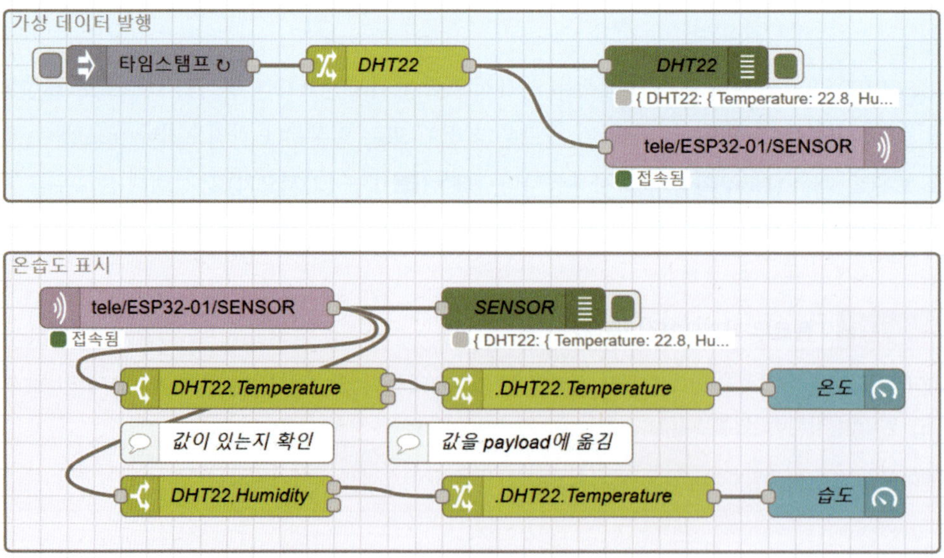

[그림 11-47] 추가된 플로우

• 다음은 새로운 대시보드입니다.

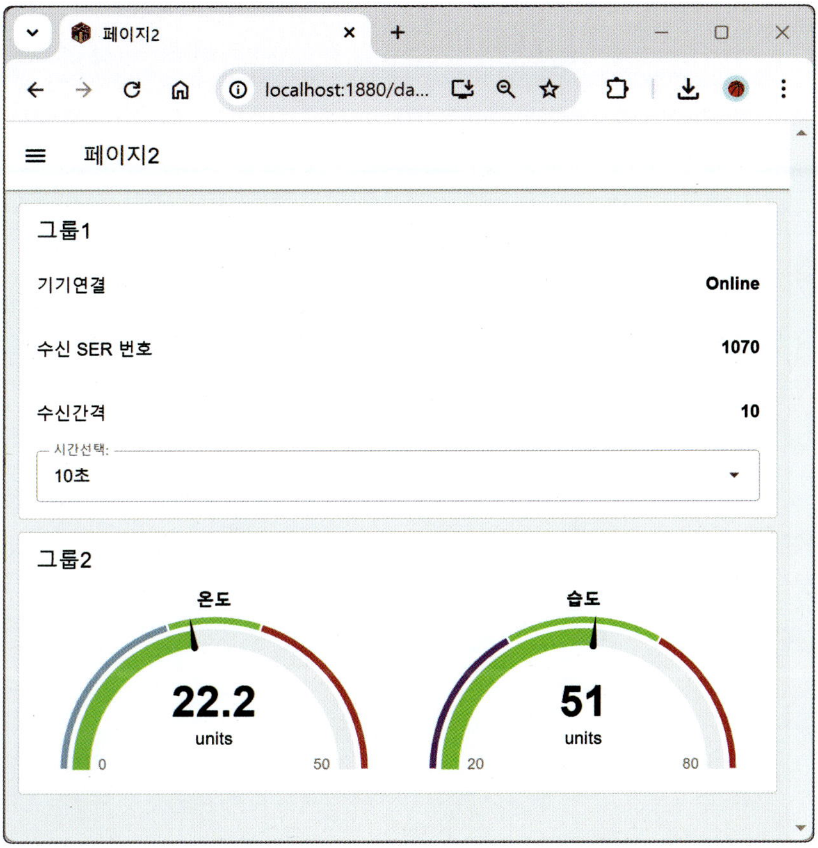

[그림 11-48] 새로운 대시보드

CHAPTER

12

센서 데이터 모니터링하기

학습목표

- DHT22 센서를 주기적으로 읽고 MQTT 브로커로 전송하는 방법을 이해합니다.
- OLED에 문자와 숫자를 표시하는 방법을 익힙니다.
- OLED에 여러 화면 정보를 번갈아 표시하는 방법을 익힙니다.
- 릴레이를 제어하는 방법을 익힙니다.

이 장의 실습 준비물

부품 이름	대체품	수량	용도
본문에서 제시			

PREVIEW

온습도 정보는 가장 기초적인 환경 정보입니다. 이 장에서는 온습도 센서인 DHT22를 연결해 주기적으로 정보를 수집한 후 MQTT 브로커에 전송하는 방법을 익힙니다. 대시보드에서는 수신된 온도와 습도를 기준으로 현재 온도와 습도를 표시하고, 차트로도 나타냅니다. 최종적으로 설정된 온도를 현재 온도와 비교해 릴레이를 자동으로 제어하도록 합니다.

SECTION
12.1 회로 구성하기

이 장에서는 보드에 연결된 온습도 센서의 값을 주기적으로 읽어서 MQTT 브로커에 전송하고, OLED에 온도와 습도를 번갈아 표시하는 프로그램을 만들어봅니다. 대시보드에서 현재 온도와 설정 온도를 비교해 릴레이 조작 명령을 발행하면, 수신된 토픽의 내용에 따라 릴레이를 제어합니다.

01 실드를 이용한 구성

온습도 모니터링을 위해 실드로 구성한 보드는 다음과 같습니다.

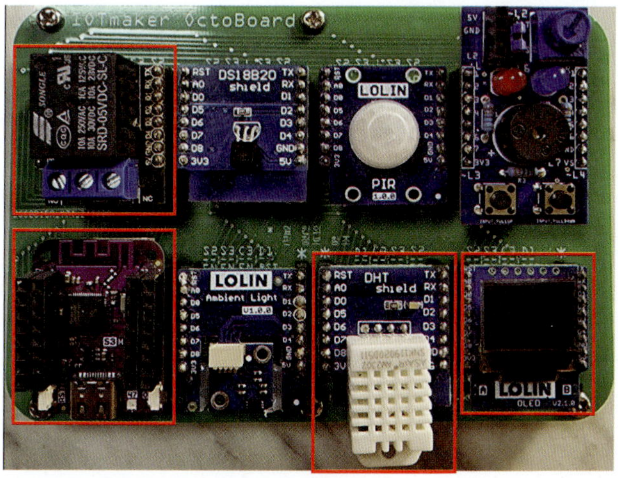

[그림 12-1] 실드를 이용해 실습 환경 구성하기

[표 12-1] 실드를 사용할 때의 소요 부품

부품 이름	수량	용도	부품 이름	수량	용도
S3 mini / S2 mini	1	마이크로컨트롤러	DHT22 실드	1	온습도 측정
USB-C 케이블	1	보드와 PC 연결	OLED 실드	1	표시 장치
옥토보드	1	베이스 보드	릴레이 실드	1	전원 제어

02 | 브레드보드를 이용한 구성

온습도 모니터링을 위해 브레드보드로 구성한 회로는 다음과 같습니다.

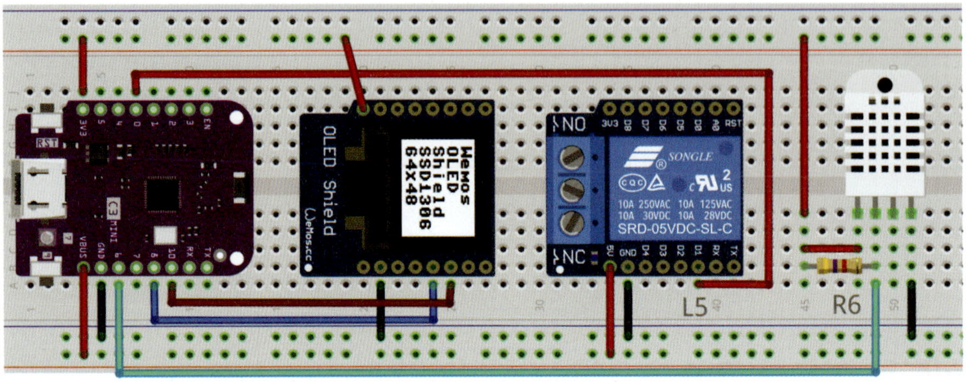

[그림 12-2] 브레드보드를 이용해 실습 회로 구성하기

[표 12-2] 브레드보드를 사용할 때의 소요 부품

부품 이름	수량	용도
S3 mini / S2 mini / C3 mini 계열의 보드	1	마이크로컨트롤러
USB-C 케이블	1	보드와 PC 연결
브레드보드	1	베이스 보드
DHT22 센서	1	온습도 측정
OLED 디스플레이(SSD1306, I2C)	1	표시 장치
릴레이 모듈	1	전원 제어
저항(4.7kΩ)	1	DHT22 풀업

릴레이 실드의 D1(R3)은 SCL핀과 중복됩니다. 그래서 여기서는 다른 핀(L6)을 연결했습니다.

SECTION 12.2 마이크로파이썬 프로그램 만들기

이 프로그램에서는 10초 간격으로 온도와 습도 데이터를 JSON 형식으로 획득해 MQTT 브로커에 발행합니다. 또한 3초 간격으로 OLED에 온도와 습도를 번갈아 표시합니다.

디바이스가 MQTT 브로커에 연결되면 유언 토픽으로 'Online'을 발행하고, 연결이 해제되면 유언에 의해 'Offline'이 발행됩니다.

MQTT 브로커에서 시간 정보를 수신하면 데이터 발행 간격을 조절하고, MQTT 브로커에서 수신된 명령에 따라 릴레이를 제어합니다.

사용 회로와 목표

- **사용 회로**

  [그림 12-1]과 같이 옥토보드에 장착된 실드를 사용합니다.

- **대체 회로**

  [그림 12-2]와 같이 브레드보드에 C3 mini와 부품들로 회로를 구성합니다.

- **목표**

  DHT22 센서의 값을 10초 단위로 읽어서 MQTT 브로커로 보내고, 브로커로부터 실행 명령을 받아서 릴레이를 제어합니다.

생성형 AI에게 코딩시키기

AI 프롬프트 실습 12-1 ai-12-1-dht22-oled.md

(여기에 'ai-patterns.md'의 내용을 붙여 넣으세요.)

```
components:
- 프로그램_앞부분

temperature = 0
humidity = 0
```

```
display_seq = 5
TELEPERIOD = 10

def on_connect_more():
    print('on_connect_more()...')

def callback_more(topic:str,msg:str):

    components:
    - set_on_off_str:
        이름: relay
        토픽: RELAY

def read_sensors_more():

    global temperature,humidity

    data == dht.read()
    print(data)
    p = Parse(data)
    humidity = p.values[0]
    temperature = p.values[1]

    print(f'{p.keys[1]}: {p.values[1]}, {p.keys[0]}: {p.values[0]} ')

    return data

components:
- DHT22:
    이름: dht
    pin_gpio: P.DHT
- 릴레이:
    이름: relay
    pin_instance: Pin(P.RELAY_IN,Pin.OUT)
    inverted: false
- i2c:
    scl_pin: Pin(P.SCL)
    sda_pin: Pin(P.SDA)
- OLED

def display_oled():
    global display_seq
```

```
    display_seq += 1
    display_seq = display_seq % 2

    if display_seq == 0:
        oled.fill(0)  # 화면 지우기
        draw_hangul(oled, '온도', 0, 0)
        draw_hangul(oled, f'{temperature} C', 0, 20)
        #oled.text(f'{temperature} C', 0, 20)
        oled.show()  # OLED 화면 업데이트
    else:
        oled.fill(0)  # 화면 지우기
        draw_hangul(oled, '습도', 0, 0)
        draw_hangul(oled, f'{humidity}', 0, 20)
        #oled.text(f'{humidity}', 0, 20)
        oled.show()  # OLED 화면 업데이트

- 타이머:
    period: 3*1000
    callback: display_oled

- 프로그램_뒷부분
```

AI가 출력한 마이크로파이썬 코드

프로그램 12-1 12_1_dht_oled.py

```python
from machine import Pin, I2C, ADC, SPI
from umqtt.simple import MQTTClient
import json
from timerrun import TimerRun
from run import Run
from usemqttclient import UseMQTTClient
from parse import Parse
import pinno as P
import config as C

# 함수들 이동
run = Run()

temperature = 0
humidity = 0
display_seq = 5
```

```
TELEPERIOD = 10

from dht22sensor import DHT22Sensor
dht = DHT22Sensor(pin_gpio=Pin(P.DHT))

from blink import Blink
relay = Blink(pin_instance=Pin(P.RELAY_IN, Pin.OUT), inverted=False)
run.add(relay.run)

from machine import I2C
i2c = I2C(0, scl=Pin(P.SCL), sda=Pin(P.SDA))

from ssd1306 import SSD1306_I2C  # OLED 라이브러리
from hangul import draw_hangul, V2, H2, X4  # 한글 출력 모듈
WIDTH = 64
HEIGHT = 48
oled = SSD1306_I2C(WIDTH, HEIGHT, i2c)

def display_oled():
    global display_seq
    display_seq += 1
    display_seq = display_seq % 2
    if display_seq == 0:
        oled.fill(0)  # 화면 지우기
        draw_hangul(oled, '온도', 0, 0)
        draw_hangul(oled, f'{temperature} C', 0, 20)
        oled.show()  # OLED 화면 업데이트
    else:
        oled.fill(0)  # 화면 지우기
        draw_hangul(oled, '습도', 0, 0)
        draw_hangul(oled, f'{humidity}', 0, 20)
        oled.show()  # OLED 화면 업데이트

from timerrun import TimerRun
timer_oled = TimerRun(period=3*1000, callback=display_oled)
run.add(timer_oled.run)

def on_connect_more():
    print('on_connect_more()...')

def callback_more(topic:str,msg:str):
    if topic == f'cmnd/{C.DEVICE}/RELAY':
        relay.set_on_off_str(msg)
        mqtt.publish(f'stat/{C.DEVICE}/RELAY', relay.on_off())
```

```python

def read_sensors_more():
    global temperature, humidity
    data = dht.read()
    print(data)
    p = Parse(data)
    humidity = p.values[0]
    temperature = p.values[1]
    print(f'{p.keys[1]}: {p.values[1]}, {p.keys[0]}: {p.values[0]} ')
    return data

def mqtt_on_connect():
    print('on_connect() called')
    msg = {'TELEPERIOD': TELEPERIOD}
    mqtt.publish(f'tele/{C.DEVICE}/INFO', msg, retain=True)
    on_connect_more()

def mqtt_callback(in_topic,in_msg):
    global TELEPERIOD
    topic = in_topic.decode()
    msg   = in_msg.decode()
    print(f'RCV> {topic}, |{msg}|')
    if topic == f'cmnd/{C.DEVICE}/TELEPERIOD':
        TELEPERIOD = int(msg)
        timer_sensor.set(period=TELEPERIOD*1000)
        tele_msg = {'TELEPERIOD': msg}
        mqtt.publish(f'stat/{C.DEVICE}/TELEPERIOD', msg, retain=True)
        mqtt.publish(f'tele/{C.DEVICE}/INFO', tele_msg, retain=True)
        print(f'TELEPERIOD가 {msg}초로 변경되었습니다.')
    else:
        callback_more(topic,msg)

def send_data():
    data = read_sensors_more()
    mqtt.publish(f'tele/{C.DEVICE}/SENSOR',json.dumps(data))

client = MQTTClient(C.MQTT_CLIENT_ID, C.MQTT_SERVER, port=C.MQTT_PORT,
                    user=C.MQTT_USER, password=C.MQTT_PASS, keepalive=60)
mqtt = UseMQTTClient(client, C.DEVICE, C.SSID, C.SSID_PASS,
                     mqtt_callback, mqtt_on_connect)
run.add(mqtt.run)

timer_sensor = TimerRun(period=TELEPERIOD*1000, callback=send_data)
run.add(timer_sensor.run)
```

```python

def main():
    while True:

        run.run()

if __name__ == '__main__':
    main()
```

실행 결과

```
connect_Wi-Fi> Wi-Fi 시작(s2020)...
connect_Wi-Fi> Wi-Fi 연결 완료: ('192.168.0.219', '255.255.255.0', '192.168.0.1',
'61.41.153.2')
connect_mqtt> MQTT 연결 시작
LWT> tele/ESP32-01/LWT, ¦Offline¦, retain=True
connect_mqtt> MQTT 연결 완료
pub> tele/ESP32-01/LWT, ¦Online¦, retain=True, qos=0
sub> cmnd/ESP32-01/#, qos=0
on_connect() called
pub> tele/ESP32-01/INFO, ¦{"TELEPERIOD": 10}¦, retain=True, qos=0
Temperature: 24.9, Humidity: 46
pub> tele/ESP32-01/SENSOR, ¦{"TempUnit": "C", "DHT22": {"Humidity": 46, "Temperature":
24.9}}¦, retain=False, qos=0
RCV> cmnd/ESP32-01/TELEPERIOD, ¦5¦
pub> stat/ESP32-01/TELEPERIOD, ¦5¦, retain=True, qos=0
pub> tele/ESP32-01/INFO, ¦{"TELEPERIOD": 5}¦, retain=True, qos=0
TELEPERIOD가 5초로 변경되었습니다.
Temperature: 24.9, Humidity: 45
pub> tele/ESP32-01/SENSOR, ¦{"TempUnit": "C", "DHT22": {"Humidity": 45, "Temperature":
24.9}}¦, retain=False, qos=0
```

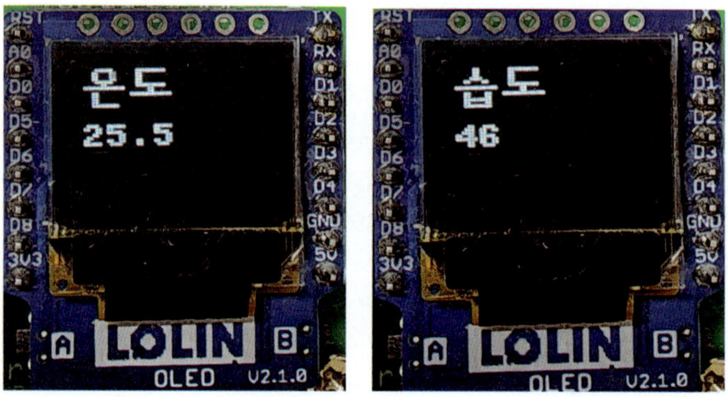

[그림 12-3] OLED에 순서대로 표시된 정보

AI가 출력한 코드 살펴보기

이 프로그램은 ESP 계열 보드에서 마이크로파이썬으로 동작하며, DHT22 센서로 측정한 온도와 습도를 주기적으로 읽어 OLED에 표시하고, MQTT 프로토콜을 통해 서버로 전송합니다. 릴레이를 MQTT 명령에 따라 제어하고, 데이터 전송 주기(TELEPERIOD)를 MQTT 명령으로 변경할 수 있습니다. Run 및 TimerRun 클래스로 반복 작업을 효율적으로 스케줄링하며, callback 함수를 통해 이벤트를 처리합니다. 전반적으로 센서 측정, 디스플레이, 네트워크 통신을 한 프로그램에 통합한 예제입니다.

주요 기능

- **온습도 측정 :** DHT22 센서로 측정합니다.
- **OLED 디스플레이 :** 측정한 온습도를 번갈아 표시합니다.
- **MQTT 통신 :** 서버에 센서 데이터를 전송하고, 릴레이 제어 명령을 수신합니다.
- **릴레이 제어 :** MQTT 명령에 따른 릴레이 ON/OFF를 동작합니다.
- **데이터 전송 주기 조정 :** TELEPERIOD를 MQTT 명령으로 변경 가능합니다.

프로그램의 흐름

1. 초기화

- 객체 생성 : Run 객체를 만들고, DHT22 · OLED · 릴레이 등 주변기기 인스턴스를 초기화합니다.
- Timer 등록 : OLED 표시(timer_oled), 센서 전송(timer_sensor) 등 주기적 실행 함수들을 run.add()로 등록합니다.
- MQTT 클라이언트 설정 : MQTTClient 인스턴스 생성 후 UseMQTTClient로 래핑해 콜백과 연결 이벤트 함수를 지정합니다.

2. 이벤트 처리 함수

- callback_more() : MQTT 명령을 분석해 릴레이 동작 등을 처리하고, 상태(RELAY)를 MQTT로 응답합니다.
- on_connect_more() : 연결 직후 실행되는 추가 작업(디버그 출력 등)을 수행합니다.

3. MQTT 송신 작업

- send_data() : DHT22 센서 값을 읽어 JSON 형식으로 변환해 MQTT 서버(tele/.../SENSOR)에 전송합니다.
- mqtt_on_connect() : MQTT 연결이 완료되면 TELEPERIOD 등의 초기 정보를 서버(tele/.../INFO)에 게시합니다.

4. MQTT 수신 작업

- mqtt_callback() : MQTT로 들어온 메시지를 분석합니다.
- TELEPERIOD : 변경 명령 수신 시 전송 주기를 재설정하고, MQTT로 응답합니다.
- 그 외 명령 : callback_more()로 위임합니다.

5. 무한 루프

- main() 함수에서 while True: 루프를 돌며 run.run()을 계속 호출합니다.
- 등록된 타이머와 객체들의 작업을 반복 실행해 센서 값 측정, 디스플레이 갱신, MQTT 통신 등을 수행합니다.

결론

이 프로그램은 IoT 환경에서 실시간 데이터를 모니터링하고 제어할 수 있는 시스템을 구현하는 예시입니다. 온도와 습도 데이터를 읽고 이를 OLED 화면에 출력하며, MQTT를 통해 데이터를 외부 서버로 전송하는 기능을 수행합니다. 타이머를 사용해 주기적으로 센서 데이터를 갱신하고, 디스플레이를 업데이트합니다. 이 프로그램은 실제 IoT 프로젝트에 필요한 센서 읽기, 데이터 송신, 디스플레이 제어 등의 기능을 통합해 실용적인 시스템을 만듭니다.

SECTION
12.3 Node-RED 플로우 만들기

이 플로우는 MQTT 브로커에서 10초 간격으로 DHT22 온습도 센서의 JSON 데이터를 받아서 대시보드에 그래프로 표시합니다.

전열기가 연결된 릴레이를 제어하는 기능이 있는데, 자동 운전으로 설정하면 하한 온도와 상한 온도에 따라 릴레이를 자동으로 조작합니다.

기기의 연결 상태가 표시되고, 데이터 수신 간격 정보를 디바이스로 전송할 수 있습니다.

01 완성된 대시보드 보기

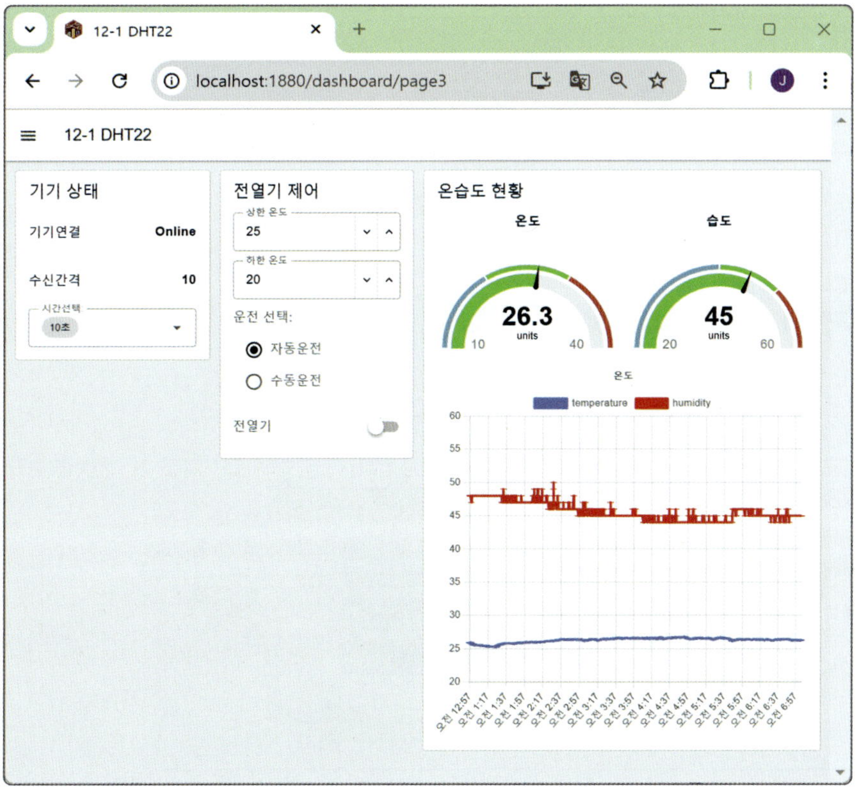

[그림 12-4] [그림 12-5]를 실행해 나타난 대시보드

02 완성된 플로우 보기

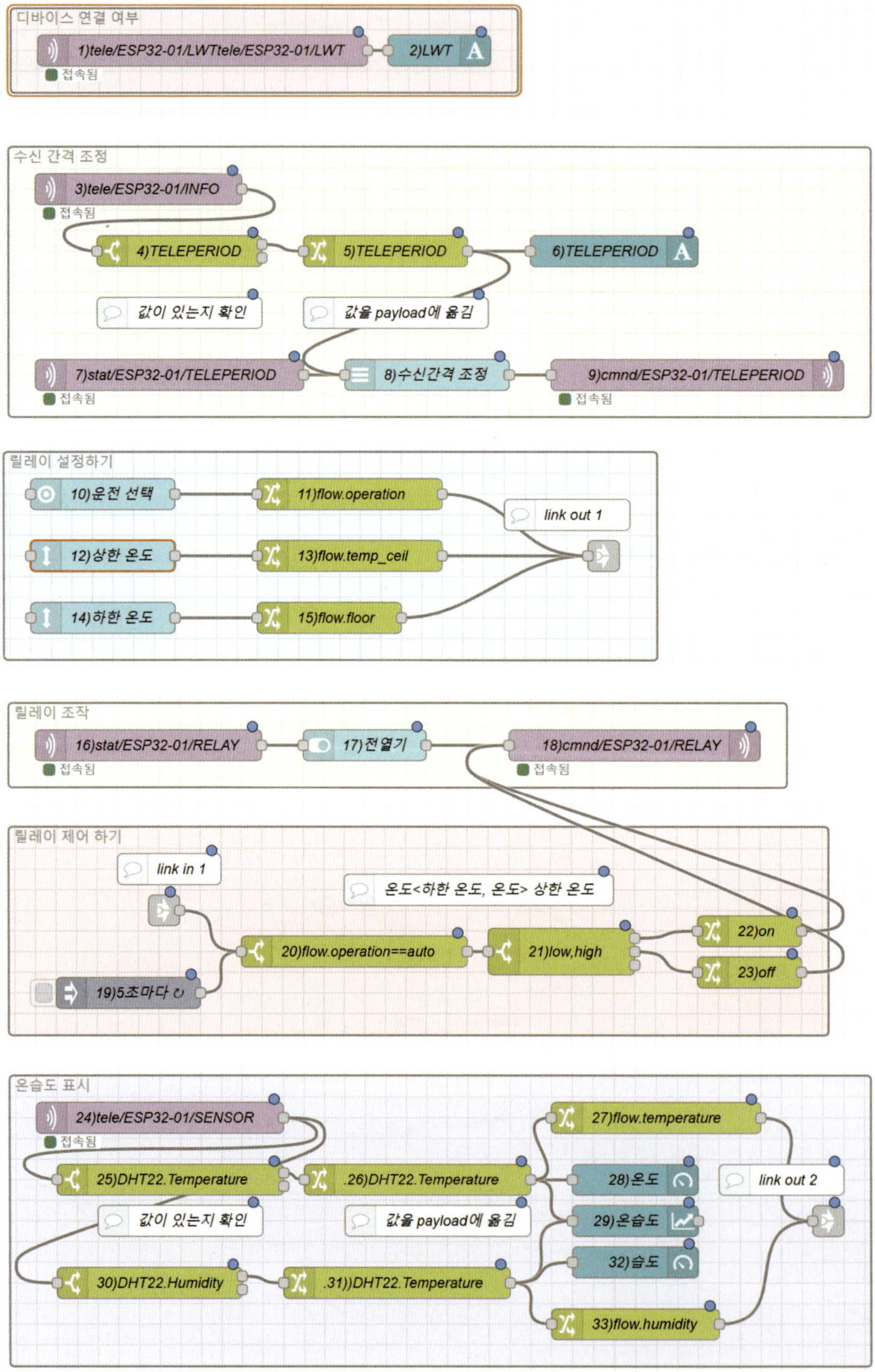

[그림 12-5] 온습도 표시하고 릴레이 제어하기 [파일명 : flows-12-1-dht22-relay.json]

03 노드 작성하기

radio group에서 선택하기

'10)운전 선택' 노드는 라디오 그룹을 표시합니다. 그래서 여러 옵션 중에서 하나만 선택할 수 있습니다. 앞에서 학습한 dropdown 노드와 비슷한 방식으로 설정할 수 있습니다.

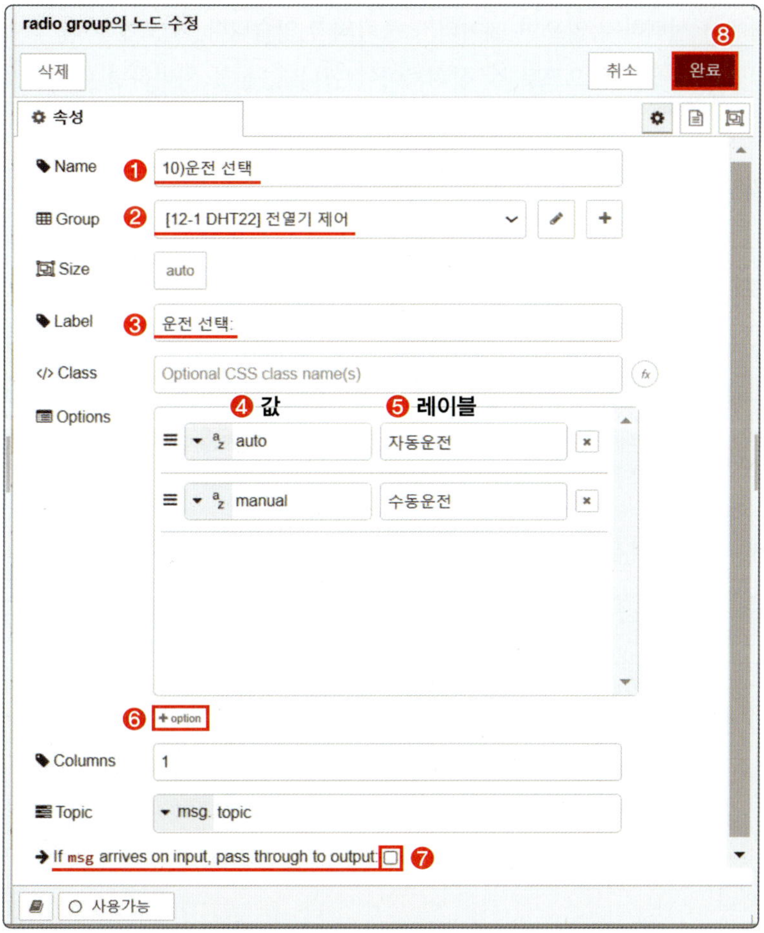

[그림 12-6] radio group의 노드 수정하기

이 노드의 설정 내용은 다음과 같습니다.

❶ **[Name]** : 대시보드 편집 창이나 대시보드 레이아웃에 표시되는 노드 이름을 지정합니다.

❷ **[Group]** : 대시보드의 그룹입니다.

❸ **[Label]** : 대시보드에 표시되는 텍스트입니다.

❹ **[값]** : 드롭 다운 리스트에 보이는 레이블을 선택하면 이 값이 msg.payload에 입력되어 다음 노드에 전달됩니다.

❺ **[레이블]** : 드롭 다운 리스트에 표시되는 텍스트입니다.

❻ **[+option]** : 드롭 다운 리스트 항목을 추가합니다.

❼ **[입력 데이터 통과]** : 'If msg arrives on input, pass through to output.'는 '입력 포트로 메시지가 도착하면, 출력 포트로 메시지가 전달됩니다.'라는 뜻입니다. 여기서는 해제되어 있으므로 비록 입력이 있더라도 대시보드의 옵션에서 선택하지 않으면 데이터가 출력되지 않습니다. 노드에 따라서 이 옵션이 기본으로 활성화되어 있는 경우도 있으므로 잘 살펴보아야 합니다. 잘못 처리하면 데이터가 폭주할 수도 있습니다.

❽ **[완료]** : 버튼을 클릭해 설정을 마칩니다.

context 데이터 사용하기

연결된 노드 사이에는 msg라는 오브젝트를 통해 여러 개의 프로퍼티를 전달하고 공유합니다. 그러나 msg는 마지막 노드에서 사라지므로, msg와 상관없이 정보를 처리해야 하는 상황이 발생하면 context 데이터를 참조해야 합니다. 그래서 적절한 때에 주로 **플로우 context 데이터**에 정보를 보관해 두어야 합니다.

노드 번호 11), 13), 15), 27), 33)에서 플로우 context 데이터를 저장하고 있습니다. 그리고 이 플로우에서 사용되는 context 데이터는 다음과 같습니다.

- **flow.operation** : 'auto'와 'manual'로서 자동 운전과 수동 운전을 나타냅니다.
- **flow.temp_floor** : 하한 온도이며, 자동 운전일 때 이 온도보다 낮은 온도에서는 릴레이를 on합니다.
- **flow.temp_ceil** : 상한 온도이며, 자동 운전일 때 이 온도보다 높은 온도에서는 릴레이를 off합니다.
- **flow.temperature** : 수신된 온도입니다.

link out과 link in 노드

다음은 link in 노드와 link out 노드의 기본 모양입니다.

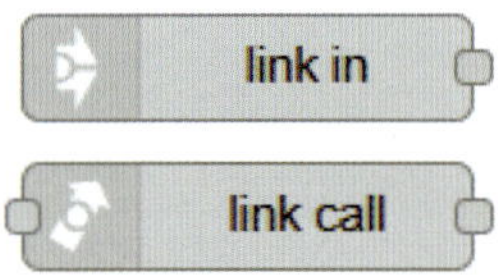

실제로 연결하면 다음과 같이 보입니다. 두 노드를 연결하고 한쪽을 눌러보면 연결되어 있는 점선이 토글됩니다.

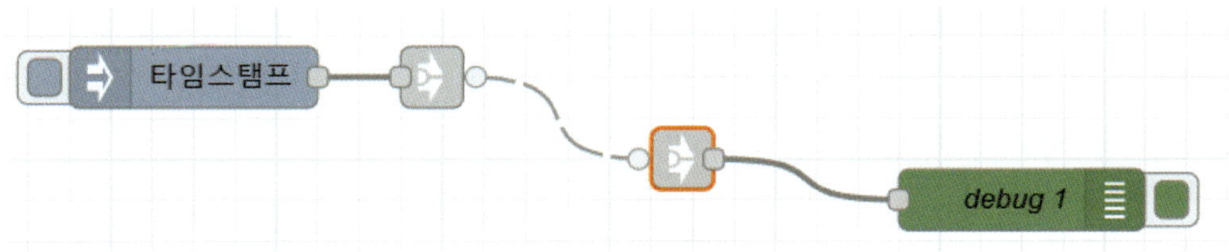

[그림 12-7] link out과 link in 노드가 연결되어 있음

2개의 노드가 쌍으로 사용되며, 더블 클릭해 연결할 상대 노드를 선택할 수 있습니다.

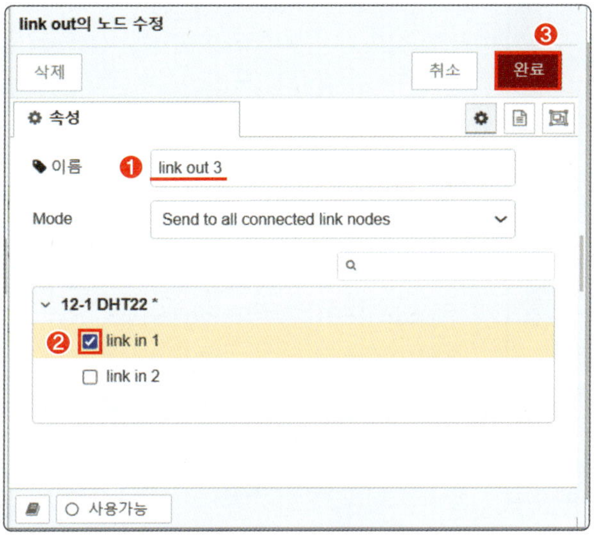

[그림 12-8] link out 노드에서 link in 노드 선택하기

이 노드의 설정 내용은 다음과 같습니다.

❶ **[이름]** : 대시보드 편집 창이나 대시보드 레이아웃에 표시되는 노드 이름을 지정합니다.

❷ **[노드 선택]** : 연결할 link in 노드를 선택합니다. 여러 개를 선택할 수도 있습니다.

❸ **[완료]** : 버튼을 클릭해 설정을 마칩니다.

상한 온도와 하한 온도 지정하기 : number input

다음은 number input 노드의 기본 모양입니다.

'12)상한 온도' 노드를 더블 클릭해 설정 정보를 수정해보겠습니다. '14)하한 온도' 노드의 경우에도 수치만 다를 뿐 지정 방법은 같습니다.

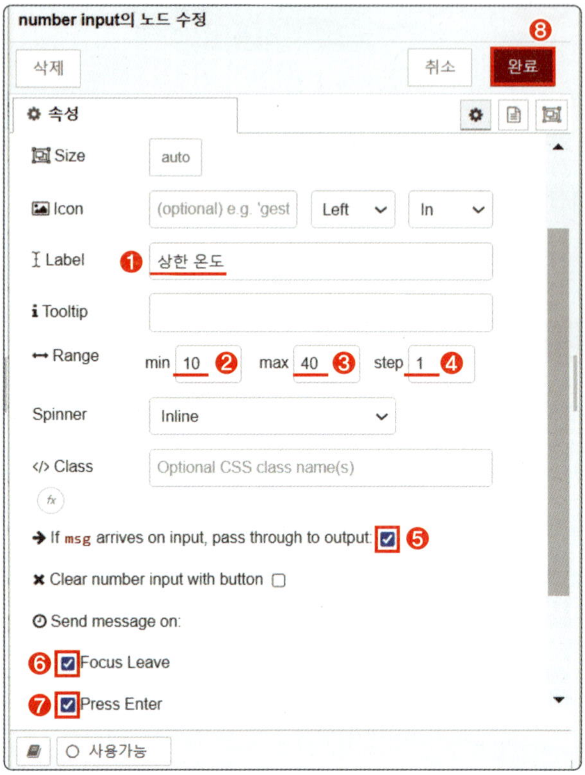

[그림 12-9] number input의 노드 수정하기

이 노드의 설정 내용은 다음과 같습니다.

❶ **[Label]** : 대시보드에 표시되는 텍스트입니다.

❷ **[min]** : 최솟값입니다.

❸ **[max]** : 최댓값입니다.

❹ **[step]** : 스피너(⌄ ⌃)를 사용해 지정할 때 가감되는 수입니다.

❺ **[입력 데이터 통과]** : 입력 포트에 도착한 메시지가 대시보드에 표시되고 출력됩니다.

❻ **[Focus Leave]** : 직접 숫자를 입력할 때 포커스를 잃으면 입력됩니다.

❼ **[Press Enter]** : 직접 숫자를 입력할 때 엔터 키를 누르면 입력됩니다.

❽ **[완료]** : 버튼을 클릭해 설정을 마칩니다.

전열기 조작하기 : switch

'17)전열기' 노드는 대시보드 스위치 노드입니다. 다음은 대시보드 switch 노드의 기본 모양입니다.

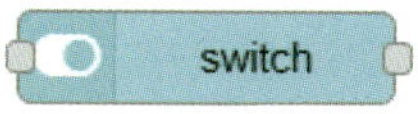

'17)전열기' 노드에서는 릴레이에 달려 있는 전열기를 제어합니다. 이 노드를 더블 클릭해 설정 정보를 수정해보겠습니다.

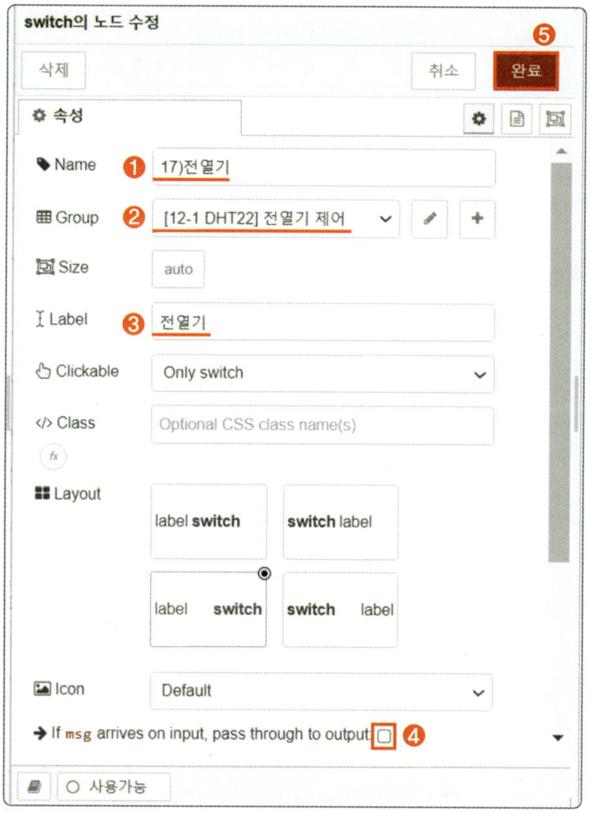

[그림 12-10] switch의 노드 수정하기

이 노드의 설정 내용은 다음과 같습니다.

❶ **[Name]** : 대시보드 편집 창이나 대시보드 레이아웃에 표시되는 노드 이름을 지정합니다.

❷ **[Group]** : 대시보드의 그룹입니다.

❸ **[Label]** : 대시보드에 표시되는 텍스트입니다.

❹ **[입력 데이터 통과]** : 입력 포트에 도착한 메시지가 통과하지 않습니다.

❺ **[완료]** : 버튼을 클릭해 설정을 마칩니다.

대시보드 switch 노드의 앞에는 토픽이 **stat/ESP32-01/RELAY**인 mqtt in 노드를 두고, 뒤에는 토픽 **cmnd/ESP32-01/RELAY**인 mqtt out 노드를 두면, **상태 구독**과 **명령 발행**이 간단하게 이루어집니다. 이때 **[입력 데이터 통과]**가 활성화되면 데이터가 폭주하므로 조심해야 합니다.

온도에 따라 릴레이 제어하기

다음은 **플로우** context 데이터를 활용해 자동화를 구현하는 전형적인 플로우입니다.

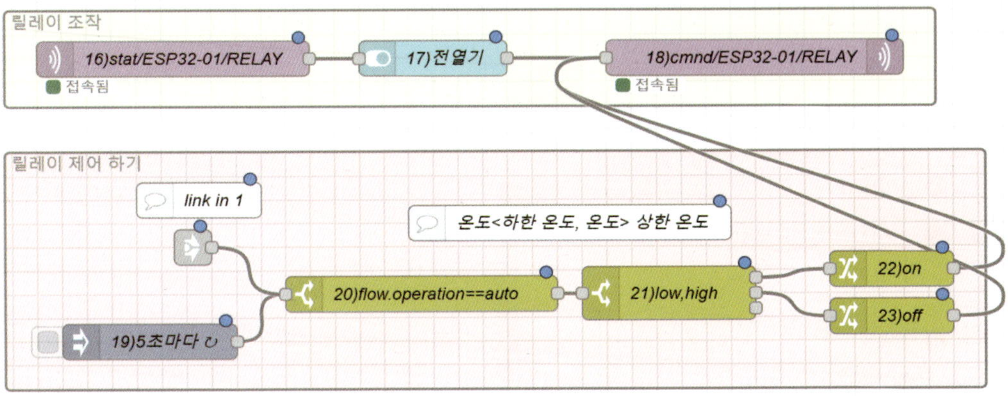

[그림 12-11] 온도에 따라 릴레이 제어하기

이 자동화 플로우에서 각 노드의 역할을 살펴보겠습니다.

1 **19)5초마다 반복(inject)** : 시간 간격에 따라 반복해 자동화 플로우를 개시합니다. 간격 시간은 자동화의 목적에 따라 다르게 정해야 합니다.

2 **link in 1(link in)** : 릴레이 설정 정보가 달라지거나, 새로운 온도 데이터가 도착하는 경우에도 자동화 플로우를 시작합니다.

3 **20)flow.operation==auto(switch)** : 플로우 context 데이터인 flow.operation이 **auto**인 경우에만 후속 노드로 분기합니다. 이 노드의 조건식은 다음과 같습니다.

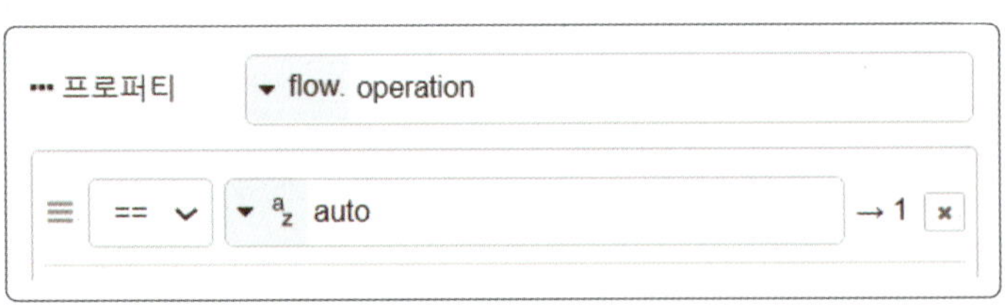

4 **21)low,high(switch) :** flow.temperature를 flow.temp_floor(하한 온도)와 flow.temp_ceil(상한 온도)과 비교해 분기하고 있습니다. 이 노드의 조건식은 다음과 같습니다.

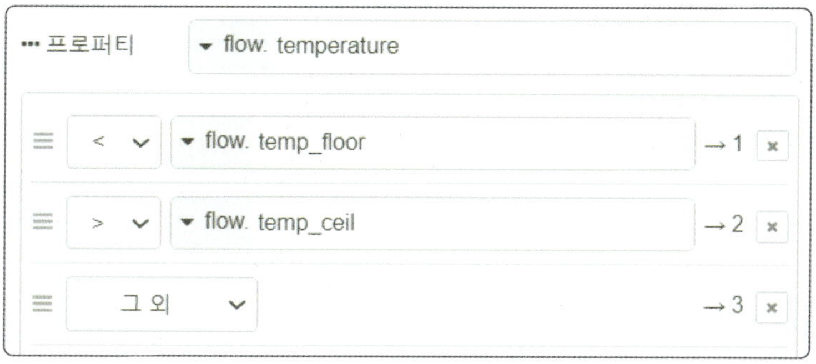

'그 외'를 선택해 학습 목적으로 3번 포트를 만들었습니다. 3번 포트로는 후속 노드가 없으므로 3번 조건식은 생략해도 됩니다.

5 **22)on :** 현재 온도가 하한 온도보다 낮은 경우 msg.payload에 'on'을 지정해 mqtt out 노드로 보냅니다.

6 **22)off :** 현재 온도가 상한 온도보다 높은 경우 msg.payload에 'off'를 지정해 mqtt out 노드로 보냅니다.

그래프 표시하기 : chart

'29)온습도' 노드는 차트를 표시하고 있습니다. 다음은 chart 노드의 기본 모양입니다.

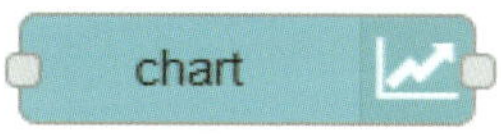

'29)온습도' 노드를 더블 클릭해 설정 정보를 수정해보겠습니다.

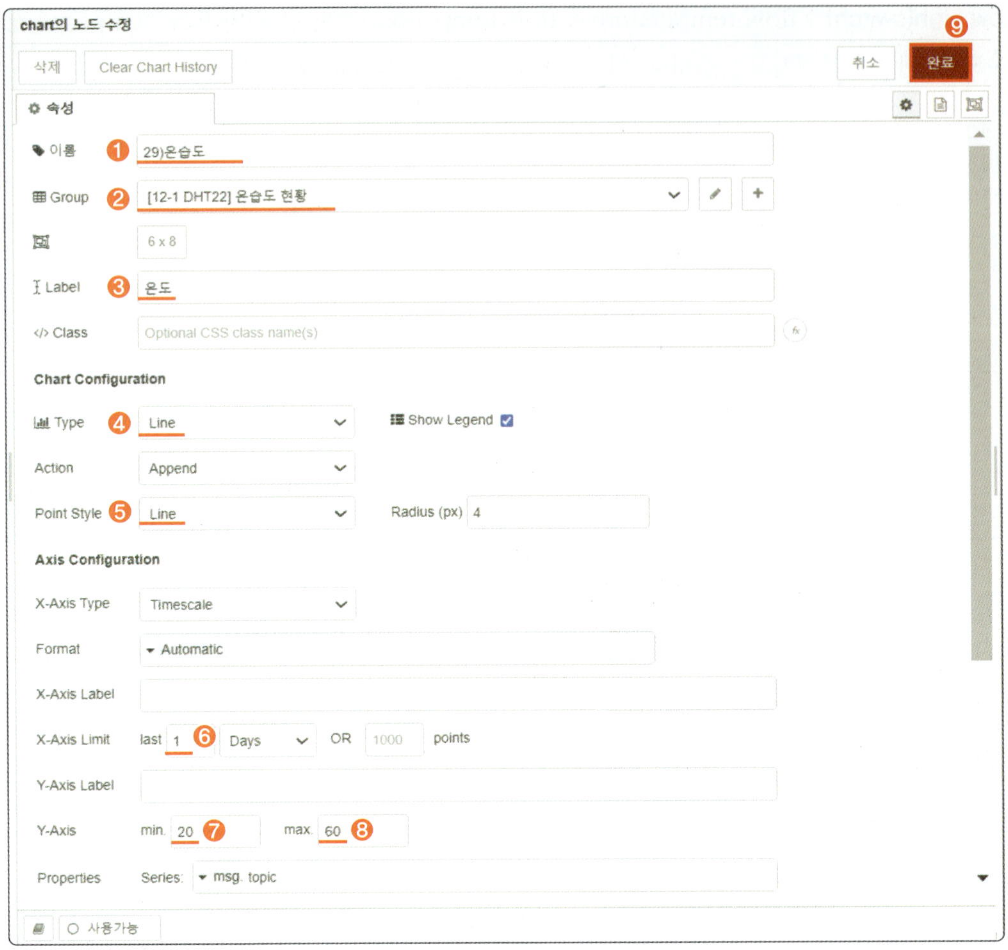

[그림 12-12] 온습도 chart 설정하기

이 노드의 설정 내용은 다음과 같습니다.

❶ **[이름]** : 대시보드 편집 창이나 대시보드 레이아웃에 표시되는 노드 이름을 지정합니다.

❷ **[Group]** : 대시보드의 그룹입니다.

❸ **[Label]** : 대시보드에 표시되는 텍스트입니다.

❹ **[Type]** : chart 형식을 6가지 중에서 고릅니다. 여기서는 'line chart'를 지정했습니다.

❺ **[Point Style]** : 데이터 표시점의 모양을 선택합니다.

❻ **[X-Axis Limit]** : X축의 데이터 제한을 표시합니다. 여기서는 '1일' 단위로 지정했습니다.

❼ **[min]** : Y축 값의 최솟값입니다.

❽ **[max]** : Y축 값의 최댓값입니다.

❾ **[완료]** : 버튼을 클릭해 설정을 마칩니다.

이 노드에는 온도와 습도가 함께 표시됩니다. 두 데이터를 구분하기 위해서는 앞 노드에서 토픽을 구분해 보내야 합니다.

04 릴레이 모듈 사용법

릴레이 모듈은 물리적인 접점을 가진 전자기식(electromagnetic) 스위치입니다. 이런 종류의 릴레이 소자 안에는 전자석이 있어서 전류가 흐르면 접점이 움직여서 ON 상태가 됩니다. 실제로 릴레이 모듈을 작동하면 '딸깍' 하는 소리가 들립니다. 물리적으로 회로가 구성되는 방식이므로 직류나 교류 모두에 적용할 수 있습니다.

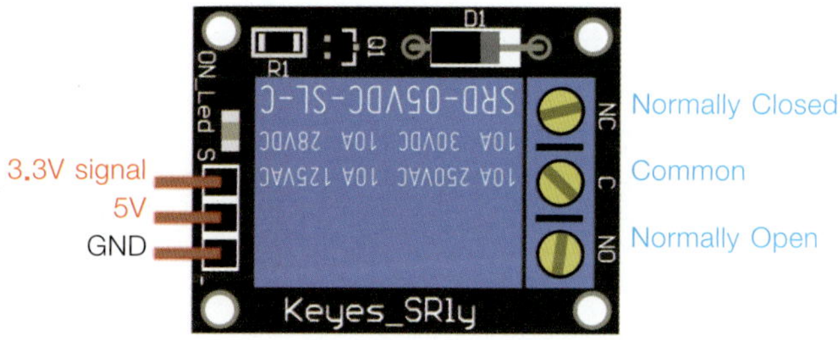

[그림 12-13] 릴레이 모듈

[그림 12-13]의 모듈은 5V를 구동 전력으로 사용하고, 제어 신호는 3.3V 또는 5V를 사용합니다. 여기서는 ESP32의 핀에서 나오는 3.3V를 제어 신호로 사용합니다. 핀에서 HIGH 신호가 나오면 릴레이가 활성화되어 켜지고, LOW 신호가 나오면 꺼집니다. 그러나 전류 싱킹 모드로 만들어진 모듈의 경우 LOW 신호에서 릴레이가 작동되므로 주의해야 합니다.

릴레이 모듈에는 3개의 스크류 단자가 있는데, 여기에 다루고자 하는 전원을 연결하면 됩니다. 3개의 스크류 단자는 각각 **NO(Normally Open, 평상시 연결 안 됨), C(Common, 공통), NC(Normally Closed, 평상시 연결됨)**라는 이름을 갖고 있습니다.

통제하고자 하는 외부 전원을 연결할 때는 가운데에 있는 C 단자는 공통으로 사용하고 NO 또는 NC는 선택적으로 사용하면 됩니다. **특별한 이유가 없으면 C와 NO를 사용하면 됩니다.**

릴레이를 켜지 않은 보통의 상태에서는, NO 단자와 C 단자 사이는 전류가 흐르지 않고, C 단자와 NC 단자 사이에만 전류가 흐릅니다.

릴레이가 켜지면 NO 단자와 C 단자 사이에 전류가 흐르고, C 단자와 NC 단자 사이에는 전류가 흐르지 않습니다.

릴레이로 높은 전압을 다룰 때에는 감전의 위험이 있으므로 주의해야 합니다. 릴레이를 테스트할 때는 220V 교류 전원보다는 12V 내외의 직류를 사용하는 것이 안전합니다.

여기서 잠깐 **회로의 open과 closed**

전류의 접점 연결을 설명할 때, **open**은 회선의 접점이 열려 있어서(=연결되어 있지 않아서) 전류가 흐를 수 없는 경우이고, **closed**는 회선이 닫혀서(=접속되어서) 전류가 흐를 수 있는 상태를 말합니다. 일상 속의 예를 들자면, 회로가 닫힌 상태에서는 문이 닫힌 상태와 같이 벽과 문을 통해서 회로가 구성되어 전류가 흐르게 됩니다. 문이 열리면 회로가 끊어져서 전류가 흐르지 않게 됩니다.

CHAPTER

13

전등 제어와 경보 시스템 구성하기

학습목표

- BH1750 조도 센서와 MQ-9 가스 센서의 값을 MQTT 브로커로 전송하는 방법을 이해합니다.
- PIR 센서의 값을 취득하고 조도 센서를 활용해 전등을 제어하는 방법을 익힙니다.
- 가스가 누출되면 경보를 음성으로 출력하는 방법을 익힙니다.

이 장의 실습 준비물

부품 이름	대체품	수량	용도
본문에서 제시			

PREVIEW

PIR 센서는 발열하는 물체의 움직임을 감지하는 센서인데, 근접한 사람의 움직임에 감응합니다. 이 센서를 사용해 동작이 감지되면 조도 값과 점등 임계치를 비교하고, 플로우의 지연 기법을 활용해 전등을 제어하는 방법을 익힙니다.

MQ-9 가스 센서는 일산화탄소와 가연성 가스의 농도를 측정하는 센서입니다. 이 센서를 사용해, 가스 누출을 탐지하면 음성으로 경보를 전달하는 방법을 익힙니다. 또한 Play Audio와 같은 Node-RED의 확장 기능을 사용하는 방법을 학습합니다.

SECTION
13.1 회로 구성하기

이 장에서는 보드에 연결된 조도 센서와 가스 센서의 값을 주기적으로 읽어서 OLED에 표시하고 동시에 MQTT 브로커로 전송하는 프로그램을 만들어봅니다. PIR 센서의 감지 상태를 MQTT 브로커에 전송하고, 조도 값에 따라 LED 작동 명령을 수신해 LED를 점멸합니다. 또한 가스 농도가 일정 수준 이상이면 부저로 경보를 발령합니다.

01 실드를 이용한 구성

전등 제어와 가스 경보 시스템을 위해 실드로 구성한 보드는 다음과 같습니다.

[그림 13-1] 실드를 이용해 실습 환경 구성하기

[표 13-1] 실드를 사용할 때의 소요 부품

부품 이름	수량	용도	부품 이름	수량	용도
S3 mini / S2 mini	1	마이크로컨트롤러	PIR 실드	1	동작 감지
USB-C 케이블	1	보드와 PC 연결	OLED 실드	1	표시 장치
옥토보드	1	베이스 보드	멀티원 실드	1	전원 제어
주변광(조도) 실드	1	주변광(조도) 측정	MQ-9 가스 센서	1	가스 농도 측정

02 브레드보드를 이용한 구성

전등 제어와 가스 경보 시스템을 위해 브레드보드로 구성한 회로는 다음과 같습니다.

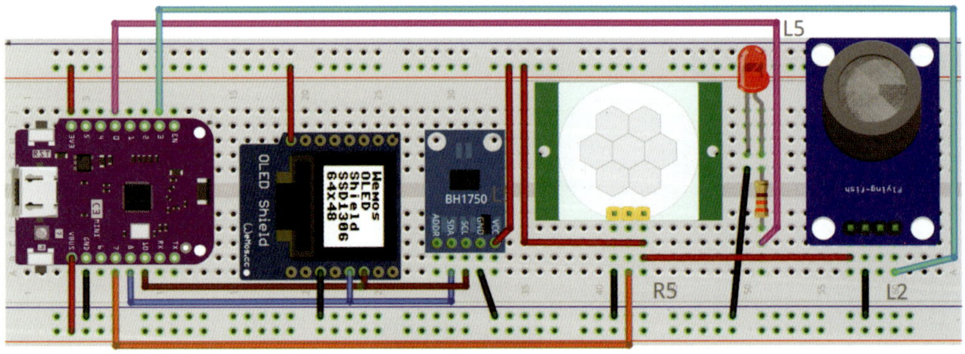

[그림 13-2] 브레드보드를 이용해 실습 회로 구성하기

[표 13-1] 브레드보드를 사용할 때의 소요 부품

부품 이름	수량	용도
S3 mini / S2 mini / C3 mini 계열의 보드	1	마이크로컨트롤러
USB-C 케이블	1	보드와 PC 연결
브레드보드	1	베이스 보드
BH1750 센서	1	주변광(조도) 측정
PIR 모듈	1	동작 감지
OLED 디스플레이(SSD1306, I2C)	1	표시 장치
MQ-9 가스 센서	1	가스 농도 측정
LED	1	점등 표시
저항(330Ω)	1	LED의 과전류 방지

OLED와 BH1750 주변광 센서는 I2C 방식으로 핀을 공유합니다. MQ-9 센서는 아날로그 입력 장치입니다. PIR 센서는 R5핀을 사용합니다.

SECTION 13.2

마이크로파이썬 프로그램 만들기

이 프로그램에서는 10초 간격으로 조도 값과 GAS 측정 정보를 하나의 딕셔너리로 만든 후 JSON 문자열로 변환해 MQTT 브로커에 전송합니다.

PIR 센서가 동작을 감지하면, MQTT 브로커로 전송합니다. 대시보드에서는 PIR 센서의 감지와 해제 정보에 따라 조도와 조도 임계치를 비교해 전등의 점등과 소등을 결정할 수 있습니다. LED_01의 점등과 소등 명령이 내려 오면 실행합니다.

사용 회로와 목표

- **사용 회로**

  [그림 13-1]과 같이 옥토보드에 장착된 실드를 사용합니다.

- **대체 회로**

  [그림 13-2]와 같이 브레드보드에 C3 mini와 부품들로 회로를 구성합니다.

- **목표**

  BH1750 센서 값과 GAS 센서 값을 10초 단위로 읽고 하나의 JSON 스트링으로 만들어서 MQTT 브로커로 보냅니다. PIR 센서의 감지와 해제 정보를 MQTT 브로커로 전송하고, 대시보드로부터 발령되는 LED_1의 점등과 소등 명령을 수행합니다. 대시보드에서 가스 경보 발령 임계치를 수신합니다. 가스 누출 상황이면 부저가 지속적으로 울립니다.

생성형 AI에게 코딩시키기

AI 프롬프트 실습 13-1 ai-13-1-pir-gas.md

(여기에 'ai-patterns.md'의 내용을 붙여 넣으세요.)

```
components:
- 프로그램_앞부분

gas_value = 0
gas_threshold = 200
```

```
brightness = 0
TELEPERIOD = 5

def on_connect_more():
    print('on_connect_more()...')

def callback_more(topic:str,msg:str):
    global gas_threshold

    components:
    - set_on_off_str:
        이름: led_1
        토픽: LED_1

    components:
    - variable_int:
        prefix: el
        토픽: THRESHOLD
        변수: gas_threshold

    display_oled()

def read_sensors_more():

    global brightness,gas_value

    data1 = bh1750.read()
    print(data1)
    p = Parse(data1)
    brightness = p.value

    gas_value = gas.read()
    data2 = {"gas": {{"value": gas_value}}}
    print(f'gas:{{gas_value}}')

    if gas_value > gas_threshold:
        bz.begin_blink(on=300,off=200)
    else:
        bz.end_blink()

    display_oled()

    data1.update(data2) # 2개의 딕셔너리 결합
```

```
    return data1

def pir_on():
    mqtt.publish(f'tele/{C.DEVICE}/PIR','on',retain=True)
    print('PIR on')

def pir_off():
    mqtt.publish(f'tele/{C.DEVICE}/PIR','off',retain=True)
    print('PIR off')

def display_oled():
    oled.fill(0)  # 화면 지우기
    draw_hangul(oled, '가스조도' 0, 0)
    oled.text(str(gas_value)+'/'+str(gas_threshold), 0, 20)
    oled.text(str(brightness),0, 32)
    oled.show()  # OLED 화면 업데이트

components:
- i2c:
    scl_pin: Pin(P.SCL)
    sda_pin: Pin(P.SDA)

- 바이너리_센서:
    이름: pir
    pin_instance: Pin(P.PIR_IN,Pin.IN)
    run_instance: run
    inverted: False
    callback_on: pir_on
    callback_off: pir_off

- 조도:
    이름: bh1750

- LED:
    이름: led_1
    pin_instance: Pin(P.LED_1_IN,Pin.OUT)
    inverted: False

- 아날로그 센서:
    이름: gas
    pin_instance: Pin(P.A0_IN)

- 부저:
```

```
    이름: bz
    pin_instance: Pin(P.BUZZER_IN,Pin.OUT)

- OLED

- 타이머:
    이름: timer_oled
    period: 3*1000
    callback: display_oled

- 프로그램_뒷부분
```

프로그램 13-1 13_1_pir_gas.py

```python
from machine import Pin, I2C, ADC, SPI
from umqtt.simple import MQTTClient
import json
from timerrun import TimerRun
from run import Run
from usemqttclient import UseMQTTClient
from parse import Parse
import pinno as P
import config as C

run = Run()

gas_value = 0
gas_threshold = 200
brightness = 0
TELEPERIOD = 5

def on_connect_more():
    print('on_connect_more()...')

def callback_more(topic:str,msg:str):
    global gas_threshold

    if topic == f'cmnd/{C.DEVICE}/LED_1':
        led_1.set_on_off_str(msg)
        mqtt.publish(f'stat/{C.DEVICE}/LED_1',led_1.on_off())

```

```
    elif topic == f'cmnd/{C.DEVICE}/THRESHOLD':
        gas_threshold = int(msg)
        print(f'new {{변수}}: {gas_threshold}')
        mqtt.publish(f'stat/{C.DEVICE}/THRESHOLD',str(gas_threshold))

    display_oled()

def read_sensors_more():

    global brightness,gas_value

    data1 = bh1750.read()
    print(data1)
    p = Parse(data1)
    brightness = p.value

    gas_value = gas.read()
    data2 = {"gas": {"value": gas_value}}
    print(f'gas:{gas_value}')

    if gas_value > gas_threshold:
        bz.begin_blink(on=300,off=200)
    else:
        bz.end_blink()

    display_oled()

    data1.update(data2) # 2개의 딕셔너리 결합

    return data1

def pir_on():
    mqtt.publish(f'tele/{C.DEVICE}/PIR','on',retain=True)
    print('PIR on')

def pir_off():
    mqtt.publish(f'tele/{C.DEVICE}/PIR','off',retain=True)
    print('PIR off')

def display_oled():
    oled.fill(0)  # 화면 지우기
    draw_hangul(oled, '가스조도', 0, 0)
    oled.text(str(gas_value)+'/'+str(gas_threshold), 0, 20)
```

```
    oled.text(str(brightness), 0, 32)
    oled.show()  # OLED 화면 업데이트

from machine import I2C
i2c = I2C(0, scl=Pin(P.SCL), sda=Pin(P.SDA))

from binarysensor import BinarySensor
pir = BinarySensor(pin_instance=Pin(P.PIR_IN, Pin.IN), inverted=False,
                   callback_on=pir_on, callback_off=pir_off)
run.add(pir.run)

from bh1750sensor import BH1750Sensor
bh1750 = BH1750Sensor(i2c)

from blink import Blink
led_1 = Blink(pin_instance=Pin(P.LED_1_IN, Pin.OUT), inverted=False)
run.add(led_1.run)

from machine import ADC
gas = ADC(Pin(P.A0))
gas.atten(ADC.ATTN_11DB)

from blink import Blink
bz = Blink(pin_instance=Pin(P.BUZZER_IN, Pin.OUT), inverted=False)
run.add(bz.run)

from ssd1306 import SSD1306_I2C  # OLED 라이브러리
from hangul import draw_hangul, V2, H2, X4  # 한글 출력 모듈
WIDTH = 64
HEIGHT = 48
oled = SSD1306_I2C(WIDTH, HEIGHT, i2c)

from timerrun import TimerRun
timer_oled = TimerRun(period=3*1000, callback=display_oled)
run.add(timer_oled.run)

def mqtt_on_connect():
    print('on_connect() called')
    msg = {'TELEPERIOD': TELEPERIOD}
    mqtt.publish(f'tele/{C.DEVICE}/INFO', msg, retain=True)
    on_connect_more()

def mqtt_callback(in_topic,in_msg):
```

```python
    global TELEPERIOD
    topic = in_topic.decode()
    msg   = in_msg.decode()

    print(f'RCV> {topic}, ¦{msg}¦')

    if topic == f'cmnd/{C.DEVICE}/TELEPERIOD':
        TELEPERIOD = int(msg)
        timer_sensor.set(period=TELEPERIOD*1000)
        tele_msg = {'TELEPERIOD': msg}
        mqtt.publish(f'stat/{C.DEVICE}/TELEPERIOD', msg, retain=True)
        mqtt.publish(f'tele/{C.DEVICE}/INFO', tele_msg, retain=True )
        print(f'TELEPERIOD가 {msg}초로 변경되었습니다.')
    else:
        callback_more(topic,msg)

def send_data():
    data = read_sensors_more()
    mqtt.publish(f'tele/{C.DEVICE}/SENSOR',json.dumps(data))

client = MQTTClient(C.MQTT_CLIENT_ID, C.MQTT_SERVER,port=C.MQTT_PORT,
                    user=C.MQTT_USER, password=C.MQTT_PASS,keepalive=60)
mqtt = UseMQTTClient(client,C.DEVICE,C.SSID,C.SSID_PASS,mqtt_callback,
                     mqtt_on_connect)
run.add(mqtt.run)

timer_sensor = TimerRun(period=TELEPERIOD*1000,callback=send_data)
run.add(timer_sensor.run)

def main():

    while True:
        run.run()

if __name__ == '__main__':
    main()
```

실행 결과

```
connect_Wi-Fi> Wi-Fi 시작(s2020)...
connect_Wi-Fi> Wi-Fi 연결 완료: ('192.168.0.219', '255.255.255.0', '192.168.0.1',
'61.41.153.2')
connect_mqtt> MQTT 연결 시작
LWT> tele/ESP32-01/LWT, ¦Offline¦, retain=True
```

```
connect_mqtt> MQTT 연결 완료
pub> tele/ESP32-01/LWT, ¦Online¦, retain=True, qos=0
sub> cmnd/ESP32-01/#, qos=0
on_connect() called
pub> tele/ESP32-01/INFO, ¦{"TELEPERIOD": 5}¦, retain=True, qos=0
on_connect_more()...
Brightness: 471
gas: 56
pub> tele/ESP32-01/SENSOR, ¦{"BH1750": {"Brightness": 471}, "gas": {"value": 56}}¦, re-
tain=False, qos=0
RCV> cmnd/ESP32-01/TELEPERIOD, ¦10¦
pub> stat/ESP32-01/TELEPERIOD, ¦10¦, retain=True, qos=0
pub> tele/ESP32-01/INFO, ¦{"TELEPERIOD": "10"}¦, retain=True, qos=0
TELEPERIOD가 10초로 변경되었습니다.
pub> tele/ESP32-01/PIR, ¦on¦, retain=True, qos=0
PIR on
RCV> cmnd/ESP32-01/LED_1, ¦on¦
pub> stat/ESP32-01/LED_1, ¦on¦, retain=False, qos=0
pub> tele/ESP32-01/PIR, ¦off¦, retain=True, qos=0
PIR off
```

[그림 13-3] OLED에 표시된 가스 농도와 조도 정보

AI가 출력한 코드 살펴보기

이 프로그램은 ESP 계열 보드에서 동작하며, 가스 센서(MQ), 조도 센서(BH1750), PIR 센서를 사용해 측정한 정보를 주기적으로 OLED에 표시하고, MQTT 서버로 전송합니다. PIR 센서로 움직임이 감지되면 MQTT 메시지를 발행해 알림을 보내며, 가스 센서 값이 일정 임계값을 초과하면 부저를 울립니다. 또한 MQTT 명령을 통해 LED를 제어하고 가스 임계값(THRESHOLD) · 데이터 전송 주기(TELEPERIOD)를 변경할 수 있습니다. 등록된 타이머와 Run 클래스를 통해 이벤트, 센서 읽기, 디스플레이 갱신 등을 주기적으로 실행합니다.

■ 주요 기능

- **가스 센서(MQ) :** 가스 농도를 측정하고 임계값 초과 시 부저를 울립니다.
- **BH1750 조도 센서 :** 주위 밝기를 측정합니다.
- **PIR 센서 :** 움직임 감지 시 MQTT 알림을 전송합니다.
- **OLED 디스플레이 :** 가스 값, 임계값, 조도 등의 상태를 표시합니다.
- **MQTT 통신 :** 센서 데이터를 송신 및 LED 제어(ON/OFF), 임계값 · 전송 주기(TELEPERIOD)를 변경합니다.

■ 프로그램의 흐름

1. 초기화

- 객체 준비 : Run 객체를 만들고, 가스 · 조도 · PIR 센서 인스턴스를 초기화합니다.
- 핀 및 모듈 설정 : Buzzer, LED, OLED, I2C를 설정합니다.
- Timer 등록 : timer_oled(3초 주기)와 timer_sensor(기본 5초 주기) 설정 후 run.add( )로 등록합니다.

2. 이벤트 처리 함수

- callback_more(topic, msg) : MQTT 명령(LED 제어, THRESHOLD 변경)에 따른 동작 수행 후 OLED를 업데이트합니다.
- PIR 센서 콜백 : pir_on( ), pir_off( ) 함수를 통해 MQTT 메시지를 발행합니다.

3. MQTT 송신 작업

- send_data( ) : read_sensors_more( )로 센서 정보를 읽은 뒤 JSON으로 변환해 MQTT 서버에 전송합니다.
- mqtt_on_connect( ) : MQTT 연결이 완료되면 TELEPERIOD 등의 초기 정보를 서버(tele/.../INFO)에 게시합니다.

4. MQTT 수신 작업

- mqtt_callback( ) : 수신된 토픽과 메시지를 분석합니다.
- TELEPERIOD : 변경 명령 수신 시 전송 주기를 재설정하고, MQTT로 응답합니다.
- 그 외 명령 : callback_more( )로 호출해 LED · THRESHOLD 변경 등을 처리합니다.

5. 무한 루프

- main( ) 함수에서 while True : 루프를 돌며 run.run( )을 계속 호출합니다.
- 등록된 타이머와 센서 콜백이 주기적으로 실행되어 센서 측정, MQTT 송수신, OLED 업데이트 등을 수행합니다.

결론

이 프로그램은 IoT 환경에서 가스 센서, PIR 센서, 조도 센서, OLED 디스플레이, 부저 및 LED와 같은 다양한 하드웨어 장치를 제어하고 데이터를 송신하는 시스템입니다. MQTT를 사용해 원격 서버와 통신하며, 주기적으로 센서 데이터를 읽어 화면에 표시하고, 센서 값에 따라 동작을 제어합니다. 또한 프로그램은 타이머를 사용해 주기적인 작업을 관리하고, MQTT를 통해 동적으로 설정을 변경할 수 있습니다.

SECTION 13.3 Node-RED 플로우 만들기

이 플로우는 PIR 센서와 조도 센서를 이용해 전등을 점멸하고, 공기 중의 가스 농도를 측정해, 임계치를 넘어가면 경보를 발령하는 기능을 수행합니다.

PIR 센서에 동작이 감지되면, 조도를 확인하고 그 값이 점등 임계치보다 작으면 전등을 켭니다. 전등은 켜져 있다가, PIR이 해제되고 일정 시간이 지난 후에 꺼집니다. PIR이 해제되어 소등을 위한 카운트다운이 진행되는 중간에 다시 동작이 감지되면 카운트다운은 중지되고, 다시 해제가 되면 카운트다운을 처음부터 다시 시작합니다.

공기 중의 가스 농도를 측정해 그 값이 경보 임계치보다 크면, 디바이스에서는 부저를 울리고, 대시보드에는 '가스 누출'이라는 문구가 표시됩니다. 동시에 "경보! 가스가 누출되었습니다."라는 음성 경보가 울립니다.

01 완성된 대시보드 보기

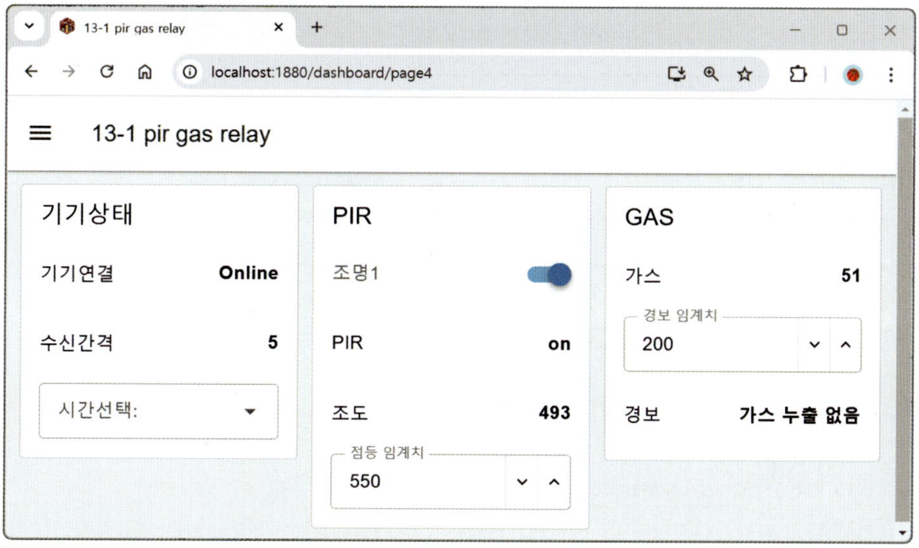

[그림 13-4] [그림 13-5]를 실행해 나타난 대시보드

02 완성된 플로우 보기

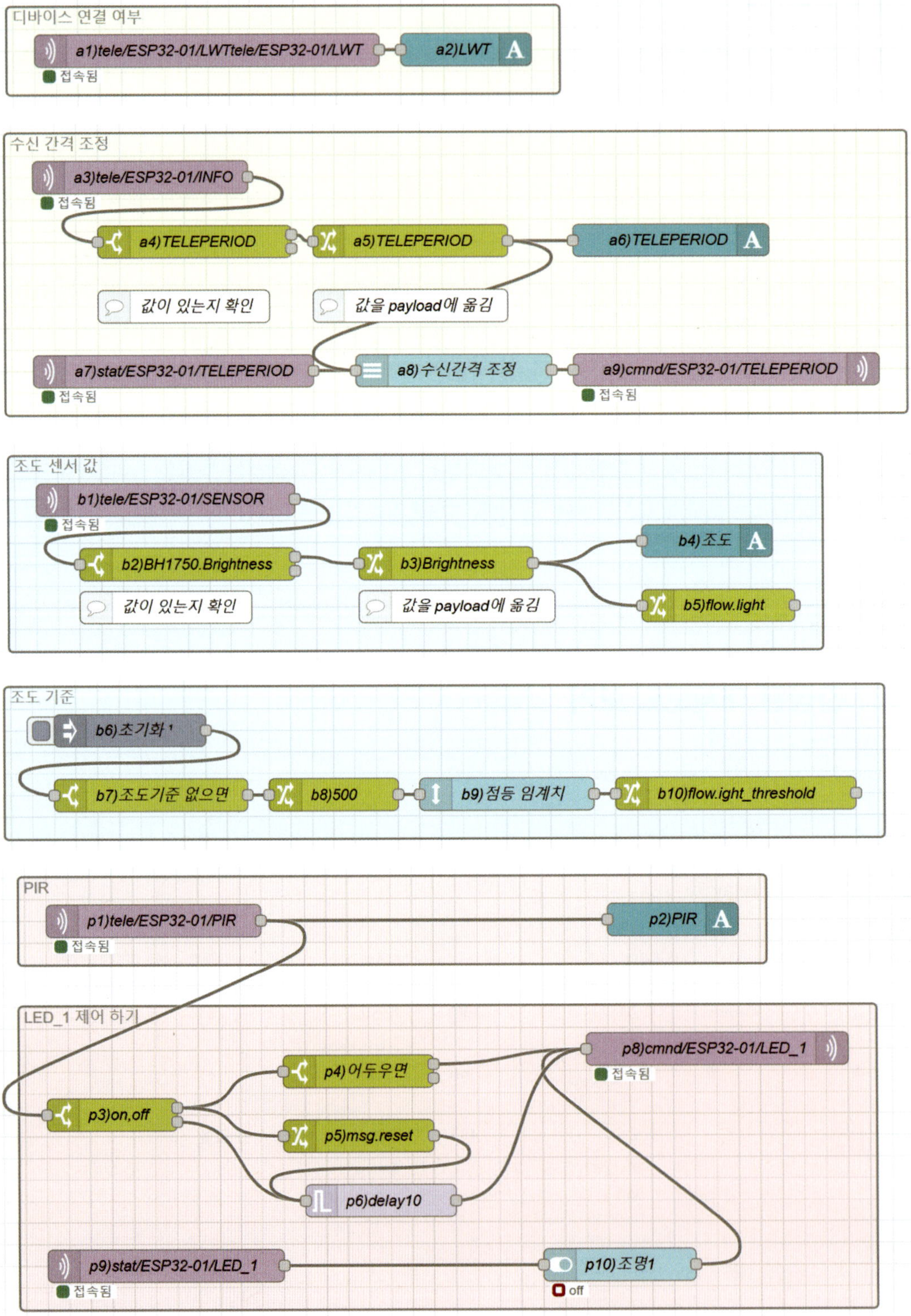

[그림 13-5] PIR 센서와 조도 값으로 전등을 제어하고, 가스 누출 경보하기 [파일명 : flows-13-1-pir-gas.json] (계속)

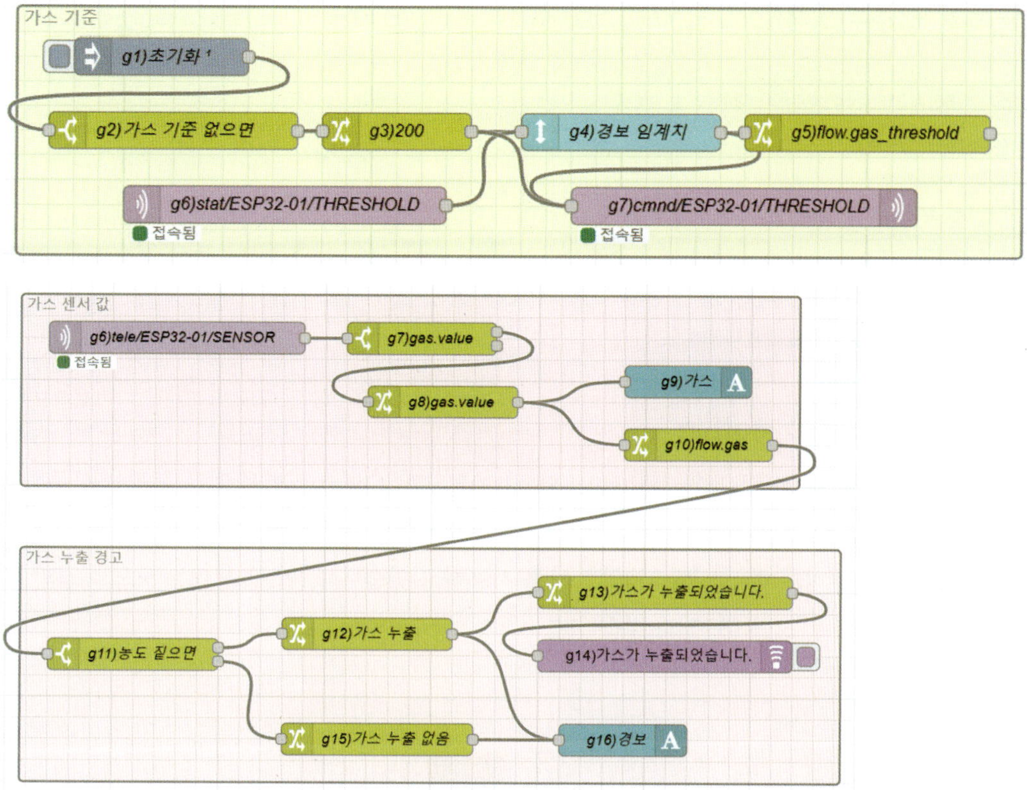

[그림 13-5] PIR 센서와 조도 값으로 전등을 제어하고, 가스 누출 경보하기 [파일명 : flows-13-1-pir-gas.json]

03 노드 작성하기

센서 값을 대시보드에 표현하기

디바이스에서는 여러 센서 값을 읽어서 하나의 딕셔너리로 만들고, JSON 문자열로 변환한 후 MQTT 브로커로 전송합니다. 즉 디바이스와 MQTT 브로커 사이에는 UTF-8 형식의 JSON 문자열이 전송됩니다. 또한 MQTT 브로커와 Node-RED 사이에도 JSON 문자열이 전송됩니다.

Node-RED의 mqtt in 노드에서는 JSON 문자열이 도착하면 자동으로 Node-RED의 오브젝트 형식으로 바꿀 수 있습니다.

동일한 JSON 형식의 데이터를, 마이크로파이썬에서는 딕셔너리 자료형으로 처리하고, Node-RED에서는 오브젝트로 처리합니다. 본질적으로는 같은 형식의 데이터이지만 프로그래밍 환경이 다르기 때문에 다른 이름으로 부르는 것입니다.

마이크로파이썬에는 참과 거짓을 True와 False로 표기하지만, JSON과 Node-RED에서는 true와 false로 표기합니다.

센서 데이터를 대시보드에 표시하기 위해서는 단일 값으로 분리해야 합니다.

```
tele/ESP32-01/SENSOR : msg.payload : Object
▾object
 ▾BH1750: object
    Brightness: 477
 ▾gas: object
    value: 42
```

[그림 13-6] JSON 오브젝트로 표현된 센서 데이터

센서 정보 구독하기 : mqtt in

'b1)tele/ESP32-01/SENSOR' 노드와 'b6)tele/ESP32-01/SENSOR' 노드에서 같은 토픽을 구독하고 있습니다. 하나의 mqtt in 노드에서 'tele/ESP32-01/SENSOR'를 구독해 분기할 수도 있지만, 여기서는 노드의 연결선을 간결하게 하기 위해 2개의 노드를 사용하고 있습니다. 이 두 노드는 노드 이름만 다를 뿐, 나머지 설정 정보는 [그림 13-7]과 같습니다.

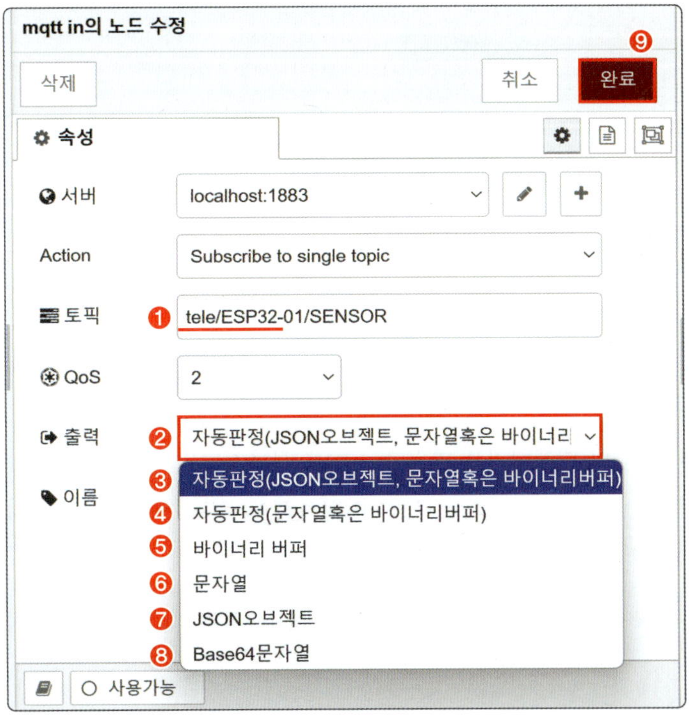

[그림 13-7] mqtt in의 노드 수정하기

mqtt in 노드의 설정 내용은 다음과 같습니다. 중간의 [출력]란의 경우 클릭해서 나타난 리스트 중에서 선택하면 됩니다.

❶ **[토픽] :** 센서의 토픽을 지정합니다.

❷ **[출력] :** 드롭다운 리스트를 누릅니다.

❸ **자동판정 :** JSON 오브젝트, 문자열 혹은 바이너리 버퍼를 자동으로 판별한 후 변환해 출력합니다. 특별한 이유가 없으면, JSON 형식의 센서 데이터는 '자동판정'으로 설정하면 됩니다.

❹ **자동판정 :** 문자열 혹은 바이너리 버퍼를 자동으로 판별한 후 출력합니다.

❺ **바이너리 버퍼 :** 바이트의 내용을 비트 단위로 처리하기 위한 자료형입니다.

❻ **문자열 :** 문자열로 출력합니다.

❼ **JSON오브젝트 :** JSON 형식의 센서 데이터이면 이 형식으로 변환되어야 합니다. 이 경우 자동판정으로 해도 JSON 오브젝트로 변환됩니다.

❽ **Base64문자열 :** 이미지를 처리하기 위한 자료형입니다.

❾ **[완료] :** 버튼을 클릭해 설정을 마칩니다.

PIR 상태와 조도 값에 따라 전등 제어하기

다음은 센서의 정보와 미리 정해 둔 임계치를 비교해 자동화를 구현하는 전형적인 플로우입니다.

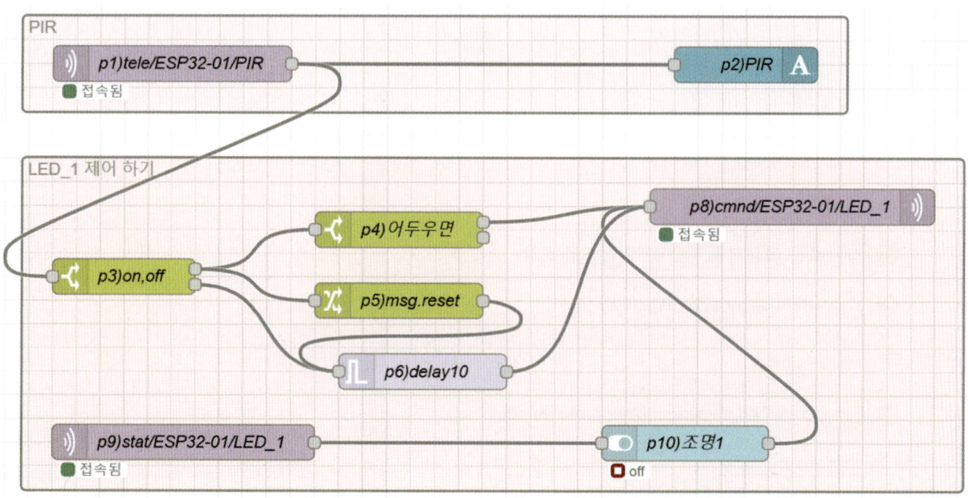

[그림 13-8] PIR과 조도 값으로 전등 제어하기

이 자동화 플로우에서 각 노드의 역할을 살펴보겠습니다.

1 **p3)on,off :** 'p1)tele/ESP32-01/PIR' 노드의 출력 값에 따라 on 또는 off로 나누어서 분기합니다.

2 **p4)어두우면 :** PIR 값이 on일 때 이 노드로 흐름이 연결됩니다. 조도 값(flow.light)이 점등 임계치(flow.light_threshold)보다 작으면(어두우면) 1번 포트로 분기해 LED_1을 on하게 됩니다. 만약 조도 값이 점등 임계치보다 높으면 아무 일도 일어나지 않습니다.

이 노드의 조건식은 다음과 같습니다.

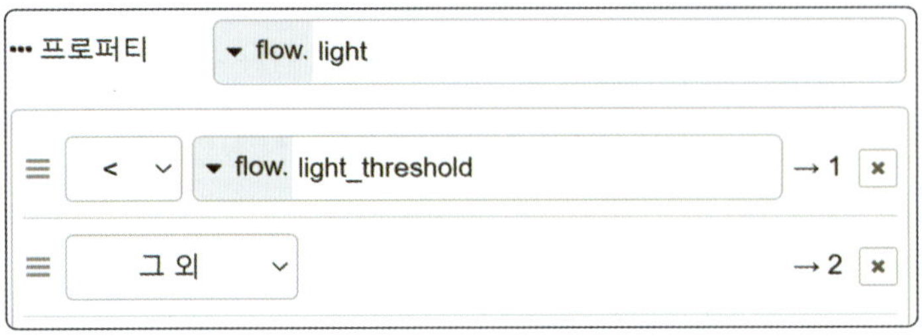

[그림 13-9] 조도 값이 점등 임계치를 넘으면 1번 포트로 분기하기

3 **p6)delay10:** PIR 값이 off일 때 이 노드가 작동합니다. 이 노드에서는 10초 동안 지연을 하다가 off 신호를 내보냅니다. PIR 실드는 동작이 없으면 3초 후에 off 신호를 보내는데, 이 신호에 따라서 LED_1이 금방 off되는 것을 피하기 위해 지연된 off를 하는 것입니다. [그림 13-10]은 'p6)delay10' 노드를 더블 클릭하면 나타나는 화면입니다.

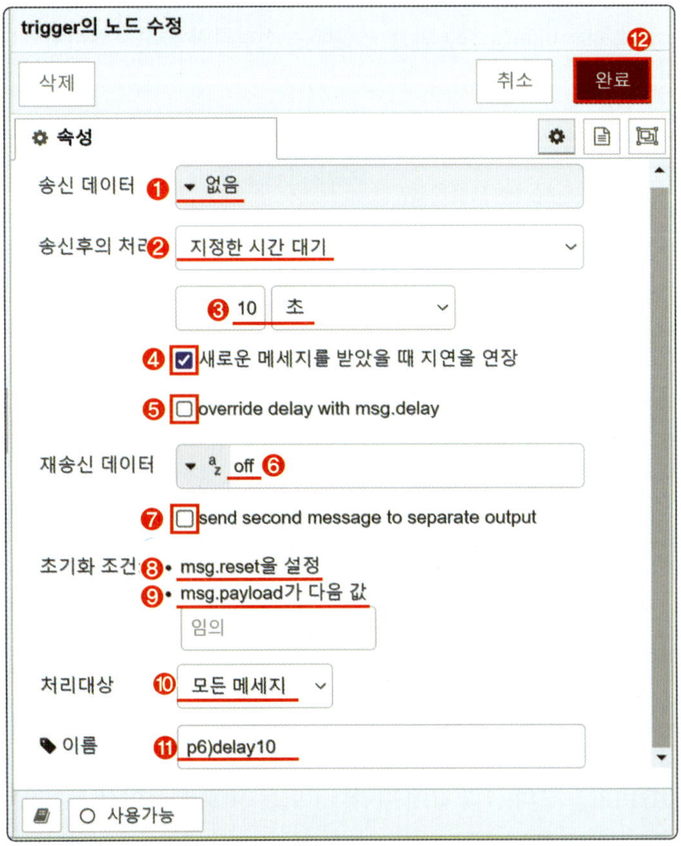

[그림 13-10] trigger의 노드 수정하기

이 노드의 설정 내용은 다음과 같습니다.

❶ **[송신 데이터] :** 노드가 시작될 때 msg.payload로 출력되는 값입니다. 주로 on을 지정하는데 여기서는 필요가 없으므로 '없음'으로 지정했습니다.

❷ **[송신후의 처리] :** 여기서는 '지정한 시간 대기'를 선택했는데 '초기화될 때까지 대기'를 지정할 수도 있습니다.

❸ **[대기 시간] :** 여기서는 '10초'를 지정했습니다.

❹ **[새로운 메시지 지연 연장] :** 여기서는 '새로운 메시지를 받았을 때 지연을 연장'을 선택했으므로 앞 플로우에서와 같이 'p5)msg.reset'을 거쳐서 지연하고 있습니다.

❺ **[msg.delay 지정] :** 'override delay with msg.delay'를 선택하면 msg.delay에 지정한 값으로 앞에서 지정한 10초를 대체할 수 있습니다.

❻ **[재송신 데이터] :** 지정한 시간이 끝났을 때 출력하는 msg.payload의 값입니다.

❼ **[두 번째 포트 사용] :** 시작할 때는 '송신 데이터'를 출력하고, 대기 시간이 끝나면 '재송신 데이터'를 출력하는데, 각각 1번 포트와 2번 포트로 분리해 출력하고 싶으면 선택하면 됩니다. 여기서는 '재송신 데이터'만 있기 때문에 지정할 필요가 없습니다.

❽ **[초기화 조건, msg.reset을 설정] :** msg 오브젝트에 reset 프로퍼티가 있으면 대기 시간이 초기 값(여기서는 10초)으로 지정됩니다.

❾ **[초기화 조건, msg.payload가 다음 값] :** msg.payload에 지정한 값으로 대기 시간을 리셋합니다.

❿ **[처리대상] :** '모든 메시지'를 선택하면 하나로 묶어서 처리하고, 'msg.topic마다'를 선택하면 각 msg.topic을 분리해 처리합니다.

⓫ **[이름] :** 대시보드 편집 창이나 대시보드 레이아웃에 표시되는 노드 이름을 지정합니다.

⓬ **[완료] :** 버튼을 클릭해 설정을 마칩니다.

4 **p5)msg.reset :** PIR의 off 신호가 'p6)delay10' 노드로 전달되면 내부적으로 10초 동안 카운트다운을 하게 됩니다. 만약 카운트다운이 진행 중일 때, 움직임이 감지되면 카운트다운을 멈추고 다음 off 신호를 기다려야 합니다. 이 역할을 'p5)msg.reset' 노드가 맡습니다. 이 노드에서는 단순히 msg.reset이라는 프로퍼티만 만들어서, 'p6)delay10' 노드로 전달하면 됩니다. 'p5)msg.reset' 노드는 'p4)어두우면' 노드를 거치지 않습니다. 왜냐하면 전등이 켜지면 충분히 밝아져서 'p4)어두우면'의 조건식이 거짓이 되기 때문입니다. 그래서 'p3)on,off'에서 직접 off 값을 받아야 합니다.

5 **p10)조명1 :** 조명1(LED_1)의 상태 토픽(stat/ESP32-01/LED_1)에 따라 on 또는 off 상태가 대시보드 버튼으로 표시됩니다. 직접 버튼을 눌러서 LED_1을 on 또는 off할 수도 있습니다.

mqtt out 노드(cmnd/ESP32-01/LED_1)로 on 또는 off 신호를 보내면 즉시 mqtt in 노드(stat/ESP32-01/LED_1)로 동일한 신호가 되돌아 옵니다. 이때 mqtt in 노드에서 들어 온 값을 그대로 mqtt out 노드로 내보내면 mqtt 데이터가 폭주합니다. 이러한 경우에 대비해 이 노드에서는 다음과 같은 항목에 해제 표시가 되어 있어야 합니다.

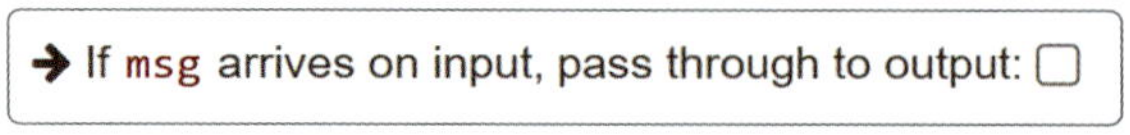

가스 농도에 따라 음성으로 경보하기

[그림 13-11]에서는 대기 중의 가스 농도가 경보 임계치를 넘으면, 대시보드에 경보 내용을 표시하고 음성으로 경보를 하는 플로우를 나타내고 있습니다.

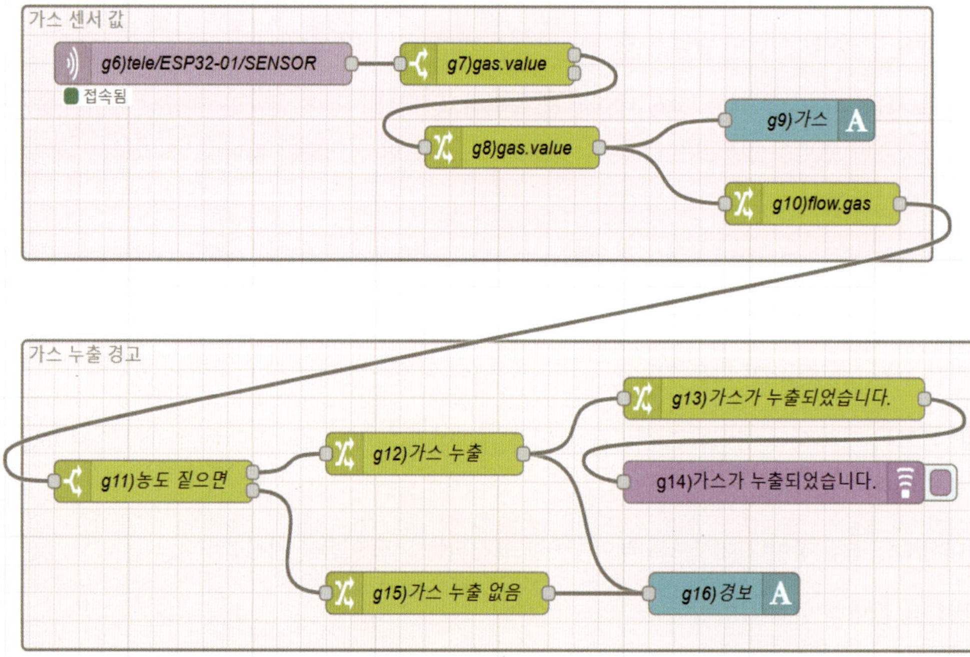

[그림 13-11] 가스가 누출되면 음성으로 경보하기

이 자동화 플로우에서 각 노드의 역할을 살펴보겠습니다.

1 **g7), g8)gas.value :** switch 노드 'g7)gas.value'와 change 노드 'g8)gas.value'를 거쳐서 가스 센서의 값을 추출합니다.

2 **g11)농도 짙으면 :** 이 노드에서는 다음과 같은 조건식으로 가스 누출 여부를 판단하고 있습니다.

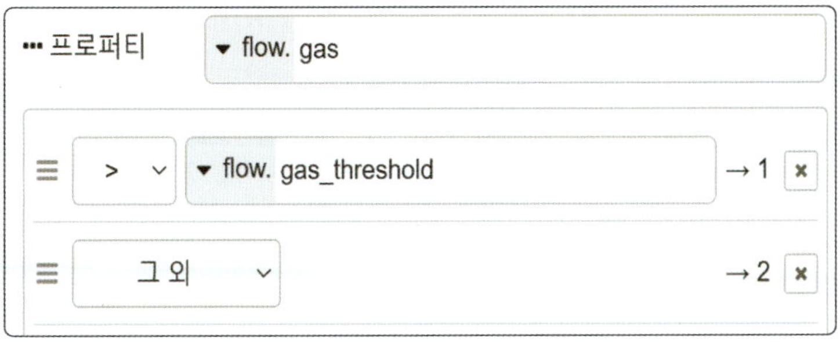

[그림 13-12] 가스 농도가 경보 임계치를 넘으면 1번 포트로 분기하기

3 **g14)가스가 누출되었습니다.** : 만약 가스 누출이 판정되면 경보 내용이 음성으로 출력됩니다. 음성으로 출력할 텍스트는 이전 노드인 'g13)가스가 누출되었습니다.'에서 지정합니다. 음성 출력은 'node-red-contrib-play-audio' 노드를 설치해야 합니다. 다음은 노드 'g14)가스가 누출되었습니다.'를 더블 클릭한 내용입니다.

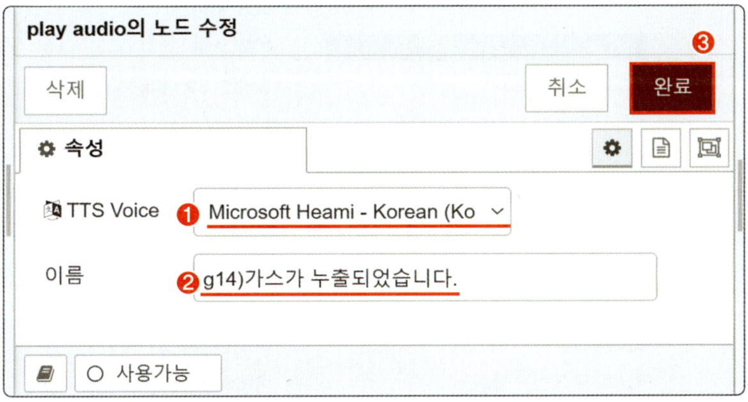

[그림 13-13] play audio의 노드 수정

이 노드의 설정 내용은 다음과 같습니다.

❶ **[TTS Voice]** : 출력 음성의 종류를 선택합니다. 여기서는 한글 기본 값으로 지정한 것입니다.

❷ **[이름]** : 대시보드 편집 창이나 대시보드 레이아웃에 표시되는 노드 이름을 지정합니다.

❸ **[완료]** : 버튼을 클릭해 설정을 마칩니다.

Index